第一次全国自然灾害综合风险普查

内蒙古兴安盟扎赉特旗气象灾害风险评估与区划报告

达布希拉图　赵艳丽　主编

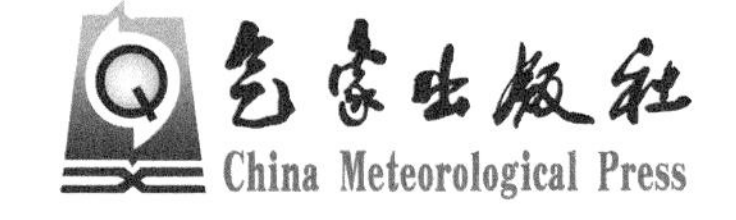

内容简介

本书首先介绍了内蒙古兴安盟扎赉特旗的自然环境、经济社会发展和主要气象灾害概况，然后分别介绍了扎赉特旗1978—2020年暴雨、干旱、大风、冰雹、高温、低温、雷电和雪灾共8种气象灾害的致灾因子特征、典型灾害过程，以及气象灾害致灾危险性评估及其针对人口、GDP和农作物的风险评估与区划的资料、技术方法、评估与区划成果等，为旗(县)级气象灾害致灾危险性评估以及针对不同承灾体的风险评估与区划提供参考依据，以期客观认识扎赉特旗气象灾害综合风险水平，为地方各级政府有效开展气象灾害防治和应急管理工作、切实保障社会经济可持续发展提供权威的气象灾害风险信息和科学决策依据。

图书在版编目(CIP)数据

内蒙古兴安盟扎赉特旗气象灾害风险评估与区划报告/达布希拉图，赵艳丽主编. -- 北京 : 气象出版社，2022.10
ISBN 978-7-5029-7849-5

Ⅰ. ①内… Ⅱ. ①达… ②赵… Ⅲ. ①气象灾害－风险评价－研究报告－扎赉特旗②气象灾害－气候区划－研究报告－扎赉特旗 Ⅳ. ①P429

中国版本图书馆CIP数据核字(2022)第205387号

内蒙古兴安盟扎赉特旗气象灾害风险评估与区划报告
Neimenggu Xing'an Meng Zhalaite Qi Qixiang Zaihai Fengxian Pinggu yu Quhua Baogao

出版发行：气象出版社
地　　址：北京市海淀区中关村南大街46号　　**邮政编码**：100081
电　　话：010-68407112(总编室)　010-68408042(发行部)
网　　址：http://www.qxcbs.com　　**E-mail**：qxcbs@cma.gov.cn
责任编辑：张　斌　　**终　　审**：吴晓鹏
责任校对：张硕杰　　**责任技编**：赵相宁
封面设计：地大彩印设计中心
印　　刷：北京建宏印刷有限公司
开　　本：787 mm×1092 mm　1/16　　**印　　张**：11.25
字　　数：288千字
版　　次：2022年10月第1版　　**印　　次**：2022年10月第1次印刷
定　　价：100.00元

内蒙古兴安盟扎赉特旗气象灾害
风险评估与区划报告

编审委员会

主　任：党志成

副主任：刘海波

委　员：牛宝亮　李　毅　达布希拉图　卢　华　汝凤军
武艳娟　康　利　李纯彦　张　辉　孙　鑫
赵艳丽　王永利　李　忠　颜　斌　张　立

编写委员会

主　编：达布希拉图　赵艳丽

副主编：白美兰　孙　鑫　王永利　刘晓东　张德龙

暴雨组：孟玉婧　刘诗梦　徐蔚军

高温组：冯晓晶　董祝雷　张　宇

低温组：杨　晶　刘诗梦　杨司琪

雪灾组：于凤鸣　张　宇　安莉娟

干旱组：刘　新　杨丽桃　安莉娟　陈素华　唐红艳　吴瑞芬　张存厚

大风组：仲　夏　石霖盛杰　袁慧敏

冰雹组：云静波　银　莲　柳志慧　张莫日根

雷电组：宋昊泽　王曼霏　王汉堃

信息技术组：刘天琦　贾晓燕　乔　淼

编写分工

刘新撰写第 1 章综述，并完成全书的合稿、排版。

孟玉婧撰写第 2 章暴雨第 2.2、2.5、2.6、2.7 节，刘诗梦撰写第 2.3 节，徐蔚军撰写第 2.1、2.4 节。

刘新撰写第 3 章干旱第 3.1.1、3.1.2、3.1.7 节，杨丽桃撰写第 3.1.3、3.1.4 节，安莉娟撰写第 3.1.5、3.1.6 节，唐红艳撰写第 3.2.1 节，陈素华撰写第 3.2.2 节，吴瑞芬撰写第 3.2.3 节。

仲夏撰写第 4 章大风第 4.2、4.5、4.6 节，石霖盛杰撰写第 4.3、4.7 节，袁慧敏撰写第 4.1、4.4 节。

云静波撰写第 5 章冰雹第 5.2、5.7 节，银莲撰写第 5.5、5.6 节，柳志慧撰写第 5.3、5.4 节，张莫日根撰写第 5.1 节。

冯晓晶撰写第 6 章高温第 6.2、6.3、6.4、6.6、6.7 节，董祝雷撰写第 6.5 节，张宇撰写第 6.1 节。

杨晶撰写第 7 章低温第 7.1、7.2、7.4、7.6 节，刘诗梦撰写第 7.5 节，杨司琪撰写第 7.3 节。

宋昊泽撰写第 8 章雷电第 8.1、8.2、8.5、8.6 节，王曼霏撰写第 8.3、8.4 节，王汉堃撰写第 8.7 节。

于凤鸣撰写第 9 章雪灾第 9.1、9.2、9.4、9.5、9.7 节，张宇撰写第 9.3 节，安莉娟撰写第 9.6 节。

刘天琦负责扎赉特旗地面国家站数据质量控制、订正以及数据集制作，贾晓燕负责地面国家站数据梳理；乔淼负责地面国家站数据统计处理。

目 录

第1章　综　述

1.1　自然环境概述

扎赉特旗位于内蒙古自治区兴安盟东北部、大兴安岭南麓、嫩江右岸，地属大兴安岭向松嫩平原过渡地带，位于黑龙江、吉林、内蒙古三省（区）交界处（图 1.1），全境东西长 210 km，南北宽 143 km。地处北纬 46°04′～47°21′，东经 120°17′～123°38′，东邻黑龙江省龙江县，南与黑龙江省泰来县、吉林省镇赉县交界，西接科尔沁右翼前旗，北与呼伦贝尔市扎兰屯市毗邻。

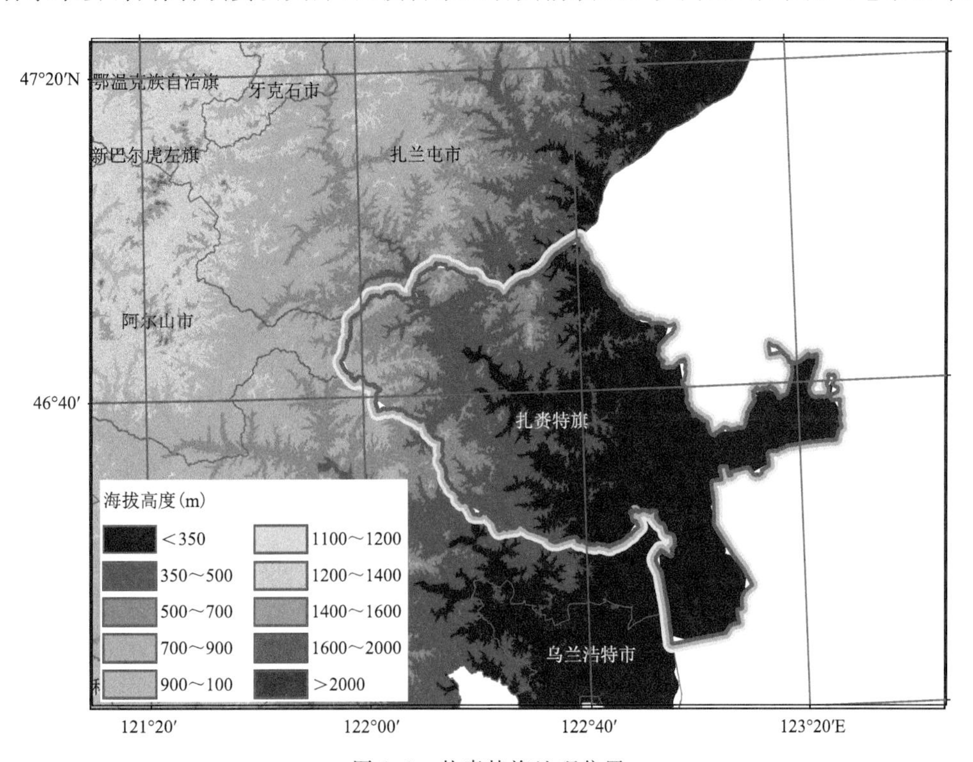

图 1.1　扎赉特旗地理位置

扎赉特旗地处大兴安岭中段南麓，地势西北高、东南低，由西北至东南依次构成低山、丘陵、平原三类地貌，海拔高度 130～1126 m。

扎赉特旗属于中温带大陆性季风气候，四季分明。由于大兴安岭贯穿境内，构成境内自东南向西北节节抬升的地势，造成热量资源自东南向西北依次递减，水分资源自东南向西北依次递增的格局，水热矛盾突出，地区间差异最大的是热量资源的分布。春季干旱多风，夏季温热短促，降水集中，雨热同季，日照充足。全年平均温度 4.0 ℃，稳定≥10 ℃积温 3074.3 ℃·d，日最低气温>2 ℃无霜期 148 d，年降水量 432.8 mm，全年日照时数 2608.5 h。

1.2 经济和社会发展概况

全旗总面积 11155 km^2，辖 14 个苏木乡(镇、场)、1 个城镇社区党工委，196 个嘎查村、699 个艾里屯，总人口 40 万，由 17 个民族组成，其中，蒙古族 15.7 万人，占全旗总人口的 42%。旗委、旗政府所在地是音德尔镇，音德尔是蒙古语，汉语意为“台阶”，音德尔城镇建成区面积 14.3 km^2，城区人口 10 万人。扎赉特旗是农牧业大旗，有耕地 575 万亩[①]、草牧场 600 万亩、林地 400 万亩，水资源丰富，旗内大小河流 76 条，水资源总量 28 亿 m^3。地下矿产资源已探明蕴藏大理石、石灰石、花岗岩、煤、铁、钼、铅、锌、铜、油砂等 10 余种矿产。

扎赉特旗人口分布东多西少，中部和东北部地区人口较为密集，其中，旗政府所在地音德尔镇人口最为集中，西部人口稀少(图 1.2)。GDP 分布与人口相近，呈东多西少分布，中部和东北部地区 GDP 较高，其中，旗政府所在地音德尔镇 GDP 最高，西部地区 GDP 较低(图 1.3)。

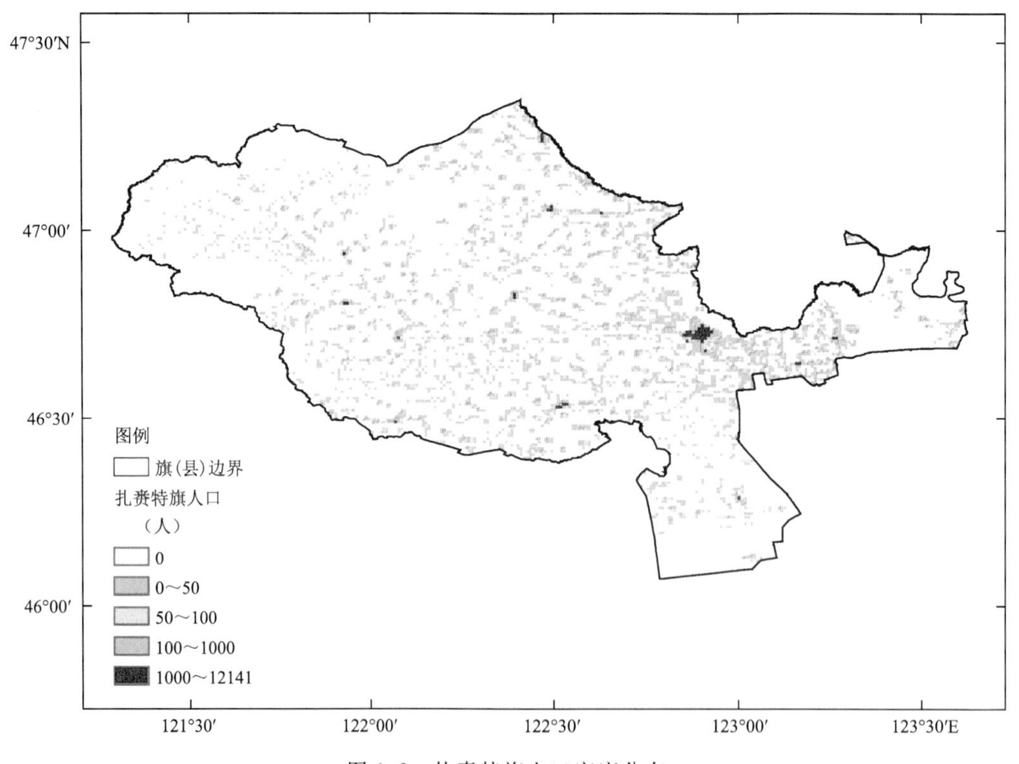

图 1.2 扎赉特旗人口密度分布

① 1 亩=1/15 hm^2。

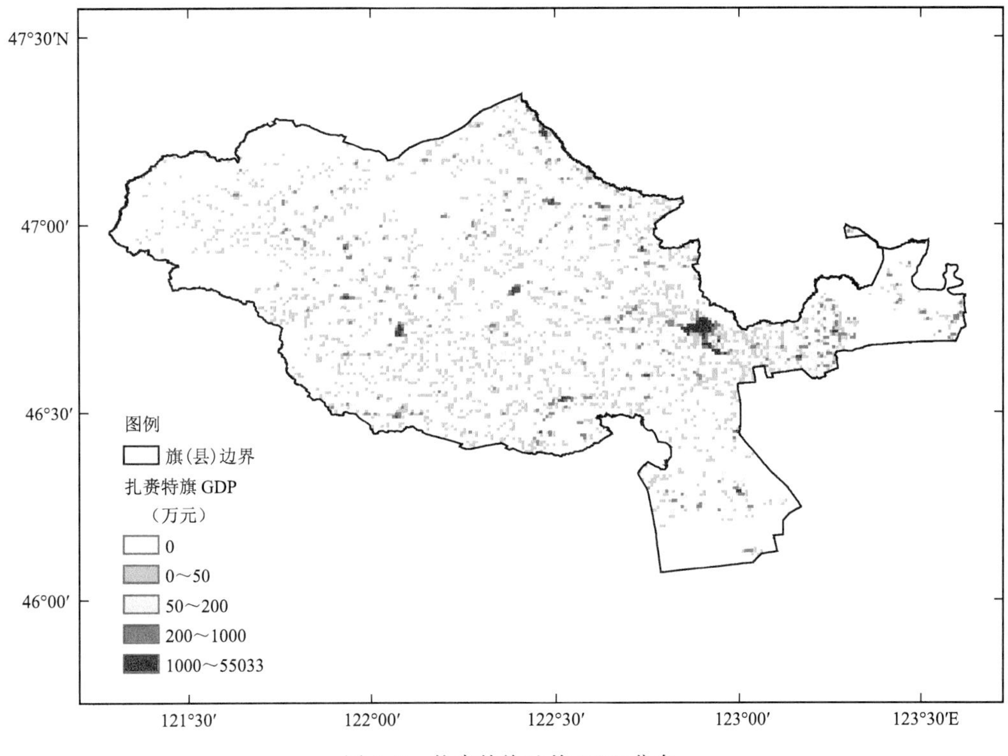

图 1.3 扎赉特旗地均 GDP 分布

1.3 气象灾害概况

扎赉特旗农牧业气象灾害主要包括旱、涝、低温冷害、冰雹以及黑白灾。

①旱、涝灾害。干旱和洪涝是扎赉特旗农牧业生产的主要自然灾害,扎赉特旗春季干旱概率最大,占 78%,其中严重春旱年占 46%,大旱年占 14%,秋旱年占 33% ,夏涝占 3%,秋涝占 19%。概括来说,春、夏干旱发生频率比洪涝要高,而秋旱频率低于洪涝。

②低温冷害。扎赉特旗由于热量资源不足等原因,低温冷害是该地区主要农业气象灾害之一,发生概率在 26%左右,是造成产量不高、不稳的主要因素之一。

③冰雹。扎赉特旗主要有阿拉达尔吐西部到宝力根花南部、新林中部到二龙山南部、好力保西部、努文木仁中部四条雹线,时间主要在 5 月和 7 月,最多持续时间一般在 20 min 以内。近 20 a 受雹灾累计面积为 50 万亩,对农业生产和人民生命财产危害较重。

④黑白灾。扎赉特旗冬季雪量 10～15 mm,最多年份可达 30 mm,各地平均积雪初日在 10 月末,终日在 3 月上旬,最长连续积雪日数达 120 d,平均积雪日数 60～70 d。白灾主要发生在 11 月中旬至 3 月中旬,以中轻度为主,扎赉特旗近年来发生明显的黑灾年份是 1959 年、1966 年、1967 年、1970 年、1974 年,整个隆冬降雪量不足 4 mm,积雪日数不足 30 d,这对依靠天然牧场野外放牧的畜牧业生产危害严重。

第2章 暴 雨

2.1 数据

2.1.1 气象数据

使用内蒙古自治区气象信息中心提供的扎赉特旗范围内2个国家级地面气象观测站(胡尔勒站和扎赉特站)和11个骨干区域自动气象站2016—2020年逐小时和逐日降水数据(图2.1)。

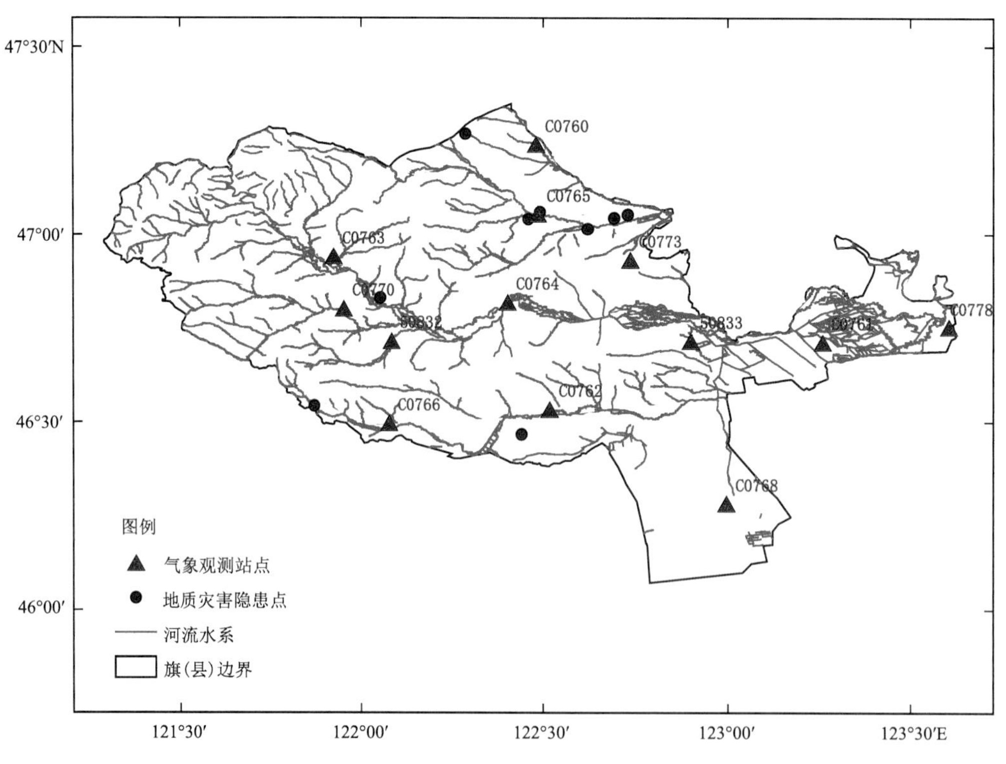

图2.1 扎赉特旗水系、地质灾害隐患点和气象站点空间分布

2.1.2 地理信息数据

行政区划数据为第一次全国自然灾害综合风险普查领导小组办公室(简称国务院普查办)共享的扎赉特旗行政边界。

扎赉特旗数字高程模型(DEM)数据为空间分辨率 90 m 的 SRTM(Shuttle Radar Topography Mission)数据(图 2.2)。

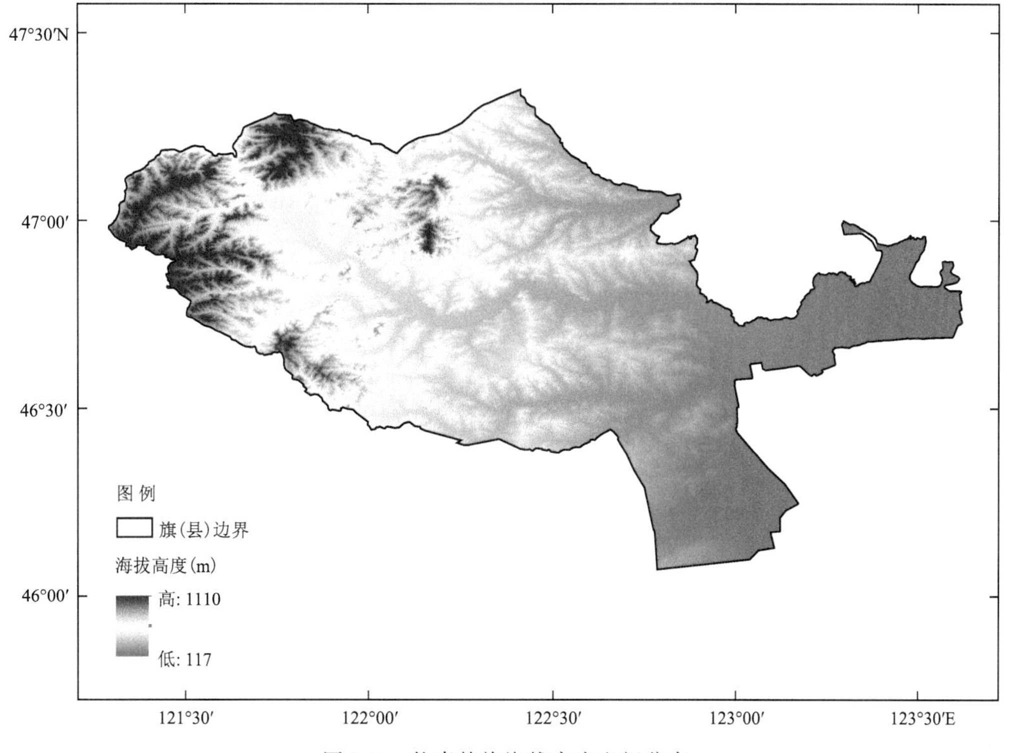

图 2.2 扎赉特旗海拔高度空间分布

水系数据为内蒙古自治区气象信息中心提供的“中国 1∶25 万公众版地形数据”中的水系数据(图 2.1)。

2.1.3 地质灾害隐患点数据

地质灾害隐患点数据为内蒙古自治区国土资源厅提供的扎赉特旗泥石流和滑坡隐患点数据。扎赉特旗共有泥石流隐患点 9 个,无滑坡隐患点(图 2.1)。

2.1.4 承灾体数据

承灾体数据来源于国务院普查办共享的扎赉特旗的人口、GDP 和三大农作物(小麦、玉米、水稻)种植面积的标准格网数据(.tif),空间分辨率为 30″×30″(图 2.3)。人口单位为人,GDP 单位为万元,农作物种植面积单位为公顷(hm^2)。

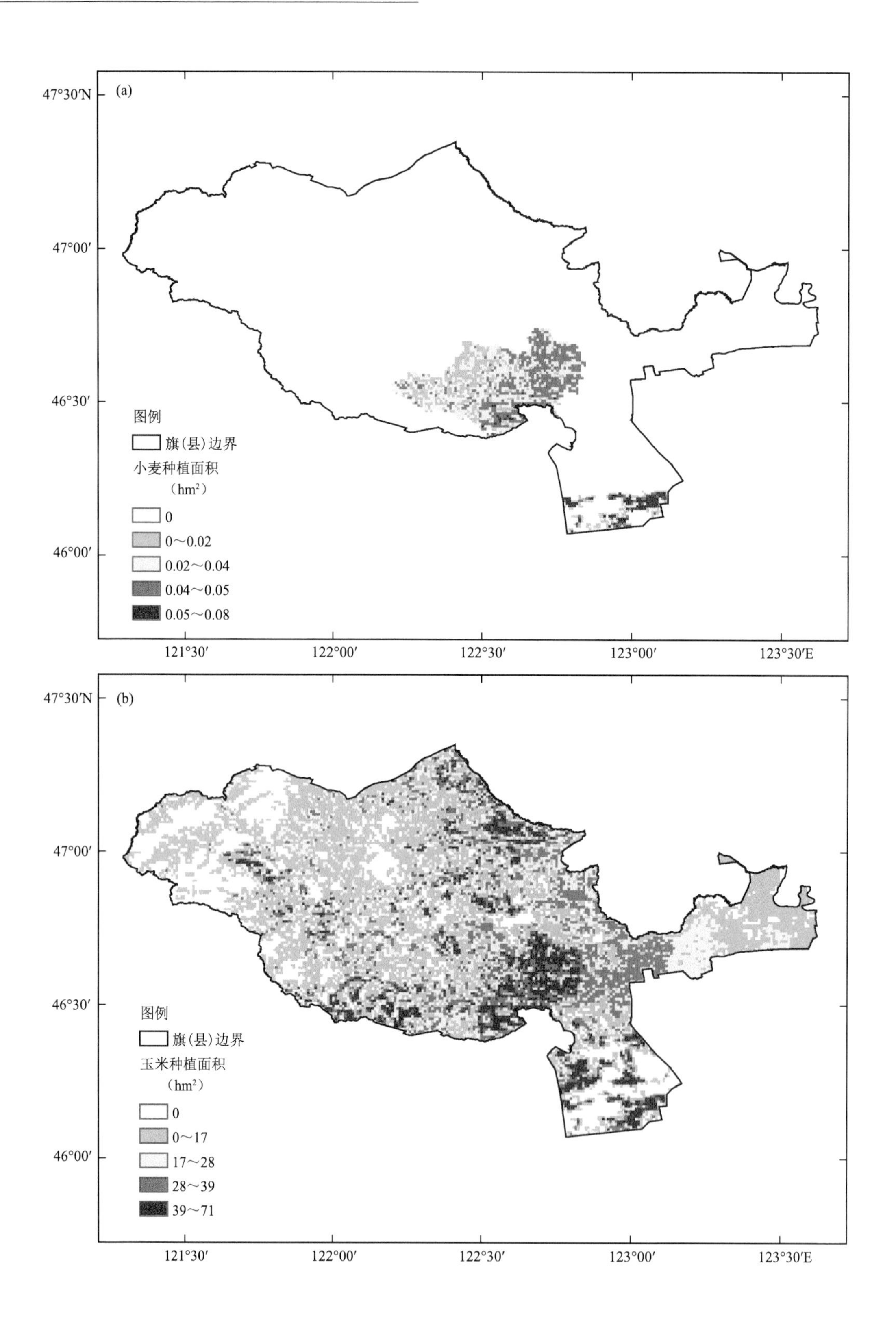

47°30′N
47°00′
46°30′
46°00′
121°30′
122°00′
122°30′
123°00′
123°30′E
(a)
图例
旗(县)边界
小麦种植面积
（hm²）
0
0～0.02
0.02～0.04
0.04～0.05
0.05～0.08
(b)
图例
旗(县)边界
玉米种植面积
（hm²）
0
0～17
17～28
28～39
39～71

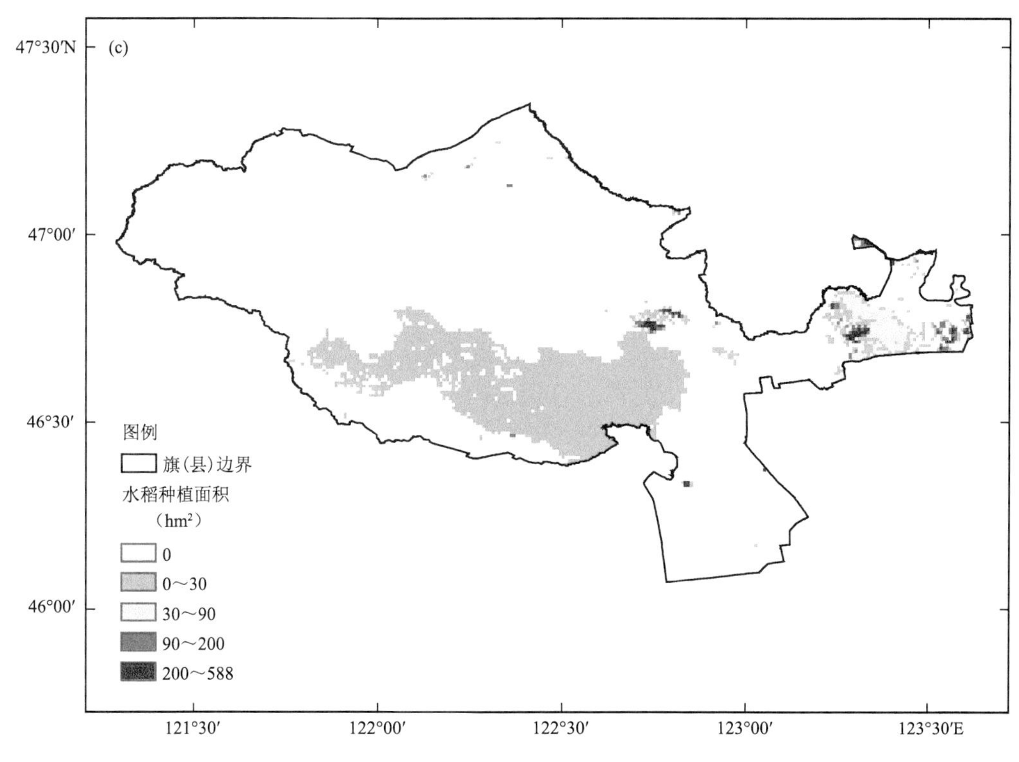

图 2.3 扎赉特旗小麦(a)、玉米(b)、水稻(c)的种植面积空间分布

2.1.5 历史灾情数据

历史灾情数据为扎赉特旗气象局通过全区第一次气象灾害风险调查收集到的暴雨灾情资料,主要来源于灾情直报系统、灾害大典、旗(县)统计局、旗(县)地方志,以及地方民政局等。数据包括暴雨灾害历年(次)的受灾人口、死亡人口、农业受灾面积、直接经济损失,以及当地当年的总人口、生产总值和种植面积等,空间尺度为旗(县)和乡(镇),时间范围为1978—2020年。

2.2 技术路线及方法

内蒙古暴雨灾害风险评估与区划技术路线如图2.4所示。

2.2.1 致灾过程确定

以日降雨量(20时至次日20时)≥50 mm的降雨日为暴雨日。当暴雨日持续天数≥1 d的或者中断日有中到大雨,且前后均为暴雨日的降水过程为暴雨过程。按照该暴雨过程的识别方法,基于扎赉特旗范围内13个气象站点的逐小时和逐日降水资料,分别确定13个气象站点近5 a(2016—2020年)的全部暴雨过程,并计算各暴雨过程的过程累计降雨量和最大3 h降水量。

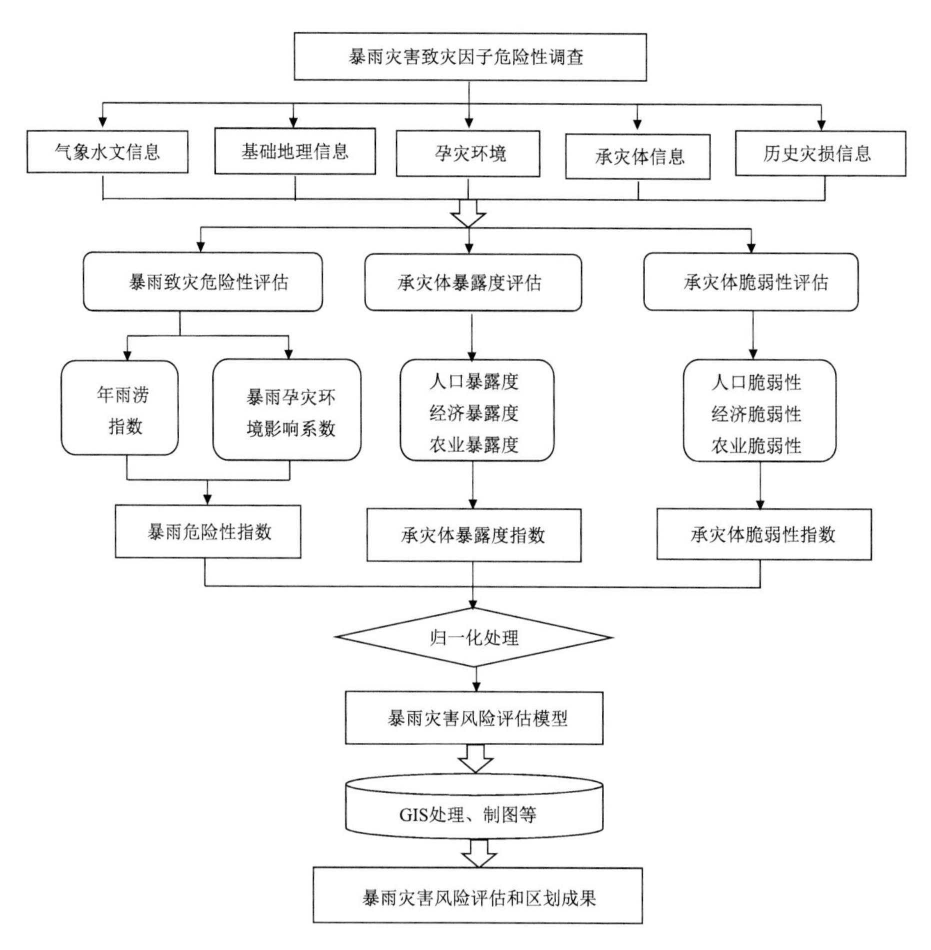

图 2.4 内蒙古暴雨灾害风险评估与区划技术路线

2.2.2 致灾因子危险性评估

暴雨致灾危险性评估主要考虑暴雨事件和孕灾环境，因此内蒙古暴雨致灾危险性评估指标包括两个，分别为年雨涝指数和暴雨孕灾环境影响系数。

(1)年雨涝指数

1)暴雨灾害致灾因子识别

根据扎赉特旗暴雨灾害致灾特征，从降水总量以及暴雨过程的强度、降水持续时间等方面对致灾因子进行初步筛选，并借助收集到的 1978—2020 年扎赉特旗暴雨过程灾情解析识别出内蒙古扎赉特旗暴雨灾害致灾因子为过程累计降水量和最大 3 h 降水量。

2)年雨涝指数分布

基于各站点所有暴雨过程的过程累计降雨量和最大 3 h 降水量，分别对两个致灾因子进行归一化处理，采用信息熵赋权法确定权重，加权求和得到各站点暴雨过程强度指数，分别累加各站点当年逐场暴雨过程强度值，就得到各站点年雨涝指数。扎赉特旗年雨涝指数呈现“中部高、东西部低”的分布特征(图 2.5)。

(2)暴雨孕灾环境影响系数

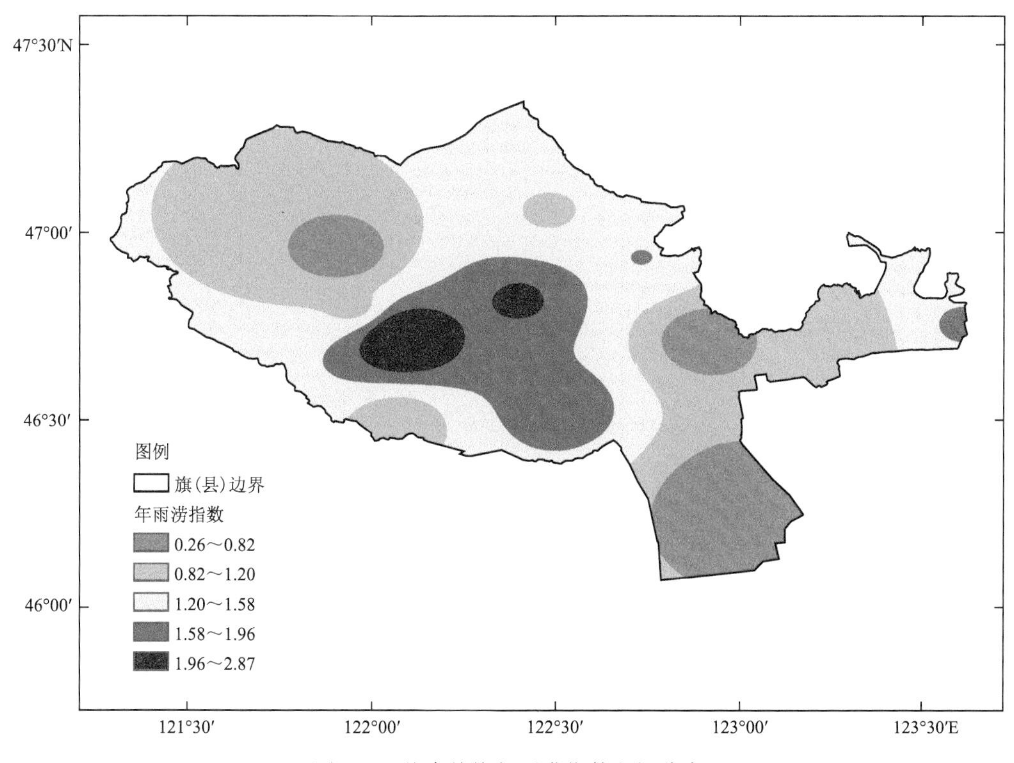

图 2.5 扎赉特旗年雨涝指数空间分布

暴雨孕灾环境指暴雨影响下，对形成洪涝、泥石流、滑坡、城市内涝等次生灾害起作用的自然环境。暴雨孕灾环境对暴雨成灾危险性起扩大或缩小作用。暴雨孕灾环境宜考虑地形、河网水系、地质灾害易发条件等，参考地方标准《暴雨过程危险性等级评估技术规范》(DB33/T 2025—2017)，扎赉特旗暴雨孕灾环境主要考虑了地形因子、水系因子和地质灾害易发条件三个因素。

1)地形因子影响系数

首先计算扎赉特旗的高程标准差。以评估点为中心，计算评估点与若干邻域点的高程标准差，计算方法如下：

$$S_h = \sqrt{\frac{\sum_{j=1}^{n}(h_j - \bar{h})^2}{n}}$$

式中，S_h 为高程标准差，h_j 为邻域点海拔高度(单位：m)，$\bar{h}$ 为评估点海拔高度，n 为邻域点的个数(n 值宜大于等于 9)。基于扎赉特旗 DEM 数据，采用 ArcGIS 软件的焦点统计工具，得到扎赉特旗的高程标准差。

在 GIS 中绝对高程可用数字高程模型来表达，并把海拔高度分成五级。高程标准差是表征该处地形变化程度的定量指标，并把高程标准差分成四级。根据地形因子中绝对高程越高、相对高程标准差越小，暴雨危险程度越高的原则，对于内蒙古高海拔地区，根据内蒙古高程标准差和海拔高度的实际情况，修改了高程标准差和海拔高度的分区范围，从而确定了内蒙古地形因子影响系数，如表 2.1 所示。

表 2.1 地形因子影响系数赋值

海拔高度(m)	高程标准差			
	<5	[5,10)	[10,20)	≥20
<500	0.9	0.8	0.7	0.5
[500,800)	0.8	0.7	0.6	0.4
[800,1200)	0.7	0.6	0.5	0.3
[1200,1500)	0.6	0.5	0.4	0.2
≥1500	0.5	0.4	0.3	0.1

按照表 2.1 等级划分和相应的赋值，采用 ArcGIS 软件分别对扎赉特旗的海拔高度和高程标准差进行重分类、栅格计算和赋值，最终得到扎赉特旗的地形因子影响系数空间分布(图 2.6)。

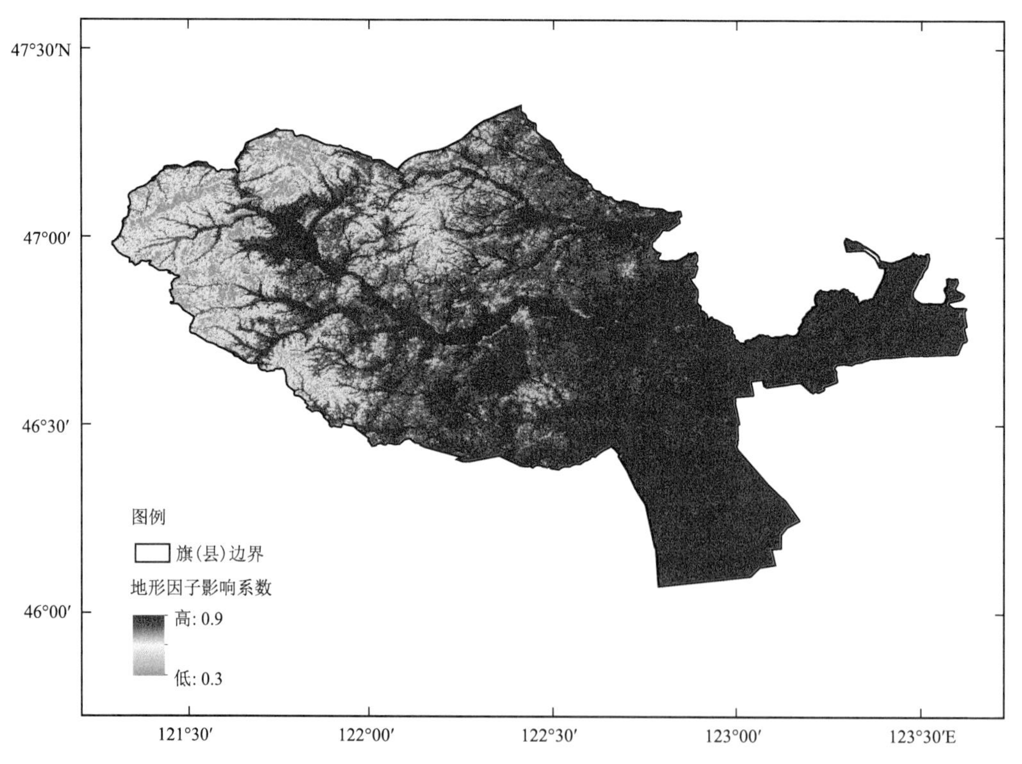

图 2.6 扎赉特旗地形因子影响系数空间分布

2)水系因子影响系数

采用水网密度法赋值法计算水系因子影响系数。水网密度是指流域内干支流总河长与流域面积的比值或单位面积内自然与人工河道的总长度，水网密度反映了一定区域范围内河流的密集程度，计算公式如下：

$$S_r = \frac{l_r}{a}$$

式中，S_r 为水网密度(单位：km^{-1})，l_r 为水网长度(单位：km)，a 为区域面积(单位：km^2)。

根据扎赉特旗1∶25万水系数据，采用ArcGIS软件的线密度工具，得到扎赉特旗的水网密度。根据水网密度，取相应水系因子影响系数，如表2.2所示。

表2.2 水系因子影响系数赋值(水网密度法)

水网密度	赋值
<0.01	0
[0.01,0.24)	0.1
[0.24,0.41)	0.2
[0.41,0.57)	0.3
[0.57,0.74)	0.4
[0.74,0.91)	0.5
[0.91,1.08)	0.6
[1.08,1.24)	0.7
[1.24,1.41)	0.8
≥1.41	0.9

按照表2.2等级划分和相应的赋值，采用ArcGIS软件对扎赉特旗的水网密度进行重分类和赋值，最终得到扎赉特旗水系因子影响系数空间分布(图2.7)。

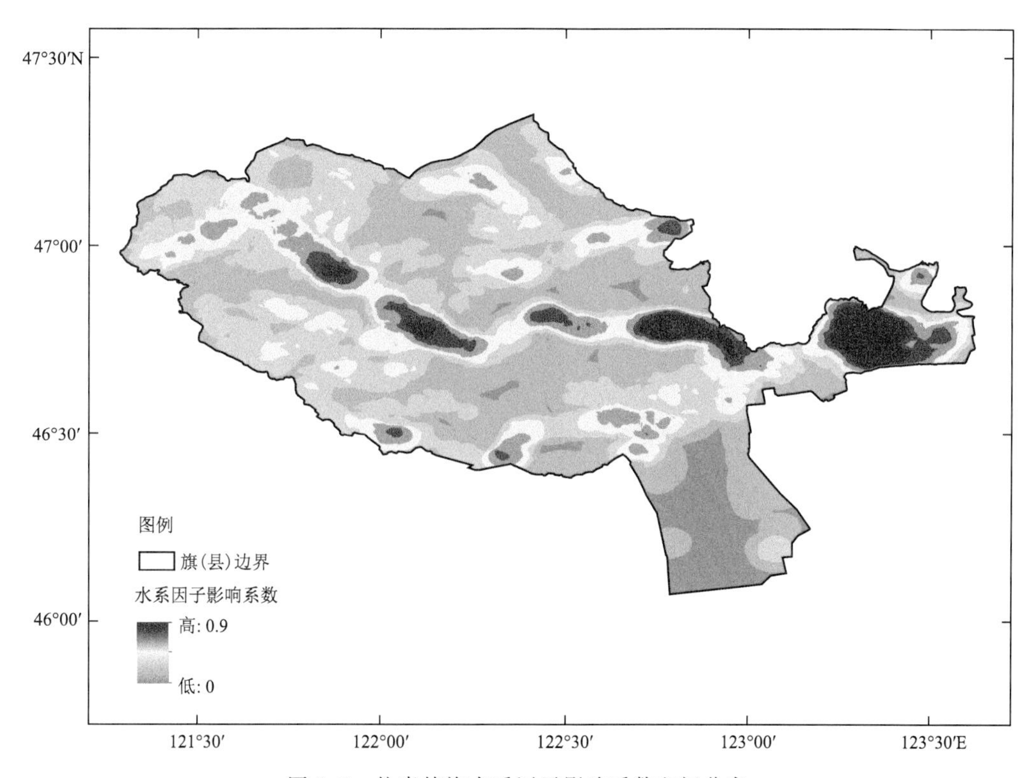

图2.7 扎赉特旗水系因子影响系数空间分布

3)地质灾害易发条件系数

基于扎赉特旗泥石流和滑坡隐患点的易发条件属性，按照表2.3等级划分和相应的赋值，采用 ArcGIS 软件对扎赉特旗的地质灾害易发条件系数进行赋值，并采用反距离加权插值方法，最终得到扎赉特旗的地质灾害易发条件系数空间分布(图 2.8)。

表 2.3 地质灾害易发条件系数赋值

地质灾害易发等级	不易发	低易发	中易发	高易发
系数	0	0.3	0.6	0.9

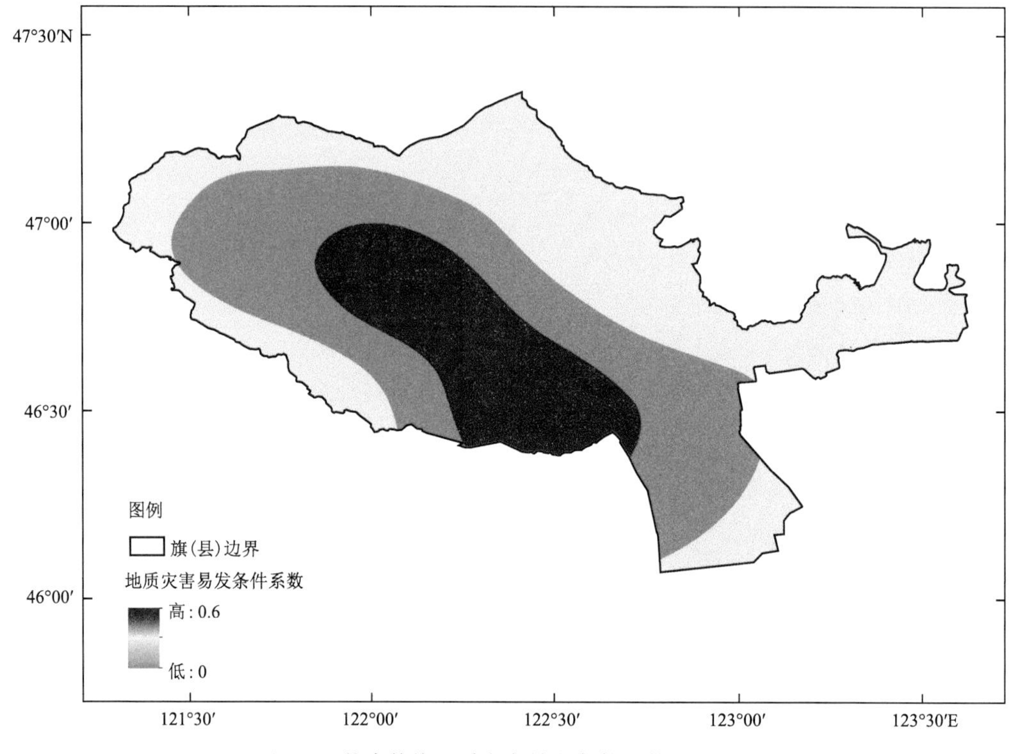

图 2.8 扎赉特旗地质灾害易发条件系数空间分布

4)暴雨孕灾环境影响系数

暴雨孕灾环境影响系数的计算公式如下：

$$I_{\varepsilon} = w_h p_h + w_r p_r + w_d p_d$$

式中，I_{ε} 为暴雨孕灾环境影响系数，p_h 为地形因子影响系数，p_r 为水系因子影响系数，p_d 为地质灾害易发条件系数，w_h 、w_r 和 w_d 分别为地形因子、水系因子和地质灾害易条件系数的权重，总和为 1。

采用信息熵赋权法确定权重，其中地形因子影响系数权重为 0.68，水系因子影响系数权重为 0.21，地质灾害易发条件系数权重为 0.11，采用 ArcGIS 软件的栅格运算工具，加权求和得到扎赉特旗暴雨孕灾环境影响系数空间分布(图 2.9)。

(3)暴雨致灾危险性指数

暴雨致灾危险性指数是由暴雨孕灾环境影响系数和年雨涝指数加权综合而得到的，计算公式如下：

$$\text{致灾危险性指数} = A_1 \times \text{暴雨孕灾环境影响系数} + A_2 \times \text{年雨涝指数}$$

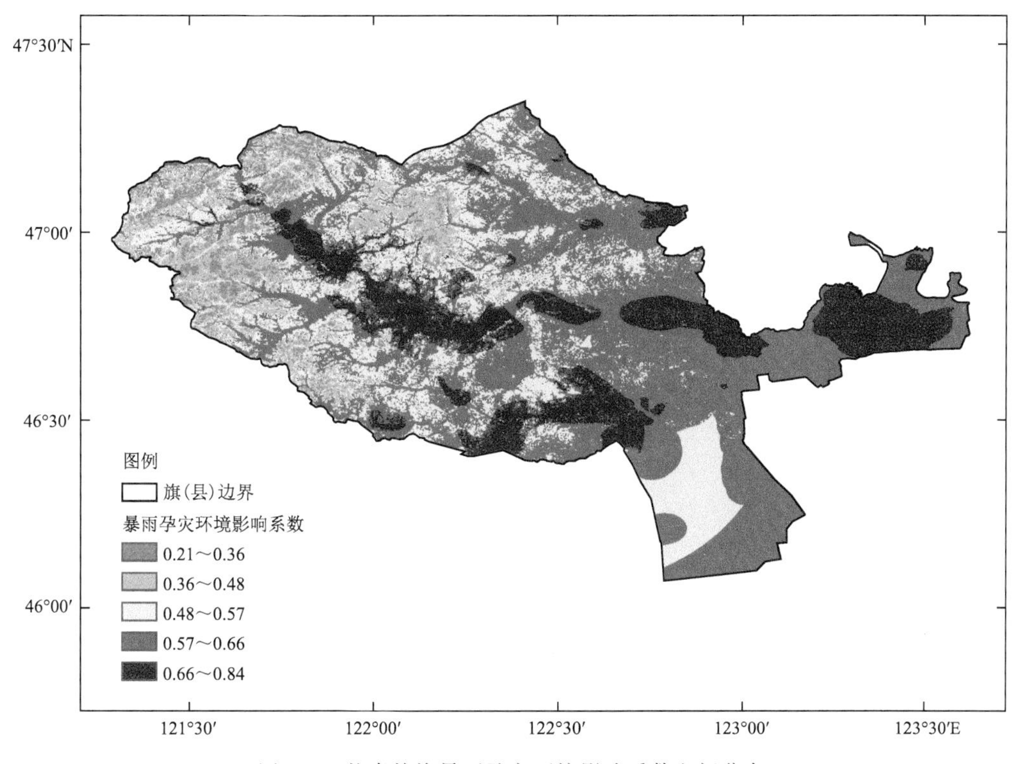

图 2.9 扎赉特旗暴雨孕灾环境影响系数空间分布

式中，A_1 和 A_2 分别为暴雨孕灾环境影响系数和年雨涝指数的权重系数。采用信息熵赋权法确定权重，从而构建扎赉特旗暴雨致灾危险性指数的计算模型：

致灾危险性指数＝0.48×暴雨孕灾环境影响系数＋0.52×年雨涝指数

采用 ArcGIS 软件的栅格运算工具，加权求和得到扎赉特旗暴雨致灾危险性指数。

(4)暴雨致灾危险性评估与分区

基于暴雨致灾危险性指数，结合扎赉特旗行政单元，采用自然断点法将暴雨致灾危险性等级划分为 1～4 级共 4 个等级，分别对应高、较高、较低和低风险。暴雨致灾危险性 4 个等级的含义和色值见表 2.4，进而在 GIS 平台上进行风险分区制图，得到暴雨灾害致灾危险性等级图。

表 2.4 暴雨致灾危险性分区等级、含义和色值

风险等级	含义	色值(CMYK 值)
1 级	高风险	100,70 ,40,0
2 级	较高风险	70,50 ,10,0
3 级	较低风险	55,30 ,10,0
4 级	低风险	20,10 ,5,0

2.2.3 风险评估与区划

内蒙古暴雨灾害风险评估指标包括三个，分别为暴雨致灾危险性、承灾体暴露度和承灾体脆弱性，其中承灾体脆弱性根据实际资料情况作为可选的评估指标。

(1)主要承灾体暴露度

选取扎赉特旗主要承灾体人口、GDP 和农业进行暴露度分析，具体方法如下：

1)人口暴露度：各区域常住人口密度。

2)经济暴露度：各区域 GDP 密度。

3)农业暴露度：各区域三大农作物(小麦、玉米、水稻)种植面积。

分别将国务院普查办共享的扎赉特旗人口、GDP 以及小麦、玉米和水稻的空间分辨率 30″×30″标准格网数据作为人口、经济和农业暴露度指标，为了消除各指标的量纲差异，对人口、经济和农业暴露度指标进行归一化处理。各个指标归一化计算公式为

$$x' = \frac{x - x_{\min}}{x_{\max} - x_{\min}}$$

式中，x'为归一化后的数据，x 为样本数据，$x_{\min}$为样本数据中的最小值，$x_{\max}$为样本数据中的最大值。

(2)主要承灾体脆弱性(可选)

选取承灾体人口、GDP 和农业进行脆弱性分析，具体方法如下：

1)人口脆弱性：因暴雨灾害造成的死亡人口和受灾人口占区域总人口比例。

2)经济脆弱性：因暴雨灾害造成的直接经济损失占区域 GDP 的比例。

3)农业脆弱性：三大农作物(小麦、玉米、水稻)受灾面积占种植面积的比例。

由于调查已收集到的各乡(镇)死亡人口、受灾人口、农业受灾面积、直接经济损失，以及当年乡(镇)总人口、GDP 和三大农作物种植面积数据有限，无法满足计算承灾体脆弱性的数据要求，因此扎赉特旗暴雨灾害风险评估不考虑承灾体脆弱性。

(3)暴雨灾害风险评估指数

根据暴雨灾害风险形成原理及评价指标体系，分别将致灾危险性、承灾体暴露度和承灾体脆弱性各指标进行归一化，再加权综合，建立暴雨灾害风险评估模型：

$$\mathrm{MDRI} = (\mathrm{TI}^{w_e})(\mathrm{EI}^{w_h})(\mathrm{VI}^{w_s})$$

式中，MDRI 为暴雨灾害风险指数，用于表示暴雨灾害风险程度，其值越大，则暴雨灾害风险程度越大，TI、EI、VI 分别表示暴雨致灾危险性、承灾体暴露度、承灾体脆弱性指数。w_e、w_h、w_s 是致灾危险性、承灾体暴露度和脆弱性指数的权重，权重的大小依据各因子对暴雨灾害的影响程度大小，根据信息熵赋权法，并结合当地实际情况讨论确定。

由于受到历史灾情资料限制，因此扎赉特旗不考虑承灾体脆弱性，最终将致灾危险性和承灾体暴露度进行加权求积，从而得到扎赉特旗暴雨灾害风险评估结果。

针对人口、GDP 和三大农作物不同承灾体分别构建暴雨灾害人口、GDP 和三大农作物风险评估模型：

暴雨灾害人口风险＝暴雨致灾危险性$^{0.8}$(危险性)×区域人口密度$^{0.2}$(暴露度)

暴雨灾害 GDP 风险＝暴雨致灾危险性$^{0.8}$(危险性)×区域 GDP 密度$^{0.2}$(暴露度)

暴雨灾害小麦风险＝暴雨致灾危险性$^{0.8}$(危险性)×区域小麦种植面积$^{0.2}$(暴露度)

暴雨灾害玉米风险＝暴雨致灾危险性$^{0.8}$(危险性)×区域玉米种植面积$^{0.2}$(暴露度)

暴雨灾害水稻风险＝暴雨致灾危险性$^{0.8}$(危险性)×区域水稻种植面积$^{0.2}$(暴露度)

采用 ArcGIS 软件的栅格运算工具，分别加权求积得到扎赉特旗暴雨灾害人口、GDP 和三大农作物的风险评估指数。

(4)暴雨灾害风险评估与分区

依据不同承灾体风险评估结果,结合扎赉特旗行政单元,采用自然断点法,将风险等级划分为 1~5 级共 5 个等级,分别对应高等级风险、较高等级风险、中等级风险、较低等级风险和低等级风险。人口、GDP 和农业风险等级、含义和色值见表 2.5 至表 2.7,进而在 GIS 平台上进行风险分区制图,得到暴雨灾害对不同承灾体风险分区图。

表 2.5 暴雨灾害人口风险分区等级含义和色值

风险等级	含义	色值(CMYK 值)
1 级	高风险	0,100,100,25
2 级	较高风险	15,100,85,0
3 级	中风险	5,50,60,0
4 级	较低风险	5,35,40,0
5 级	低风险	0,15,15,0

表 2.6 暴雨灾害 GDP 风险分区等级含义和色值

风险等级	含义	色值(CMYK 值)
1 级	高风险	15,100,85,0
2 级	较高风险	7,50,60,0
3 级	中风险	0,5,55,0
4 级	较低风险	0,2,25,0
5 级	低风险	0,0,10,0

表 2.7 暴雨灾害农业风险分区等级含义和色值

风险等级	含义	色值(CMYK 值)
1 级	高等级	0,40,100,45
2 级	较高等级	0,0,100,45
3 级	中等级	0,0,100,25
4 级	较低等级	0,0,60,0
5 级	低等级	10,5,15,0

2.3 致灾因子特征分析

主要分析扎赉特旗多年平均月降水量、多年雨季降水量、年暴雨日数和频次、年最大日降水量、不同重现期不同时段的最大降水量、暴雨过程和致灾因子特征,以及历史灾情特征等。通过对扎赉特旗暴雨致灾危险性调查数据的特征分析,了解暴雨的发生频次、强度,为进一步的危险性评估提供研究基础。

2.3.1 历史特征分析

(1)多年平均月降水量

图 2.10 是 1978—2020 年胡尔勒站和扎赉特站多年平均月降水量。从图中可以看出,扎赉特站月降水集中在 6—9 月,约占年降水量的 83%,其中 7 月降水最大,约占年降水量的 32%。胡尔勒站 7 月降水量比扎赉特站多约 24.6 mm。

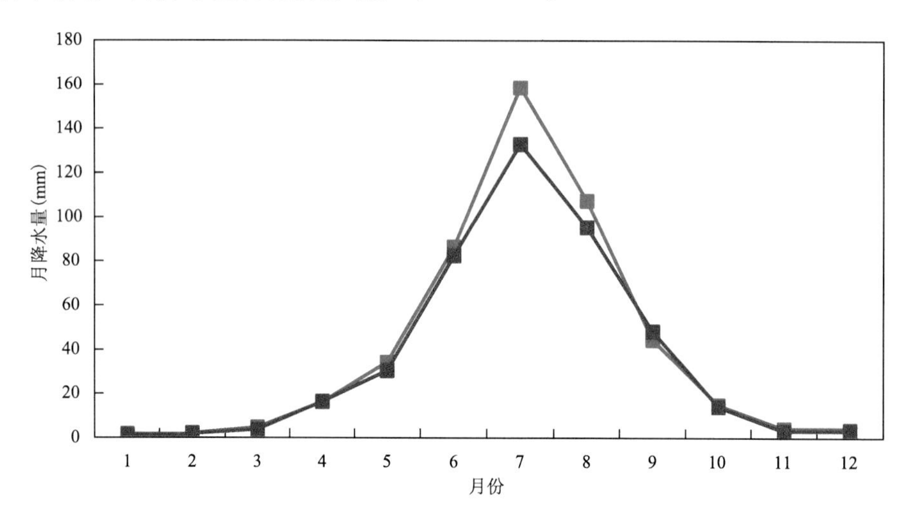

图 2.10 1978—2020 年胡尔勒站(蓝色)和扎赉特站(红色)多年平均月降水量

(2)多年雨季降水量

图 2.11 是胡尔勒站和扎赉特站多年雨季(6—9 月)降水量。从图中可以看出,扎赉特站雨季降水呈略减少趋势。1998 年胡尔勒站雨季降水量是扎赉特站的 0.76 倍。1998 年后扎赉特站雨季降水量较 1998 年以前明显减少,进入 21 世纪之后呈波动增加趋势。

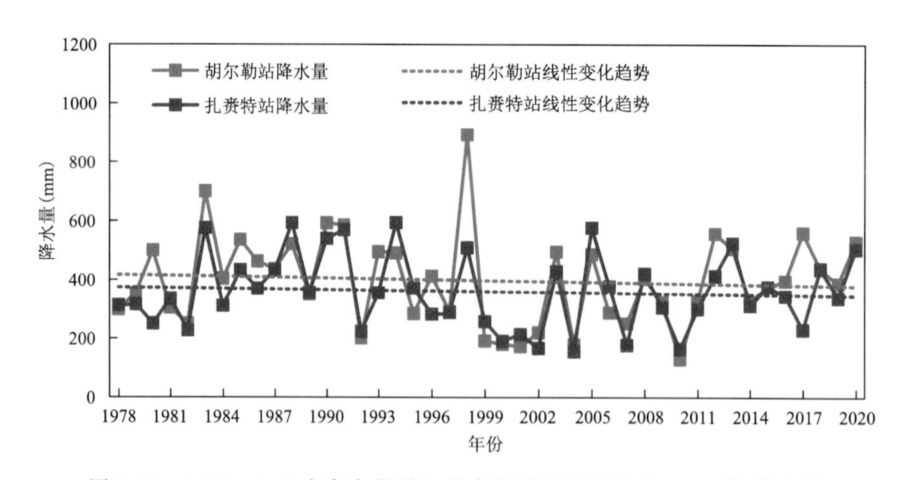

图 2.11 1978—2020 年胡尔勒站和扎赉特站的历年雨季(6—9 月)降水量

图 2.12 是胡尔勒站和扎赉特站雨季的最大月降水量。从图中可以看出,胡尔勒站雨季的月降水最大值出现在 8 月,最大可达 405.0 mm,其次是 7 月,为 355.7 mm;扎赉特站雨季的

月降水最大值出现在7月，为324.8 mm，其次是8月，为258.5 mm；6月和9月的月降水量最大值也较大，均在150 mm以上。

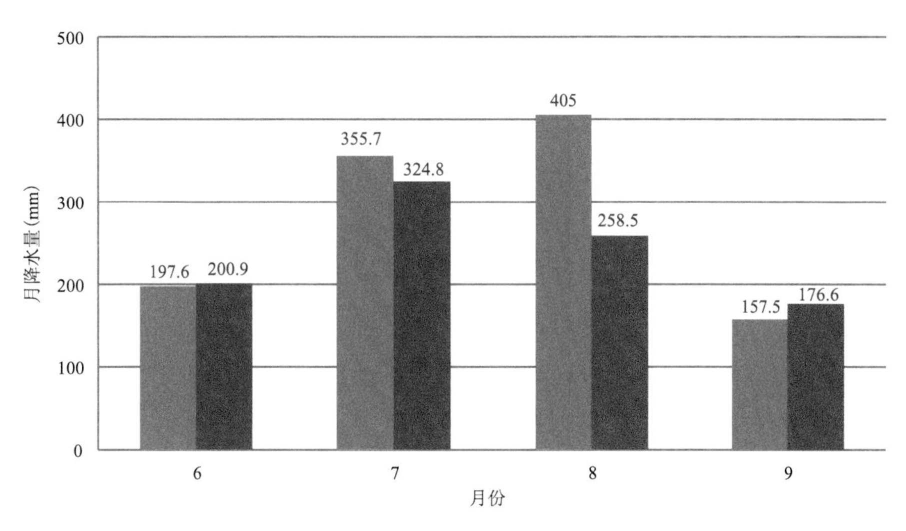

图2.12 1978—2020年胡尔勒站（蓝色）和扎赉特站（红色）雨季（6—9月）月最大降水量

(3)年暴雨日数

图2.13是1978—2020年胡尔勒站和扎赉特站年暴雨日数和频次。从图中可以看出，43年间胡尔勒站和扎赉特站分别有18年和24年没有发生暴雨，分别占总年份的42%和56%。扎赉特旗发生暴雨的年暴雨日数多为1～2 d，胡尔勒站和扎赉特站分别占总年份的51%和42%。其中胡尔勒站年暴雨日数最多为2005年的4 d，而扎赉特站年暴雨日数最多为1994年的3 d。

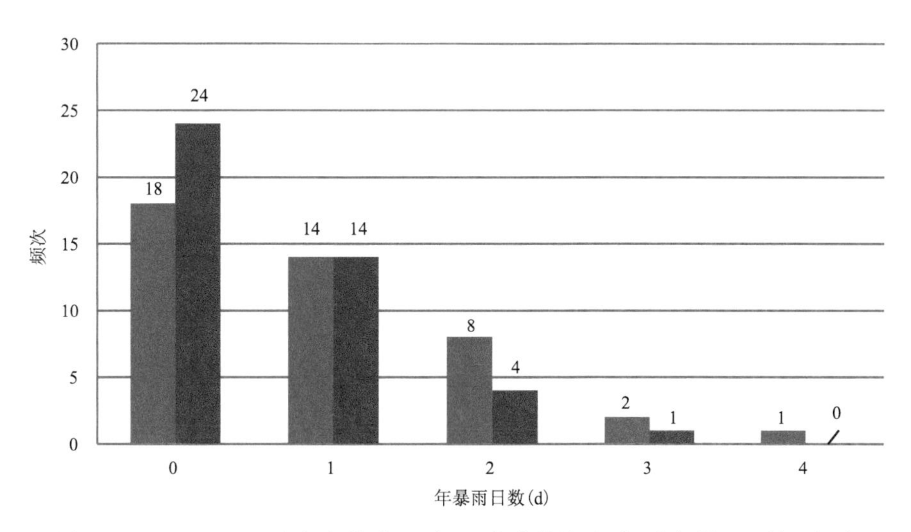

图2.13 1978—2020年胡尔勒站（蓝色）和扎赉特站（红色）的年暴雨日数和频次

图2.14和图2.15分别是1978—2020年胡尔勒站和扎赉特站年降水量距平百分率和年暴雨日数。从图中可以看出，扎赉特站年降水量和年暴雨日数均无明显变化趋势。胡尔勒站

1998 年的年降水量距平百分率最大，达 107%，且 2005 年暴雨日数最大，为 4 d；扎赉特站 1988 年的年降水量距平百分率最大，达 74%，且 1994 年暴雨日数最大，为 3 d。

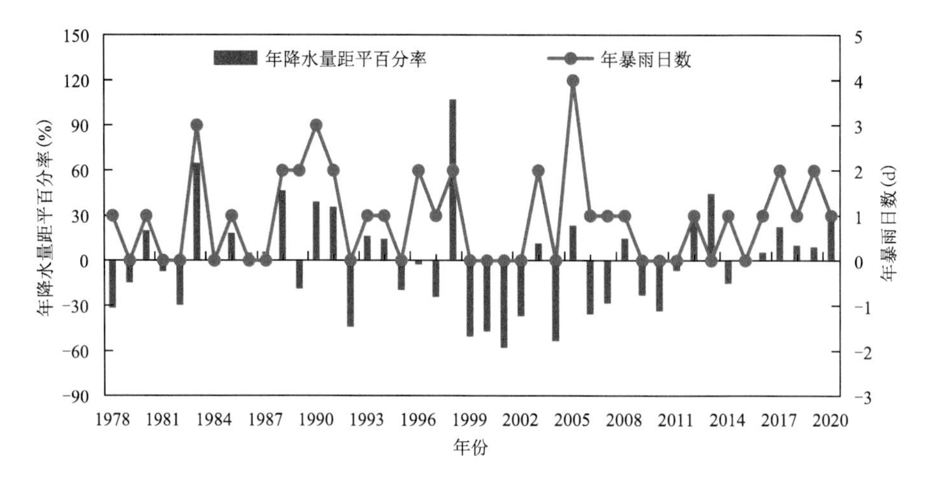

图 2.14　1978—2020 年胡尔勒站的年降水量距平百分率和年暴雨日数

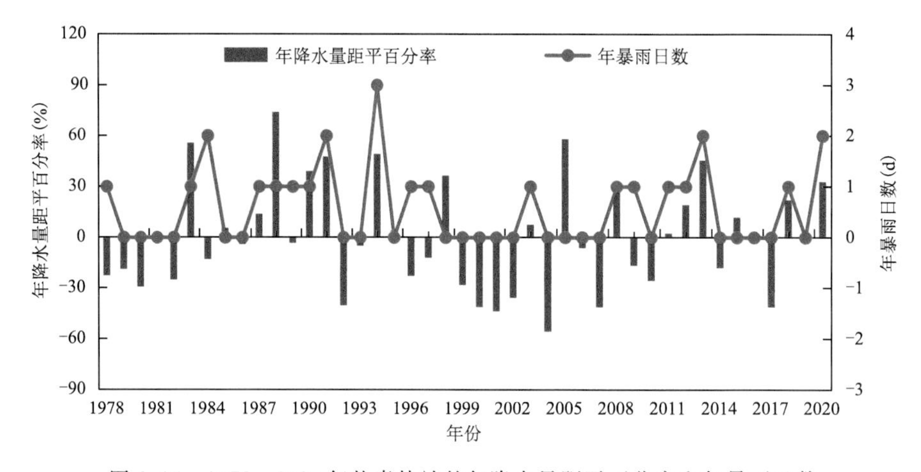

图 2.15　1978—2020 年扎赉特站的年降水量距平百分率和年暴雨日数

(4)年最大日降水量

图 2.16 是 1978—2020 年胡尔勒站和扎赉特站的年最大日降水量。从图中可以看出，胡尔勒站年最大日降水量发生在 1998 年 8 月 10 日，为 114.0 mm；扎赉特站年最大日降水量发生在 1988 年 8 月 17 日，为 111.4 mm。扎赉特旗年最大日降水量呈弱增加趋势，43 年间共增加 14.5 mm。

(5)重现期

不同时段、不同历时最大降水量的重现期如图 2.17 和图 2.18 所示。从图中可以看出，随着重现期的增加，扎赉特旗最大降水量呈缓慢增加趋势，且均在 100 年一遇最大。胡尔勒站各个重现期(年)极端降水量都要高于扎赉特站。强降水的雨强是造成暴雨灾害损失的直接原因之一，分析表明在同样的条件下，胡尔勒站受到暴雨灾害的影响将更严重。

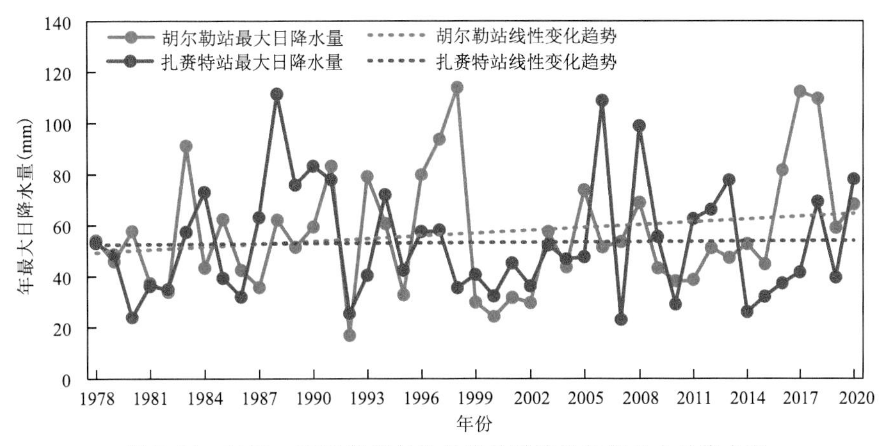

图2.16　1978—2020年胡尔勒站和扎赉特站的年最大日降水量

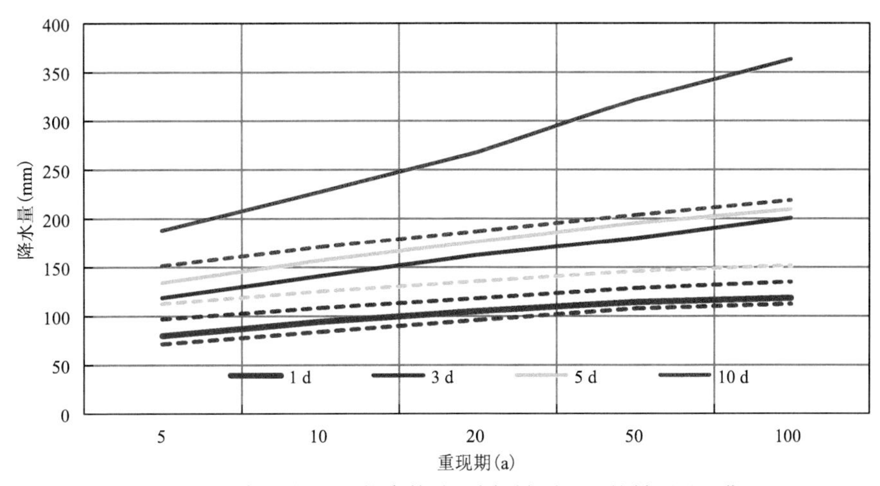

图2.17　胡尔勒站和扎赉特站不同时间段(d)的暴雨重现期
(实线为胡尔勒站,虚线为扎赉特站)

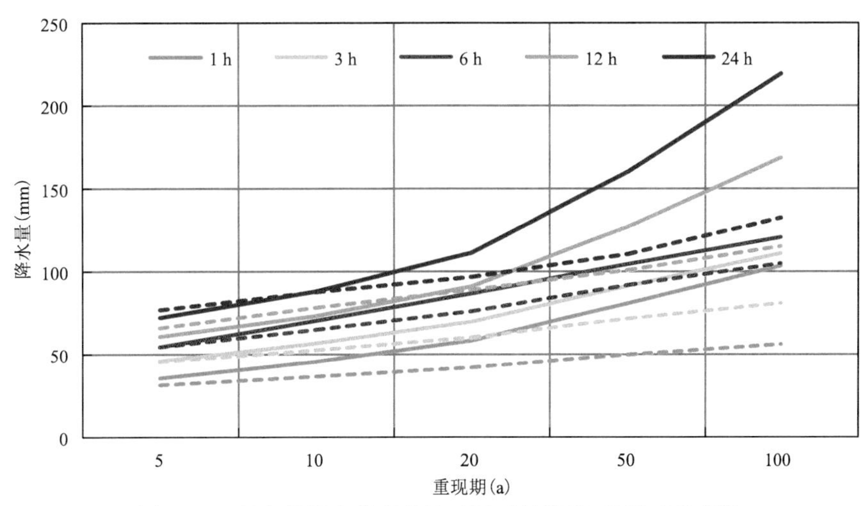

图2.18　胡尔勒站和扎赉特站不同时间段(h)的暴雨重现期
(实线为胡尔勒站,虚线为扎赉特站)

2.3.2 暴雨过程和致灾因子特征分析

(1)暴雨过程

1978—2020 年扎赉特旗共发生 68 次暴雨过程,其中胡尔勒站共发生 41 次,扎赉特站共发生 27 次。从图 2.19 可以看出,胡尔勒站暴雨过程次数呈略增多趋势,过程次数最多为 2005 年的 4 次;扎赉特站则无明显变化趋势,过程次数最多为 1994 年的 3 次。由图 2.20 可以看出,扎赉特旗 7 月份暴雨过程最多,胡尔勒站和扎赉特站分别为 24 次和 12 次,其次是 8 月。

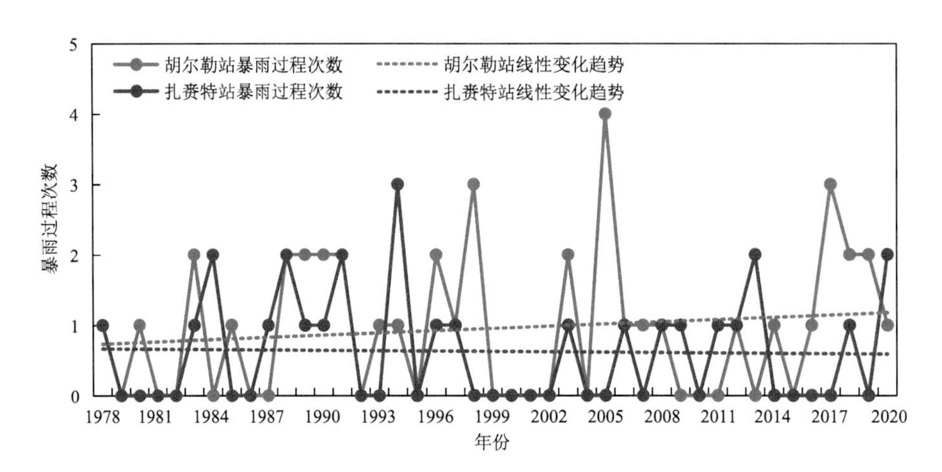

图 2.19 1978—2020 年胡尔勒站和扎赉特站的年暴雨过程次数

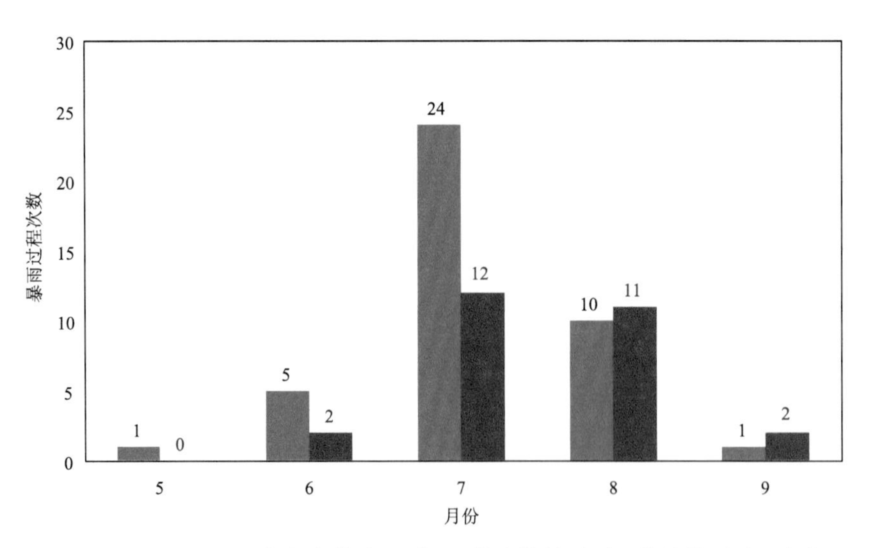

图 2.20 1978—2020 年胡尔勒站(蓝色)和扎赉特站(红色)的月暴雨过程次数

(2)暴雨过程降雨量

从图 2.21 中可以看出,胡尔勒站最大暴雨过程总雨量呈略增多趋势,最大过程总雨量发生在 1990 年 7 月 15 日,达 115.2 mm;扎赉特站则无明显变化趋势,最大过程总雨量发生在

1988年8月17日，达111.4 mm。由图2.22可以看出，7—8月扎赉特旗最大暴雨过程雨量较大，均在100 mm以上，其中胡尔勒站最大暴雨过程雨量发生在7月，而扎赉特站发生在8月。

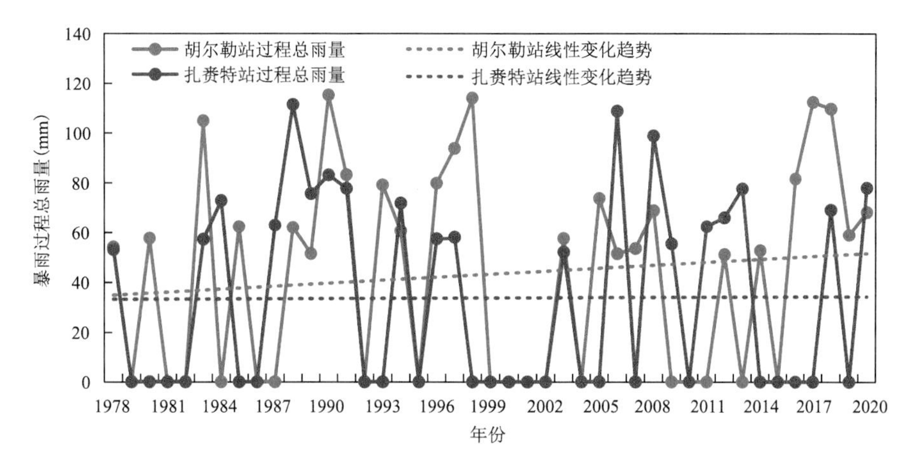

图2.21 1978—2020年胡尔勒站和扎赉特站的年最大暴雨过程总雨量

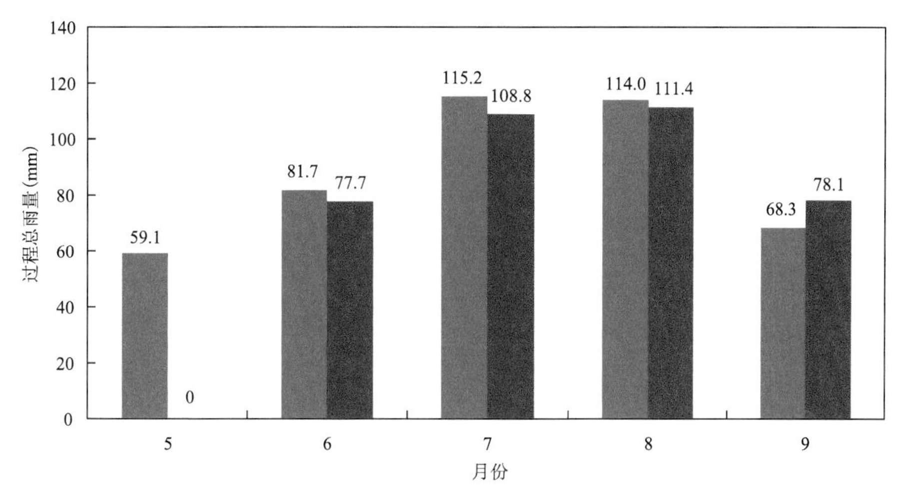

图2.22 1978—2020年胡尔勒站(蓝色)和扎赉特站(红色)逐月最大暴雨过程总雨量

(3)3 h最大降雨量

从图2.23中可以看出，胡尔勒站3 h最大降雨量呈明显增加趋势，3 h最大降雨量的极大值发生在2017年8月12日，达102.4 mm；扎赉特站则呈弱增加趋势，3 h最大降雨量的极大值发生在2013年6月29日，达75 mm。由图2.24可以看出，6—8月扎赉特旗3 h最大降雨量较大，均在50 mm以上，其中胡尔勒站3 h最大降雨量的极大值发生在8月，而扎赉特站发生在6月。

2.3.3 暴雨灾害历史灾情分析

从已收集到的1978—2020年扎赉特旗暴雨灾害历史灾情数据可知(表2.8)，总计68次暴雨过程中，有具体灾情信息的过程19次，记录32条。其中2017年发生的暴雨灾害造成的损失最大，直接经济损失达6626.74万元。暴雨灾害影响的承灾体类型主要有农业受灾、内

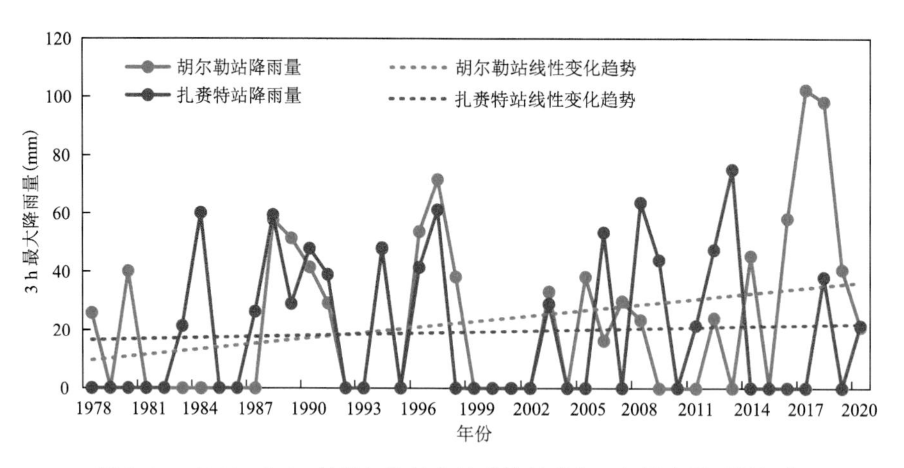

图 2.23 1978—2020 年胡尔勒站和扎赉特站的年 3 h 最大降雨量极值

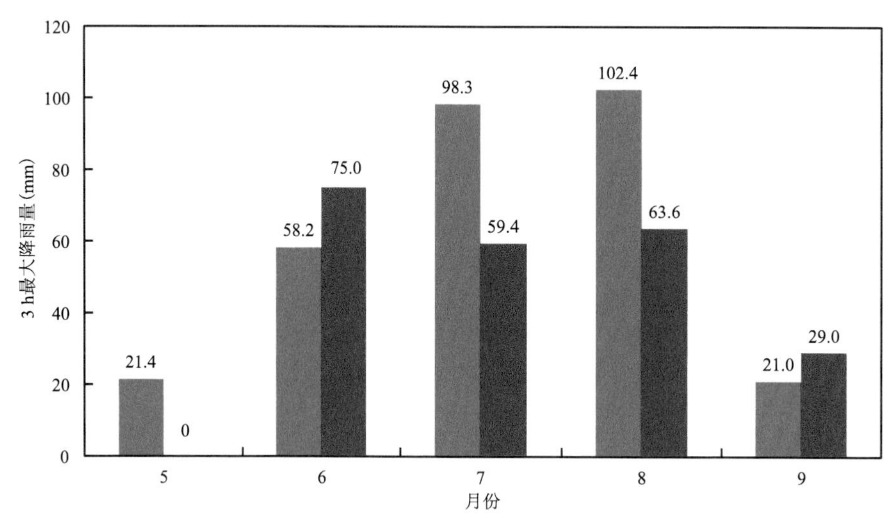

图 2.24 1978—2020 年胡尔勒站(蓝色)和扎赉特站(红色)的月 3 h 最大降雨量极值

涝,以及暴雨导致的房屋倒塌、损坏等。

表 2.8 1978—2020 年扎赉特旗暴雨灾害历史灾情

序号	开始时间(年/月/日)	结束时间(年/月/日)	灾情描述
1	1964/08/26	1964/08/26	大雨冲毁茂力格尔大桥,罕达罕河、二龙涛河出槽,13 个自然屯被洪水包围,绰勒农田 70%被水漫过,农业受灾面积 48000 hm^2,农业绝收面积 177 hm^2
2	1965/07/24	1965/07/24	由于江水顶托,下游保安沼、努文木仁等地洪水延续到 8 月 5 日共 10 d,这是绰尔河流域新中国成立以来出现第二次大水,受灾面积 122956 亩,倒塌房屋 332 间。巴彦高勒公社淹死 3 人,胡尔勒苏木伤 2 人,损失牲畜 1.8 万头(只),冲毁水库 1 座,渠道 51 条,桥梁 7 座,倒塌房屋 351 间

续表

序号	开始时间（年/月/日）	结束时间（年/月/日）	灾情描述
3	1988/07/31	1988/07/31	全旗大部分地区发生水灾，音德尔、努文木仁、都尔本新、图牧吉水库尤为严重。此外罕达罕、巴彦乌兰、小城子、巴彦扎拉嘎、阿拉坦花等苏木、乡、镇也比较严重。全旗倒塌房屋4834户14502间，其中音德尔地区倒塌房屋1732户、危房2493户。水淹农田50万亩，其中绝产20万亩。努文木仁乡21000亩和都尔本新苏木10000余亩农田全部被淹，基本绝产。水毁桥梁15座，涵洞18座，拦河坝5座，冲毁渠道4600延长米，冲毁路基23处，4750延长米
4	1989/07/18	1989/07/18	巴彦扎拉嘎乡突降暴雨导致山洪暴发，农田受灾面积2.23万亩，绝产1.182万亩
5	1990/07/08	1990/07/08	农业受灾面积54万亩，成灾面积45万亩，绝产面积31.5万亩，受灾人口17万人
6	1993/07/26	1993/07/26	农业受灾面积39333.3 hm^2，其中绝收面积22333.3 hm^2
7	2005/07/08	2005/07/08	农业受灾面积31.78万亩，绝产16.2万亩。受灾人口42882人，倒塌房屋80户210间，造成直接经济损失5640万元。7月9日持续12 h的大雨，使绰勒镇阿拉坦花嘎查的11名群众被洪水围困。次日清晨，旗防汛指挥部抢险队经3小时的营救，解救出11名群众和2000多只羊及60多头牛
8	2005/07/10	2005/07/10	倒塌房屋12户，危房147户，进水211户，转移人口340人
9	2006/07/09	2006/07/09	嫩江水漫堤，水流量无法测定，致使绰尔河、雅鲁河水下池缓慢，给沿岸人民群众的生产、生活带来特大损失，房屋倒塌，财产殆尽，耕地被毁，一些群众一夜之间变成了“三无户”，损坏房屋8757间，倒塌房屋35700间，受灾人口257500人，农业受灾面积3600 hm^2，其中绝收面积1665.67 hm^2
10	2011/07/17	2011/07/17	巴彦乌兰苏木受灾人口5579人，农业受灾面积1350.66 hm^2，直接经济损失744万元。宝力根花苏木受灾人口718人，农业受灾面积224.85 hm^2
11	2013/08/12	2013/08/12	损坏房屋115间，倒塌房屋13间，受灾人口126人，农业受灾面积6333.33 hm^2，农业绝收面积4865.67 hm^2
12	2014/07/07	2014/07/07	图牧吉双合嘎查有2户4间房屋形成危房，青龙山嘎查17户舍饲养羊户1700 m^3青贮窖被水淹损毁，双兴嘎查耕地受灾500亩，其中绝产面积为400亩，哈达嘎查有2户住户130 m^2仓库被水淹，哈达屯东侧约400 m水泥路被水冲泡，暂时不能通行。乌雅嘎查440 m^2牲畜棚圈被水淹，耕地受灾1000亩，绝产面积为200亩，其中有2户10亩水库岸边耕地被水冲刷，耕地和作物全部被水冲毁，图牧吉镇嘎查有3户5间房屋被水冲泡，已形成危房。巴达尔胡镇损坏房屋15间，倒塌房屋7间，农业绝收面积46.67 hm^2。8个嘎查9367亩农田、道路桥涵6处(永发3处、新艾里3处)遭受了不同程度的冲毁，造成直接经济损失约人民币411.01万元，受灾户数720户、人口2500人。旗内8个乡(镇)受灾，经初步统计全旗受灾人口5816人口，耕地受灾面积8388.45 hm^2，成灾面积6963.34 hm^2，绝收面积914.57 hm^2，经济损失1905.71万元

续表

序号	开始时间（年/月/日）	结束时间（年/月/日）	灾情描述
13	2016/06/17	2016/06/17	巴彦扎拉嘎居民区受灾面积 633 hm^2，损坏房屋 12 间，受灾人口 2083 人，转移安置人口 13 人，农业受灾面积 733 hm^2，其中绝收面积 500 hm^2，农业经济损失 77 万元，直接经济损失 81 万元。巴彦乌兰苏木居民区受灾面积 140 hm^2，受灾人口 675 人，农业绝收面积 140 hm^2，直接经济损失 16.4 万元。音德尔镇居民区受灾面积 267 hm^2，损坏房屋 12 间，农业受灾面积 267 hm^2，其中绝收面积 240 hm^2，农业经济损失 28 万元，直接经济损失 33 万元。好力保镇损坏房屋 3 间，受灾人口 8 人，转移安置人口 8 人，直接经济损失 1.5 万元。宝力根花苏木居民区受灾面积 134 hm^2，农业受灾面积 134 hm^2，直接经济损失 14 万元。图牧吉镇居民区受灾面积 7 hm^2，受灾人口 25 人，农业受灾面积 7 hm^2，直接经济损失 0.7 万元。新林镇居民区受灾面积 940 hm^2，受灾人口 2000 人，农业受灾面积 7 hm^2，直接经济损失 150 万元。巴彦高勒镇居民区受灾面积 702 hm^2，受灾人口 3223 人，农业受灾面积 802 hm^2，直接经济损失 96 万元。阿尔本格勒镇居民区受灾面积 1449 hm^2，受灾人口 1549 人，农业受灾面积 1549 hm^2，其中绝收面积 436 hm^2，直接经济损失 150.68 万元
14	2017/08/03	2017/08/03	扎赉特旗阿拉达尔吐苏木地区的村屯受到不同程度的洪水灾害，其中巴彦敖来、乌兰毛都和图门三个村屯受灾严重，共计撤离 30 户，其中农田有冲毁，牲畜有冲走。
15	2017/08/10	2017/08/10	音德尔镇、新林镇、胡尔勒镇、阿尔本格勒镇、巴达尔胡镇、巴彦扎拉嘎乡、阿拉达尔吐苏木、巴彦乌兰苏木受灾。据统计，农作物受灾面积 10284.14 hm^2，成灾面积 10284.14 hm^2，倒塌房屋 17 户 37 间，严重损坏房屋 18 户 41 间，一般损坏房屋 8 户 11 间，受灾人口 25905 人，分散转移人口 120 人，经济损失 6626.74 万元，其中家庭财产经济损失 83.5 万元
16	2018/07/16	2018/07/16	音德尔镇、胡尔勒镇、阿尔本格勒镇、巴达尔胡镇、宝力根花苏木、巴彦扎拉嘎乡、阿拉达尔吐苏木受灾。据核实统计，农作物受灾面积 13794.6 hm^2，成灾面积 7908 hm^2，绝收面积 693.33 hm^2，一般损坏房屋 7 户 14 间，严重损坏房屋 4 户 9 间，受灾人口 20720 人，其中分散转移安置人口 25 人，经济损失 4148.88 万元，其中农业经济损失 4137.38 万元，家庭财产损失 11.5 万元
17	2018/08/25	2018/08/25	部分乡(镇)受灾，农房受损，直接经济损失 7 万元
18	2019/08/26	2019/08/26	受绰尔河、嫩江水位上涨影响，努文木仁乡部分民堤漫堤，导致农田受淹，受灾人口 3580 人，农业受灾面积 3702 hm^2，其中绝收面积 1602 hm^2，直接经济损失 1937 万元
19	2020/09/16	2020/09/16	嫩江右岸努文木仁乡、好力保镇、音德尔镇等地耕地大面积淹没受灾，经初步调查，耕地受灾面积 14.3 万亩，受灾人口 12520 人，直接经济损失 750 万元

19 次有记录的暴雨灾害事件中，扎赉特旗 13 个乡(镇)均发生暴雨灾害，其中胡尔勒镇和音德尔镇发生次数最多，均为 7 次，其次是宝力根花苏木、巴彦高勒镇和巴彦扎拉嘎乡，而新林镇和巴达尔胡镇发生次数最少，为 2 次。

2.4 典型过程分析

2005年7月8日巴彦高勒、宝力根花等8个苏木(乡、镇)45个嘎查村遭受持续6 h的降雨。7月8日胡尔勒降雨量73.8 mm,音德尔降雨量37.2 mm。造成农业受灾面积31.78万亩,绝产16.2万亩,受灾人口42882人,倒塌房屋80户210间,直接经济损失5640万元。7月9日持续12个小时的大雨,使绰勒镇阿拉坦花嘎查的11名群众被洪水围困。次日清晨,旗防汛指挥部抢险队经3小时的营救,解救出11名群众和2000多只羊及60多头牛。

2017年8月10—14日,扎赉特旗境内出现雷阵雨,局地出现强降雨,24 h累计降雨量新林达108 mm,白音套海94.3 mm、阿拉达尔吐81.1 mm、巴达尔胡75.2 mm,引发山洪。最大小时雨强出现在绰勒镇10日19—20时,达56.2 mm,造成音德尔镇、新林镇、胡尔勒镇、阿尔本格勒镇、巴达尔胡镇、巴彦扎拉嘎乡、阿拉达尔吐苏木、巴彦乌兰苏木受灾。据统计,农作物受灾面积10284.14 hm^2,成灾面积10284.14 hm^2,倒塌房屋17户37间,严重损坏房屋18户41间,一般损坏房屋8户11间,受灾人口25905人,分散转移人口120人,经济损失6626.74万元,其中家庭财产经济损失83.5万元。

2.5 致灾危险性评估

基于扎赉特旗暴雨致灾危险性指数,综合考虑行政区划,采用自然断点法,将暴雨致灾危险性进行空间单元的划分,共划分为4个等级(表2.9),分别为高等级(1级)、较高等级(2级)、较低等级(3级)和低等级(4级),并绘制扎赉特旗暴雨致灾危险性评估图。

表2.9 扎赉特旗暴雨灾害致灾危险性等级

危险性等级	含义	指标
4	低危险性	0.45～0.65
3	较低危险性	0. 65～0.80
2	较高危险性	0. 80～0.95
1	高危险性	0. 95～1.33

由图2.25可知,扎赉特旗暴雨灾害危险性等级总体呈“中部高、西部和东南部低”的分布特征。其中,暴雨灾害危险性高等级区主要位于胡尔勒镇、巴达尔胡镇南部、巴彦高勒镇中部和努文木仁乡南部地区,而低等级区主要位于扎赉特旗的西部和东南部地区。

2.6 灾害风险评估与区划

2.6.1 人口风险评估与区划

基于扎赉特旗暴雨灾害人口风险评估指数,结合行政单元进行空间划分,采用自然断点法将风险等级划分为5个等级(表2.10),分别对应高等级(1级)、较高等级(2级)、中等级(3级)、较低等级(4级)和低等级(5级)风险,并绘制扎赉特旗暴雨灾害人口风险区划图。

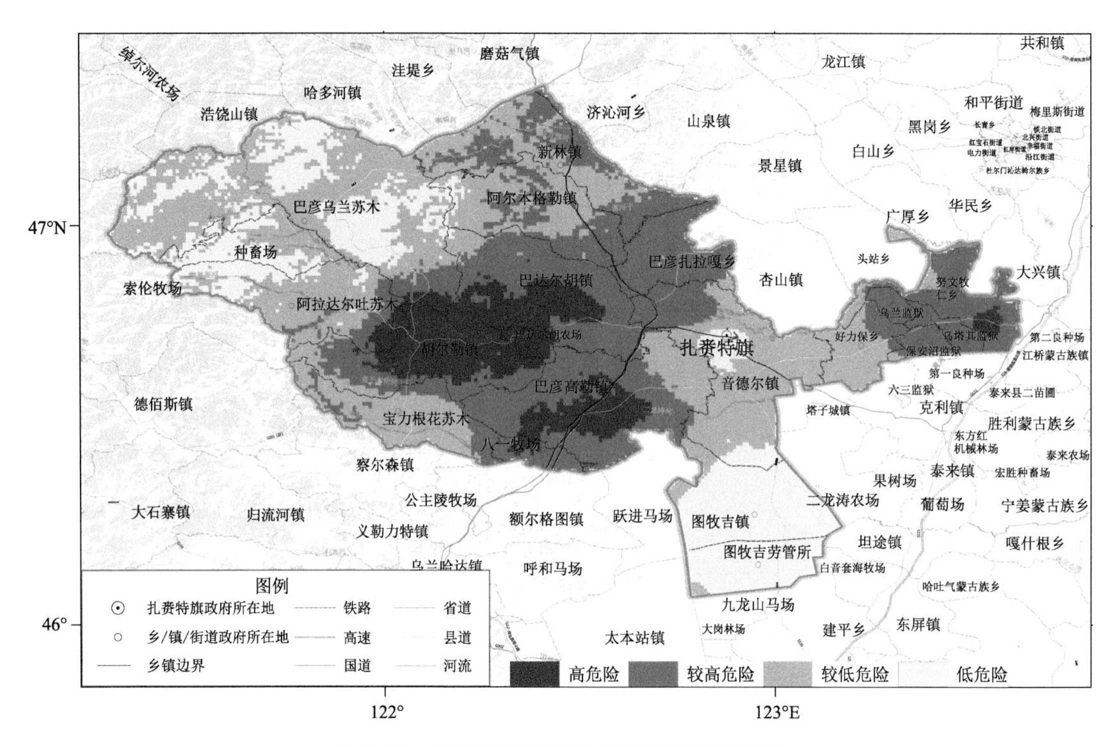

图 2.25 扎赉特旗暴雨致灾危险性等级区划

表 2.10 扎赉特旗暴雨灾害人口风险等级

风险等级	含义	指标
5	低风险	0.00～0.10
4	较低风险	0.10～0.16
3	中风险	0.16～0.23
2	较高风险	0.23～0.35
1	高风险	0.35～0.80

由图 2.26 可知，扎赉特旗暴雨灾害人口风险等级空间分布比较分散，主要集中在扎赉特旗中部和南部地区。其中，暴雨灾害人口风险高等级区主要位于胡尔勒镇北部、巴达尔胡镇中部和巴彦高勒镇中部的河流附近地区，而低等级区主要位于扎赉特旗西部和东南部地区。

2.6.2 GDP 风险评估与区划

基于扎赉特旗暴雨灾害 GDP 风险评估指数，结合行政单元进行空间划分，采用自然断点法将风险等级划分为 5 个等级（表 2.11），分别对应高风险（1 级）、较高风险（2 级）、中等风险（3 级）、较低风险（4 级）和低风险（5 级），并绘制扎赉特旗暴雨灾害人口和 GDP 风险区划图。

表 2.11 扎赉特旗暴雨灾害 GDP 风险等级

风险等级	含义	指标
5	低风险	0.00～0.08
4	较低风险	0.08～0.13
3	中风险	0.13～0.19
2	较高风险	0.19～0.34
1	高风险	0.34～0.80

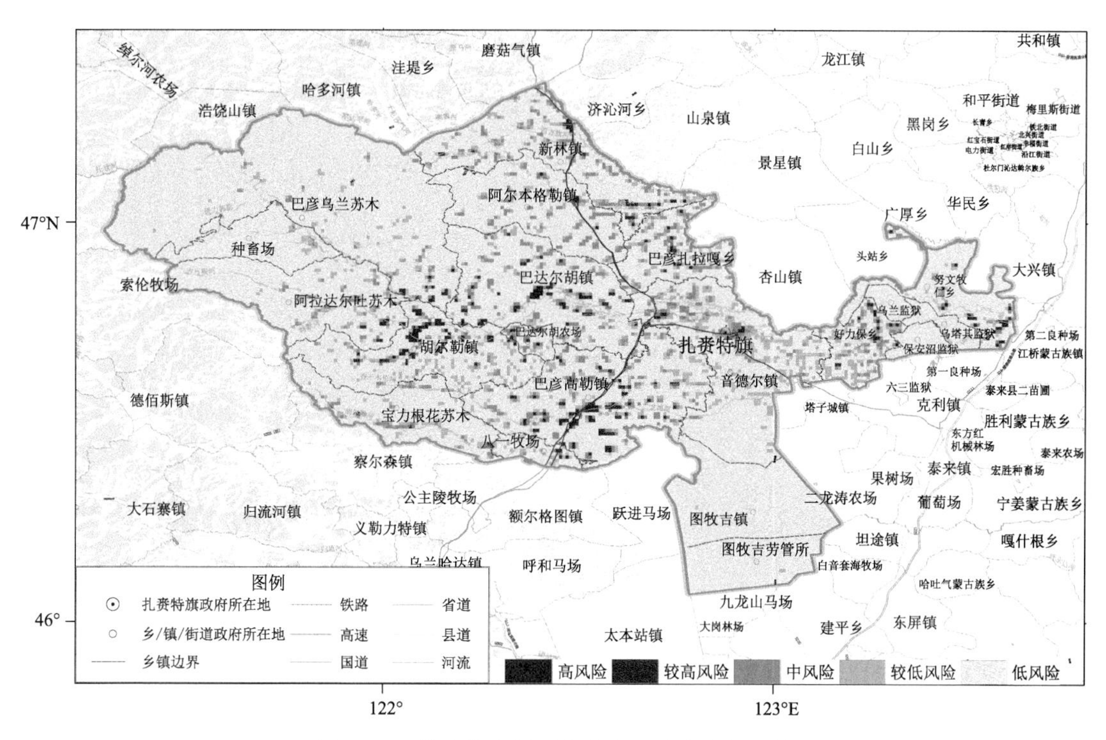

图 2.26 扎赉特旗暴雨灾害人口风险等级区划

由图 2.27 可知，扎赉特旗暴雨灾害 GDP 风险等级空间分布比较分散，主要集中在扎赉特旗中部和南部地区。其中，暴雨灾害 GDP 风险高等级区主要位于胡尔勒镇北部、巴达尔胡镇中部和巴彦高勒镇中部的河流附近地区，而低等级区主要位于扎赉特旗西部和东南部地区。

2.6.3 农业风险评估与区划

基于扎赉特旗暴雨灾害小麦、玉米和水稻的风险评估指数，结合行政单元进行空间划分，采用自然断点法将风险等级划分为 5 个等级（表 2.12—2.14），分别对应高风险（1 级）、较高风险（2 级）、中等风险（3 级）、较低风险（4 级）和低风险（5 级），并绘制扎赉特旗暴雨灾害小麦、玉米和水稻的风险区划图。

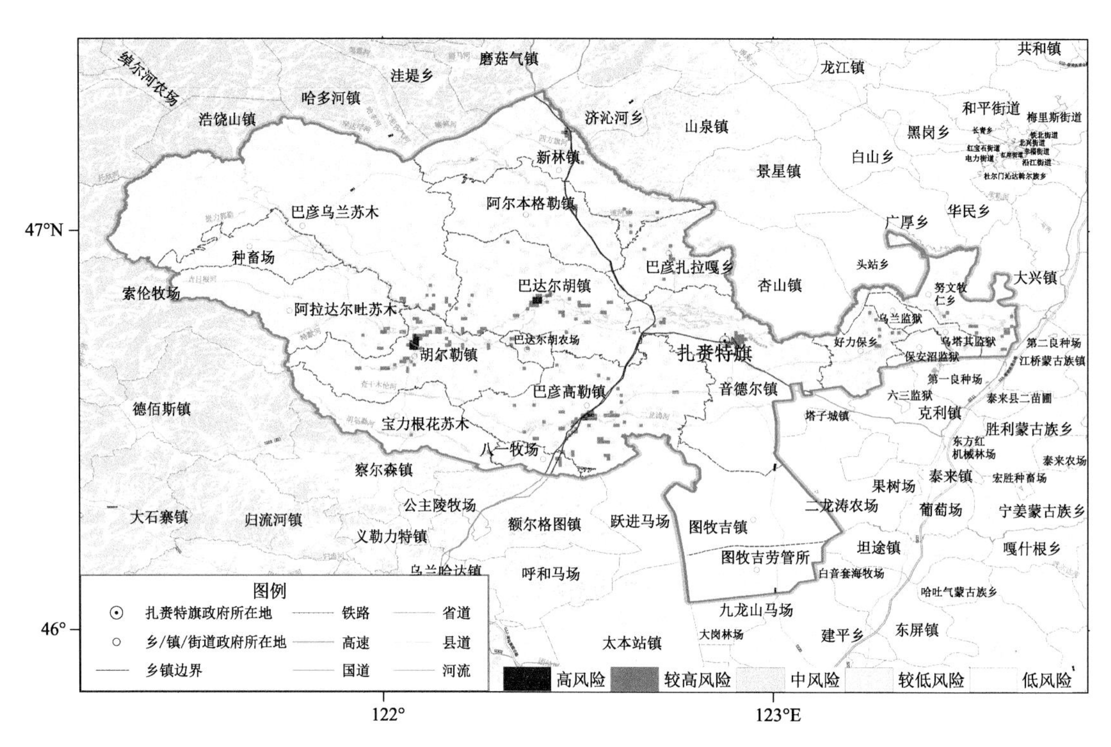

图 2.27 扎赉特旗暴雨灾害 GDP 风险等级区划

表 2.12 扎赉特旗暴雨灾害小麦风险等级

风险等级	含义	指标
5	低风险	0.00～0.20
4	较低风险	0.20～0.35
3	中风险	0.35～0.45
2	较高风险	0.45～0.55
1	高风险	0.55～0.66

表 2.13 扎赉特旗暴雨灾害玉米风险等级

风险等级	分区	指标
5	低风险	0.00～0.22
4	较低风险	0.22～0.32
3	中风险	0.32～0.42
2	较高风险	0.42～0.52
1	高风险	0.52～0.88

表 2.14 扎赉特旗暴雨灾害水稻风险等级

风险等级	分区	指标
5	低风险	0.00～0.13
4	较低风险	0.13～0.19
3	中风险	0.19～0.28
2	较高风险	0.28～0.39
1	高风险	0.39～0.59

由图 2.28 可知，扎赉特旗暴雨灾害小麦风险等级空间分布主要位于南部的巴彦高勒镇和东南部的图牧吉镇南部地区。其中，暴雨灾害小麦风险高等级区主要位于巴彦高勒镇中部地区，而较低等级区主要位于巴彦高勒镇东部和图牧吉镇南部地区。

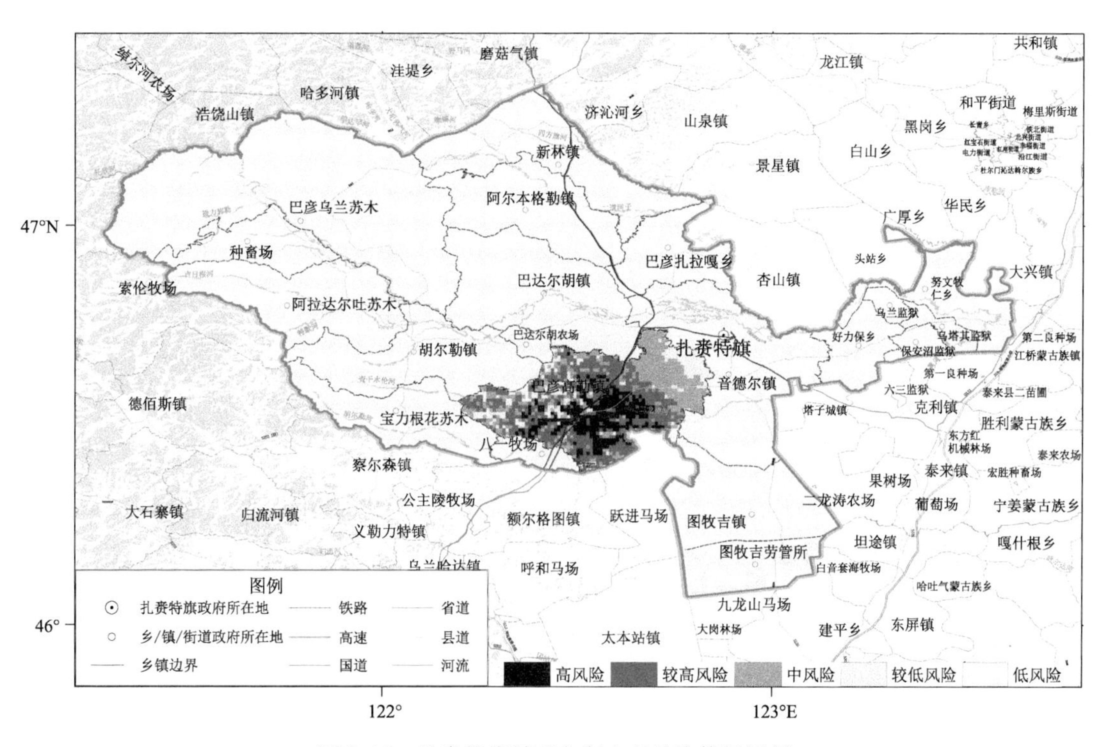

图 2.28 扎赉特旗暴雨灾害小麦风险等级区划

由图 2.29 可知，扎赉特旗暴雨灾害玉米风险等级空间分布总体呈“中部和南部高、西部和东南部低”的分布特征。其中，暴雨灾害玉米风险高等级区主要位于胡尔勒镇北部、巴达尔胡镇中部和巴彦高勒镇中部的河流附近地区，而较低等级区主要位于扎赉特旗的西部和东南部地区。

由图 2.30 可知，扎赉特旗暴雨灾害水稻风险等级空间分布主要位于南部和东部地区。其中，暴雨灾害水稻风险高等级区主要位于音德尔镇北部、好力保乡东部和努文木仁乡南部地区，而较低等级区主要位于扎赉特旗西部、北部和东南部地区。

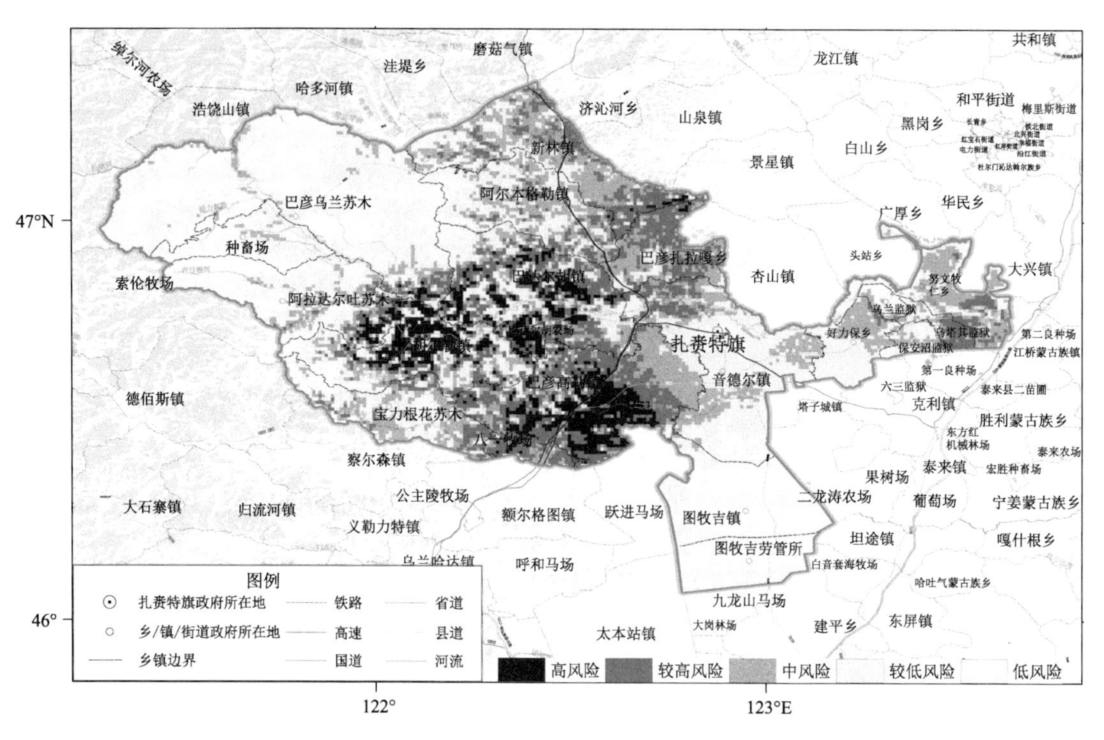

图 2.29 扎赉特旗暴雨灾害玉米风险等级区划

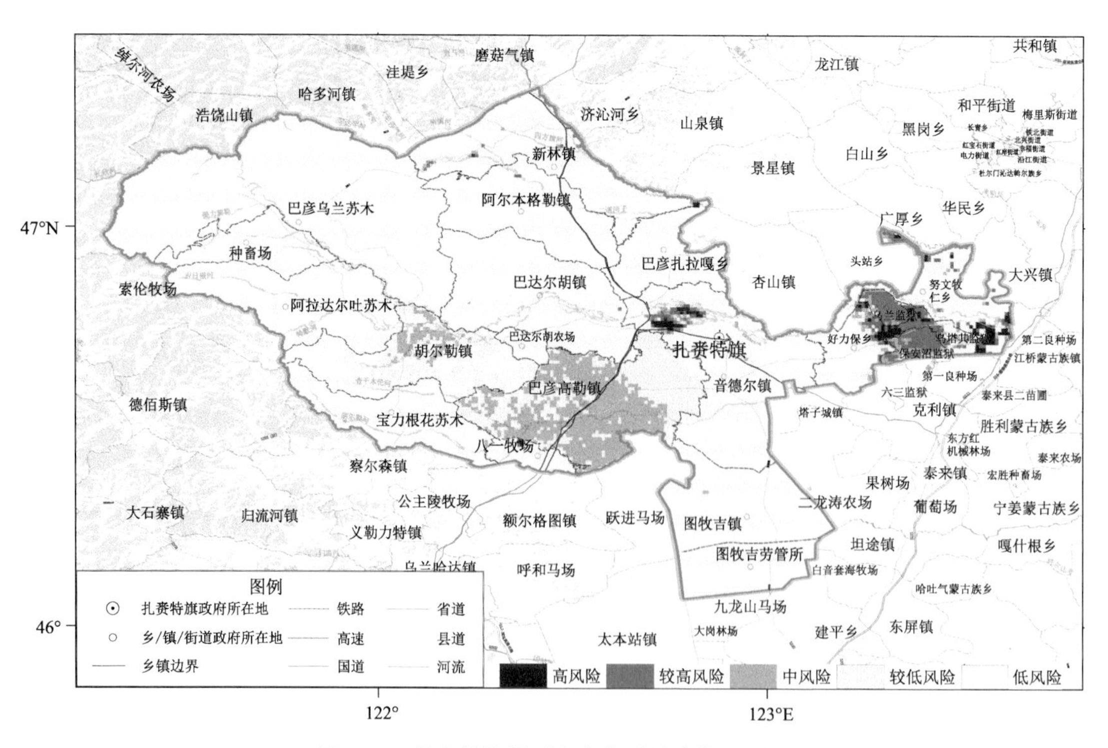

图 2.30 扎赉特旗暴雨灾害水稻风险等级区划

2.7 小结

1978—2020 年扎赉特旗共发生 68 次暴雨过程，主要发生在 7—8 月，其中胡尔勒站共发生 41 次，扎赉特站共发生 27 次。胡尔勒站和扎赉特站过程次数最多分别为 2005 年的 4 次和 1994 年的 3 次。7 月暴雨过程最多，胡尔勒站和扎赉特站分别为 24 次和 12 次。

胡尔勒站和扎赉特站的最大过程总雨量分别发生在 1990 年 7 月 15 日和 1988 年 8 月 17 日，分别达 115.2 mm 和 111.4 mm；7—8 月扎赉特旗最大暴雨过程雨量较大，均在 100 mm 以上。胡尔勒站和扎赉特站的 3 h 最大降雨量极大值分别发生在 2017 年 8 月 12 日和 2013 年 6 月 29 日，分别达 102.4 mm 和 75.0 mm；6—8 月扎赉特旗 3 h 最大降雨量较大，均在50 mm 以上。

收集到的 19 次有记录的暴雨灾害事件中，扎赉特旗 13 个乡(镇)均发生暴雨灾害，其中胡尔勒镇和音德尔镇发生次数最多，均为 7 次，其次是宝力根花苏木、巴彦高勒镇和巴彦扎拉嘎乡，因此扎赉特旗中部是暴雨灾害主要受灾地区。暴雨灾害影响的承灾体类型主要有农业受灾、内涝，以及暴雨导致的房屋倒塌、损坏等，其中 2017 年发生的暴雨灾害造成的损失最大，直接经济损失达到 6626.74 万元。

扎赉特旗暴雨致灾危险性总体呈“中部高、西部和东南部低”的分布特征，其中高危险区主要位于胡尔勒镇、巴达尔胡镇南部、巴彦高勒镇中部和努文木仁乡南部地区。暴雨灾害人口和 GDP 风险主要集中在中部和南部地区，其中高风险区主要位于胡尔勒镇北部、巴达尔胡镇中部和巴彦高勒镇中部的河流附近地区。暴雨灾害小麦、玉米、水稻风险空间分布特征不一致，小麦高风险区主要位于巴彦高勒镇中部，玉米高风险区主要位于胡尔勒镇北部、巴达尔胡镇中部和巴彦高勒镇中部的河流附近，水稻高风险区主要位于音德尔镇北部、好力保乡东部和努文木仁乡南部。

由于扎赉特旗范围内只有 2 个国家级地面气象观测站，为了增加站点密度，新增了 11 个区域自动气象站，但区域气象站的观测年限短，仅有 5 年，为了保证数据一致性，计算扎赉特旗年雨涝指数时统计时段统一采用 2016—2020 年共 5 年的降水数据，降水序列较短，因此目前内蒙古降水资料的精度一定程度影响了致灾因子的确定和暴雨致灾危险性指数的计算。同时，由于收集到与扎赉特旗暴雨过程相匹配的灾情条数较少，仅收集到 19 条，且其中绝大部分灾情灾害过程的信息不完整或无法分离出对应受灾乡(镇)的灾情数据，特别是受灾人口、死亡人口、农作物受灾面积、直接经济损失以及当年当地的总人口、GDP 和农作物种植面积等主要承灾体脆弱性评估数据缺失，导致扎赉特旗人口、GDP 和农业的风险评估与区划过程中没有考虑承灾体脆弱性，从而对扎赉特旗人口、GDP 和农业风险评估与区划结果的准确性造成一定影响，存在不确定性。

第3章 干 旱

3.1 气象干旱

3.1.1 数据

3.1.1.1 气象数据

致灾因子调查所用气象数据来自扎赉特旗国家气象站历史气象观测资料，包括降水量、气温、日照、风速、相对湿度、蒸发量、土壤湿度等。

评估与区划所用气象数据来自中国第一代全球陆面再分析产品(CRA)中扎赉特旗行政区划范围内及周边区域格点数据，分辨率为34 km×34 km，包括降水量、气温。

3.1.1.2 地理信息数据

行政区划数据为国务院普查办下发的内蒙古旗(县)边界，提取其中扎赉特旗行政边界。数字高程模型(DEM)数据为空间分辨率90 m的SRTM (Shuttle Radar Topography Mission)数据。

3.1.1.3 社会经济数据

社会经济数据来源于国务院普查办共享的扎赉特旗的人口和GDP标准格网数据(.tif)，空间分辨率为30″×30″。

3.1.1.4 灾情数据

灾情数据来自扎赉特旗调查数据，包括干旱灾害历年(次)受灾面积、绝收面积、受灾人口、直接经济损失等，空间尺度为县域，时间范围为1978—2020年。

3.1.2 技术路线及方法

气象干旱风险评估与区划工作总体上分为三部分内容：

(1)致灾因子危险性调查。包括基础数据的收集及预处理、干旱过程客观识别、干旱过程及灾情的匹配核查。

(2)干旱危险性评估。基于MCI(气象干旱综合指数)，通过计算不同重现期年干旱过程总累计强度阈值，利用熵权法确定权重并加权，结合海拔高度数据加权综合成为干旱危险性评估指数，并进行干旱致灾危险性等级划分，最终绘制干旱危险性评估图。

(3)干旱灾害风险评估。基于多指标权重综合分析法，结合干旱危险性、暴露度和脆弱性，计算干旱风险评估指数，并进行干旱风险评估等级划分，最终绘制干旱直接经济损失/受灾人口风险评估图。

总体技术路线如图3.1。

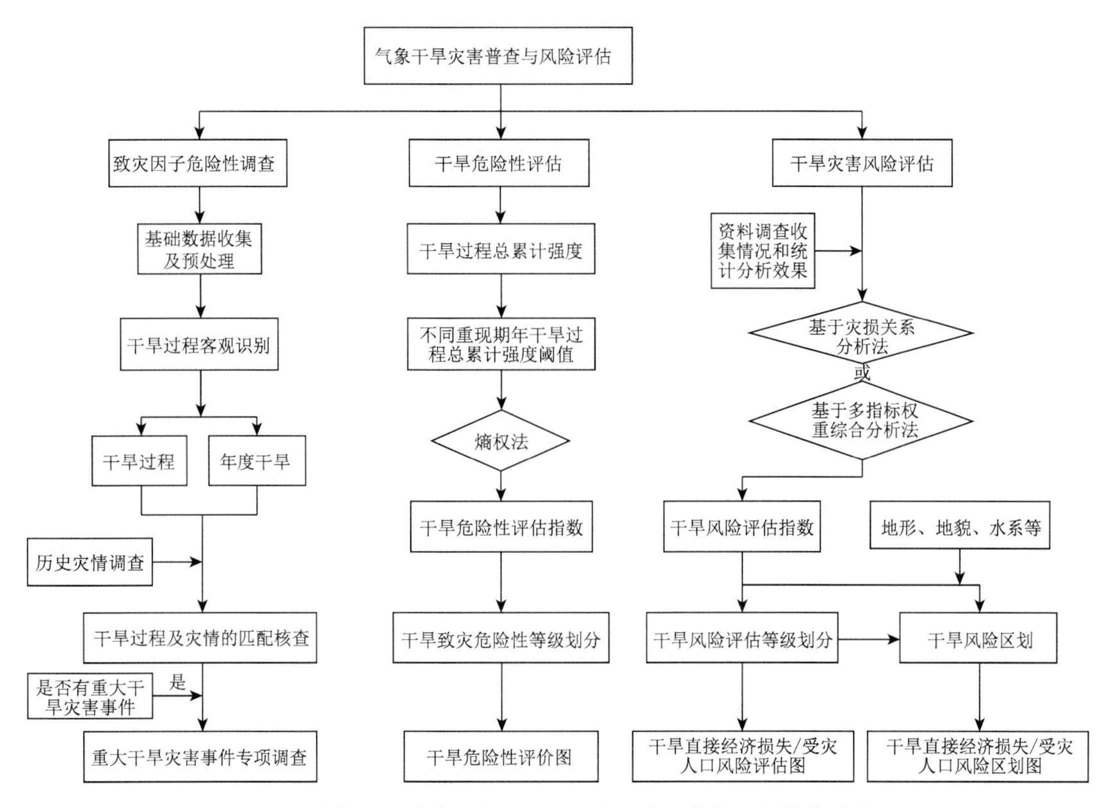

图 3.1 内蒙古扎赉特旗气象干旱灾害风险评估与区划技术路线图

3.1.2.1 致灾过程确定

1. 气象干旱指数的选取及计算

选取气象干旱综合指数(MCI)作为基础指标，该指标可进行逐日干旱监测。计算方法参见《气象干旱等级》(GB/T 20481—2017)。

2. 干旱过程识别

干旱过程识别以 MCI 为基础指标，采用单站干旱过程识别方法。当某站连续 15 d 及以上出现轻旱及以上等级干旱，且至少有 1 d 干旱等级达到中旱及以上，则判定为发生一次干旱过程。干旱过程时段内第一次出现轻旱的日期，为干旱过程开始日；干旱过程发生后，当连续 5 d 干旱等级为无旱或偏湿时，则干旱过程结束，干旱过程结束前最后 1 d 干旱等级为轻旱或以上的日期为干旱过程结束日。某站点干旱过程开始日到结束日(含结束日)的总天数为该站干旱过程日数。在此基础上计算单站干旱过程强度。

3.1.2.2 致灾因子危险性评估

1. 危险性指数确定

基于选取的致灾因子，采用反映干旱强度、发生频率的多指标权重综合分析方法，开展危险性评估：

$$H = \sum_{i=1}^{n} X_i W_i$$

式中，X_i、W_i 分别为危险性指标的标准化值和权重；i 为危险性的第 i 个指标；H 为危险性指数。选取的危险性指标包括基于年过程总累计强度的干旱危险性指数及海拔高度。

基于MCI指数,统计年尺度干旱过程总累计强度,分析不同重现期的年干旱过程总累计强度的阈值。年干旱过程总累计强度为年尺度内多次干旱过程中的累计干旱强度的总和,日干旱等级可为轻旱或中旱等级及以上。该指标是可以反映干旱时长和强度的综合指标。具体统计方法如下:

$$\mathrm{SMCI} = \sum_{j=1}^{m}\sum_{i=1}^{n} \mathrm{MCI}_{ij}$$

式中,SMCI为单站年多次干旱过程累计干旱强度(绝对值),MCI_{ij}为j干旱过程中第i天气象干旱综合指数,n为j干旱过程持续天数,m为站点年干旱过程数。

基于年尺度历史序列,通过对比检验,优选拟合分布函数,计算5年、10年、20年、50年、100年一遇的阈值T_5、T_{10}、T_{20}、T_{50}、T_{100},如果没有合适的分布函数,也可采用百分位的方法计算。基于年过程总累计强度的干旱危险性指数可以下式表达:

$$H = a_1 \times T_5 + a_2 \times T_{10} + a_3 \times T_{20} + a_4 \times T_{50} + a_5 \times T_{100}$$

式中,a_1、a_2、a_3、a_4、a_5分别代表5年、10年、20年、50年、100年一遇阈值权重。

2. 权重确定方法

指标权重可采用下式方法计算,综合考虑主、客观方法。

$$W_j = \frac{\sqrt{W_{1j} \times W_{2j}}}{\sum \sqrt{W_{1j} \times W_{2j}}}$$

式中,W_j为指标j的综合权重;W_{1j}为指标j的主观权重,采用层次分析法获取;W_{2j}为指标j的客观权重,采用信息熵赋权法计算。

3. 归一化方法

由于分析中各要素及其包含的具体指标间的量纲和数量级都不同。为了消除这种差异,使各指标间具有可比性,需要对每个指标做归一化处理。归一化出来后的指标值均位于0.5~1。

指标归一化的计算公式:

$$D_{ij} = 0.5 + 0.5 \cdot (D_{ij} - \min_i)/(\max_i - \min_i)$$

式中,D_{ij}是j区第i个指标的规范化值;D_{ij}是j区第i个指标值;$\min_i$和$\max_i$分别是第i个指标值中的最小值和最大值。

4. 干旱致灾危险性等级划分

根据干旱危险性指数大小,按照自然断点法进行等级划分,划分为1~4四个等级,分别对应高风险、较高风险、较低风险、低风险等级。

3.1.2.3 风险评估与区划

基于干旱灾害风险原理,干旱灾害风险(RI)由致灾因子危险性(H)、承灾体暴露度(E)、承灾体脆弱性(V)构成。因此,干旱灾害风险的表达式为

$$RI = H \times E \times V$$

根据资料调查收集情况和统计分析效果择优选取方法,第一种方法是基于灾损关系的风险评估方法;第二种方法是基于多指标权重综合分析的风险评估方法。本次气象干旱灾害风险评估选用第二种方法,基于危险性指标,选择代表不同承灾体暴露度和脆弱性的指标,采用多指标权重综合分析的方法,分别开展直接经济损失、受灾人口、干旱风险评估。

1. 干旱危险性指数计算

经济、人口干旱危险性指数参见 3.1.2.2 中方法。

2. 干旱灾害暴露度指数

采用区域范围内人口密度、地均 GDP 作为评价指标来表征人口、经济承灾体暴露度，以下式表示：

$$E=\frac{S_m}{S}\times 100\%$$

式中，S_m 为某区域内承灾体数量，m 为第 m 个指标，针对人口、经济，S_m 为区域多年平均人口、地区 GDP；S 为区域总面积。

3. 干旱脆弱性指数

人口和经济干旱脆弱性以灾损率表示。围绕经济、人口承灾体，选择相应的年度或过程干旱灾情损失指标，如干旱直接经济损失、干旱受灾人口等，结合历年经济 GDP、人口等社会经济统计资料，基于县级尺度，计算相应的灾损率。计算公式如下：

干旱直接经济损失率＝干旱直接经济损失/区域生产总值

干旱受灾人口损失率＝干旱受灾人口/区域总人口

4. 干旱风险评估等级划分

基于风险评估指数，根据研究范围，按照自然断点法进行等级划分，共分为 1～5 五个等级，分别对应高风险、较高风险、中风险、较低风险、低风险等级。

3.1.3　致灾因子特征分析

扎赉特旗地属大兴安岭向松嫩平原过渡地带，多山地和丘陵，地势由西北向东南倾斜。降水分布因地势由西北向东南递减，热量分布由西北向东南递增。属于半干旱地区，降水量少、气候干燥，干旱是影响农牧业生产的主要气象灾害之一。

3.1.3.1　历次气象干旱过程特征

从历次气象干旱过程特征来看（图 3.2），扎赉特旗 1978—2020 年间共出现气象干旱过程 45 次，年干旱过程发生次数在 0～3 次（1989、2000 年和 2001 年），过程持续天数在 15～201 d（2004 年），过程最长连续无降水日数在 3 d（1989、2014 年）～29 d（1979 年）。过程强度等级以弱干旱过程为主，共发生 22 次，占总次数的 44.4％；较强、强、特强干旱过程分别发生 14、5、

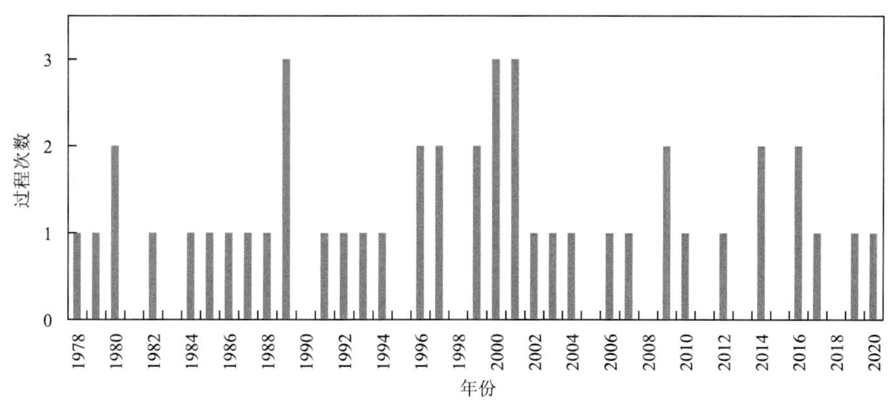

图 3.2　1978—2020 年扎赉特旗年干旱过程总次数变化

4 次，分别占总次数的 37.8%、11.1%、8.9%。

分析干旱过程累计降水量，多数干旱过程在结束前，至少经历过一次明显的降水过程；部分干旱过程由于旱情强度轻，较小的降水过程对旱情有所缓解。从各次过程降水距平百分比来看，降水百分比均为负值(图 3.3)。

分析过程平均气温，多数干旱过程在发生干旱期间，平均气温较常年同期偏高，部分过程偏高 2 ℃以上，特别是 2000 年以后发生的干旱过程气温偏高明显(图 3.4)。

可见，降水量偏少、气温偏高是导致干旱过程出现的主要原因。

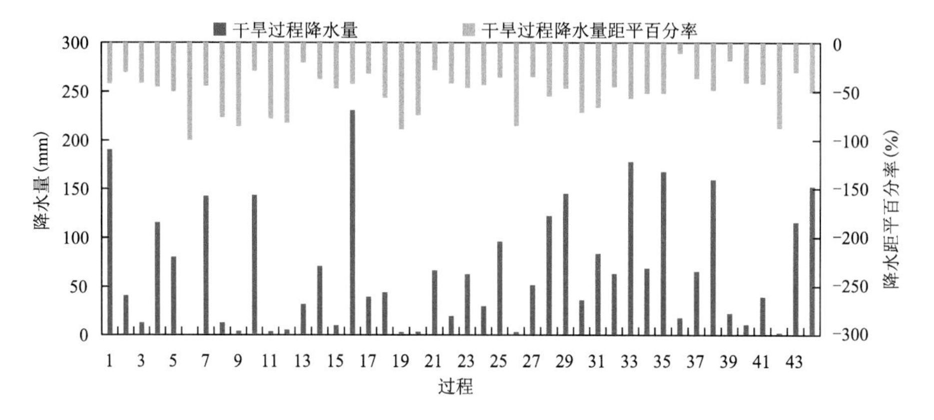

图 3.3 扎赉特旗历次干旱过程降水量及降水距平百分率变化

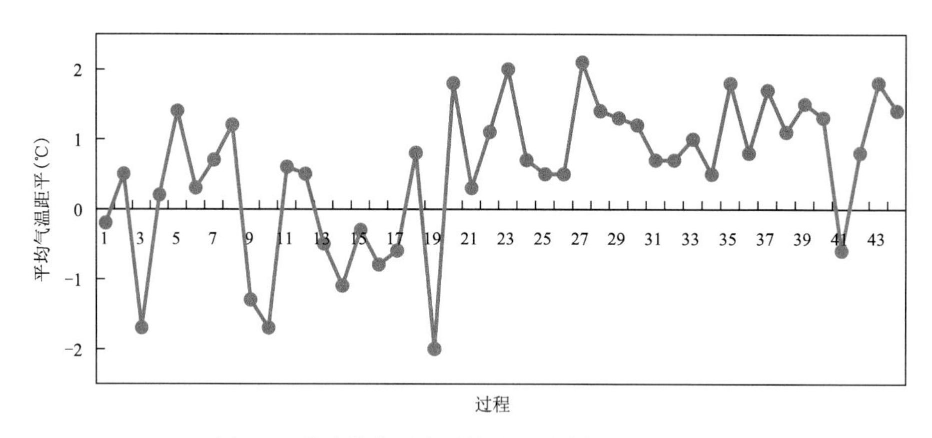

图 3.4 扎赉特旗历次干旱过程平均气温距平变化

分析历次过程发生时间，开始时间主要集中在 3—8 月，总体上以 4 月开始居多，占 37.7%；其次为 7 月，占 22.2%。结束时间主要集中在 4—10 月，总体上以 6 月结束居多，占 24.4%；其次为 8 月，占 22.2%。春旱共发生 11 次，占总过程次数的 24.4%；夏旱共发生 8 次，占总过程次数的 17.8%；无秋旱发生；春夏连旱共发生 16 次，占总过程次数的 35.6%；夏秋连旱共发生 8 次，占总过程次数的 17.8%；春夏秋连旱共发生 2 次，占总过程次数的 4.4%。

3.1.3.2 年度气象干旱特征

从年度气象干旱特征看(图 3.5、图 3.6)，年降水量在 191.5 mm(2004 年)～752.7mm(1988 年)，最长连续干旱日数在 0～172 d(1992 年)。轻旱日数平均每年出现 36 d，最多年份出现在 1996 年(107 d);中旱日数平均每年出现 24 d,最多年份出现在 2001 年(90 d);重旱日数平均每年出现 10 d,最多年份出现在 2002 年(53 d);特旱日数日数平均每年出现 4 d,最多年份出现在 2004 年(71 d)。干旱过程发生频率为 1.0 次/a,其中弱干旱过程 0.4 次/a、较强干旱过程 0.4 次/a、强干旱过程 0.1 次/a、特强干旱过程 0.1 次/a。

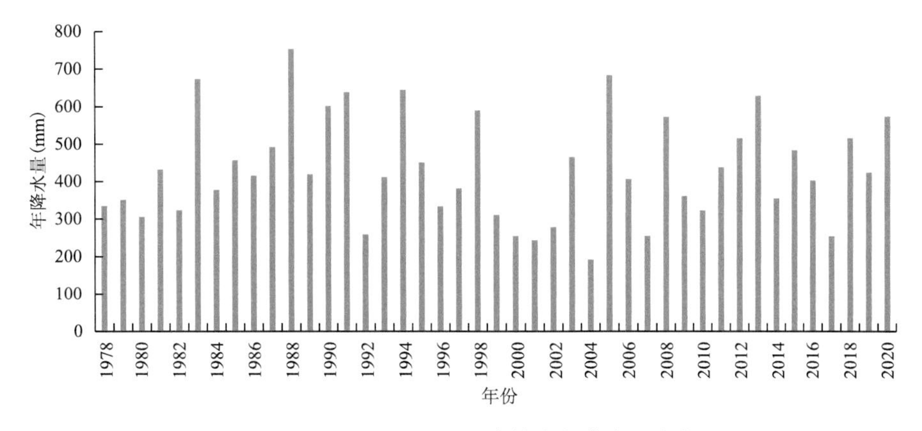

图 3.5 1978—2020 年扎赉特旗年降水量变化

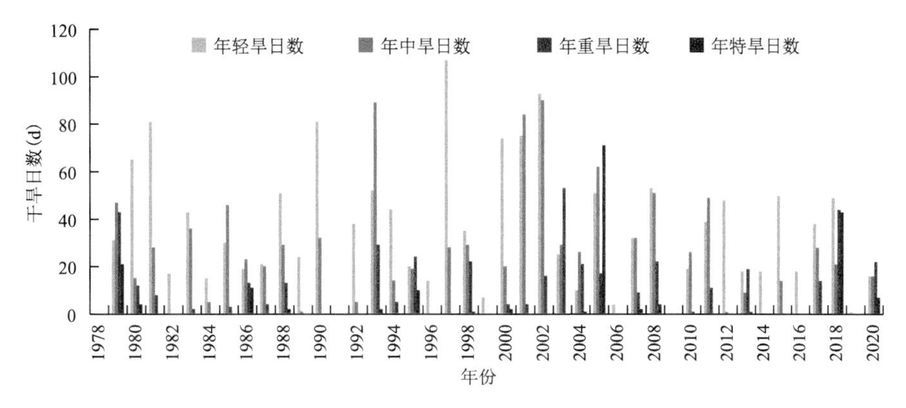

图 3.6 1978—2020 年扎赉特旗年干旱日数变化

分析干旱日数年变化趋势,干旱日数总体呈波动变化趋势。其中,2004 年干旱日数 200 d 以上;1992、2000、2001、2017 年干旱日数 150～200 d;1978、1980、1989、1996、2002、2007 年干旱日数 100～150 d。2004 年干旱日数最多,为 201 d;2018 年干旱日数最少,仅为 1 d;1990、2008 年未出现干旱(图 3.7)。

分析年轻旱日数特征,1980、1989、1996、2001 年轻旱日数在 80 d 以上,1979、1999、2000 年轻旱日数在 60～80 d 之间,1996 年轻旱日数最多,为 107 d,2018 年轻旱日数最少,仅为 1 d,1990、2008 年无轻旱。1981、1995、1998、2005、2013、2015、2018 年轻旱占比最大,均为 100%;2003 年最小,为 17.2%;轻旱占比的平均值为 58.9%(图 3.8)。

分析年中旱日数特征,1992、2000、2001 年中旱日数在 80 d 以上,2004 年中旱日数在60～80 d,1984、2007、2010 年中旱日数在 40～60 d;1992 年中旱日数最多,为 89 d,1988、2011 年中旱日数最少,仅为 1 d,共有 9 年未出现中旱。1984 年中旱占比最大,为 58.2%;2011 年最小,为 2.0%;中旱占比的平均值为 26.1%(图 3.9)。

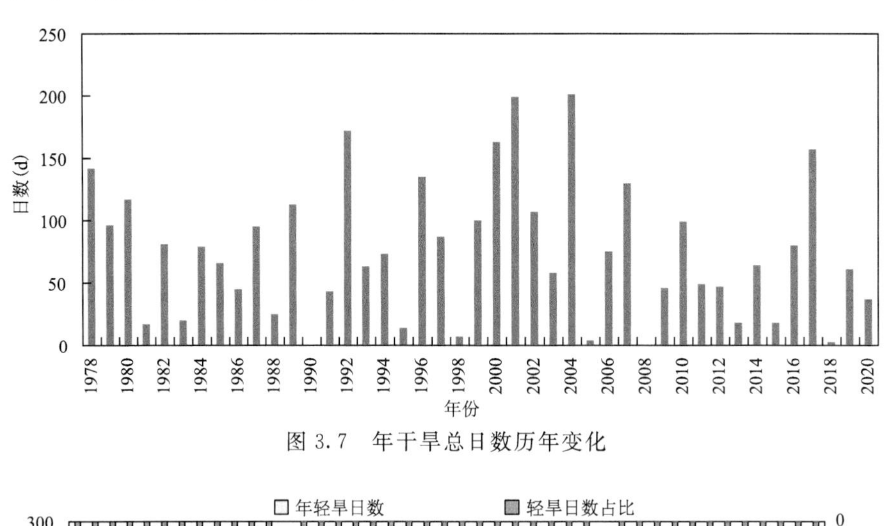

图 3.7　年干旱总日数历年变化

图 3.8　年轻旱日数及占比历年变化

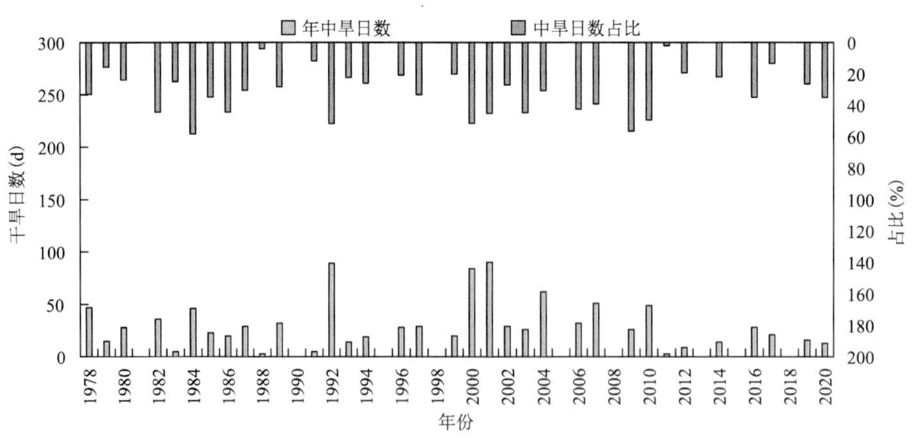

图 3.9　年中旱日数及占比历年变化

分析年重旱日数特征，2002、2017 年重旱日数在 40 d 以上；1978、1992、1994、1997、2003、2007、2019 年重旱日数在 20～40 d。2002 年重旱日数最多，为 53 d，2009 年重旱日数最少，仅为 1 d，共有 16 年未出现重旱。2002 年重旱占比最大，为 49.5%；2009 年最小，为 2.2%，重旱占比平均值为 11.6%(图 3.10)。

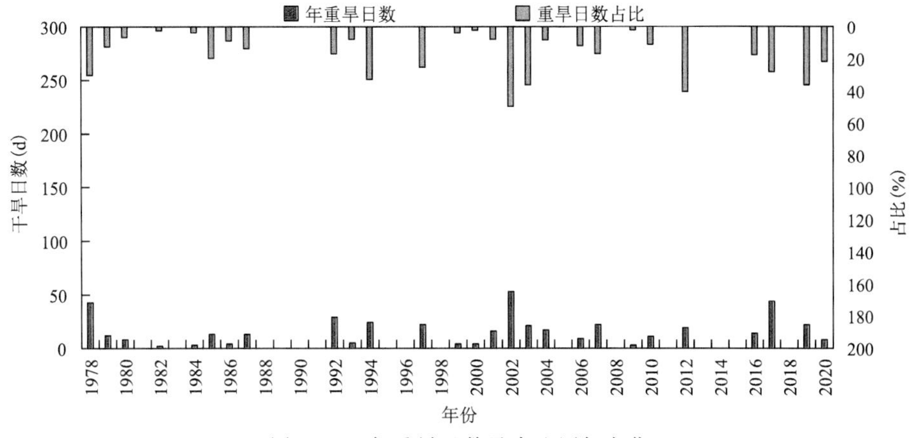

图 3.10 年重旱日数及占比历年变化

分析年特旱日数特征，1978、2004、2017 年特旱日数在 20 d 以上；2004 年特旱日数最多，为 71 d，1997、2003、2012 年特旱日数最少，为 1 d，共有 28 年未出现特旱。2004 年特旱占比最大，为 35.3%；1997 年最小，为 1.1%；特旱占比的平均值为 3.4%（图 3.11）。

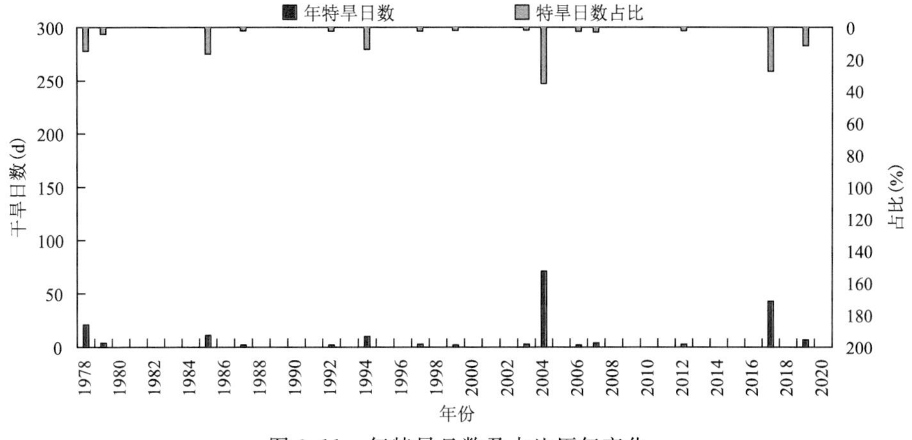

图 3.11 年特旱日数及占比历年变化

3.1.3.3 历史灾情特征

分析历史干旱直接经济损失，总体呈增加的特征，其中 2016 年干旱损失近 13.8 亿元，为历史之最；2004、2017 年直接经济损失 5 亿元以上，其余年份干旱灾害直接经济损失低于 5 亿元（图 3.12）。

分析历史干旱受灾人口，2001 年受灾人口最多，1997、2000、2001、2002、2004、2006 年、2007、2017 年受灾人口 20 万以上，其余年份干旱灾害受灾人口低于 20 万（图 3.13）。

3.1.4 典型过程分析

1987 年 4 月 22 日至 7 月 20 日，扎赉特旗出现较强干旱过程，过程持续时间为 29 d，过程降水量 143 mm，较常年同期偏少 29%，最长连续无降水日数达 19 d。此次干旱过程造成 15 万人受灾，农作物受灾面积 6.67 万 hm^2，其中成灾面积 5.01 万 hm^2，绝收面积 3.99 万 hm^2。

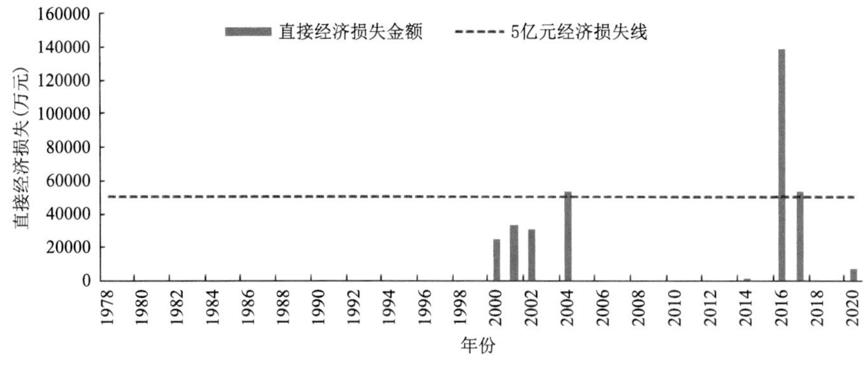

图 3.12 历年干旱直接经济损失

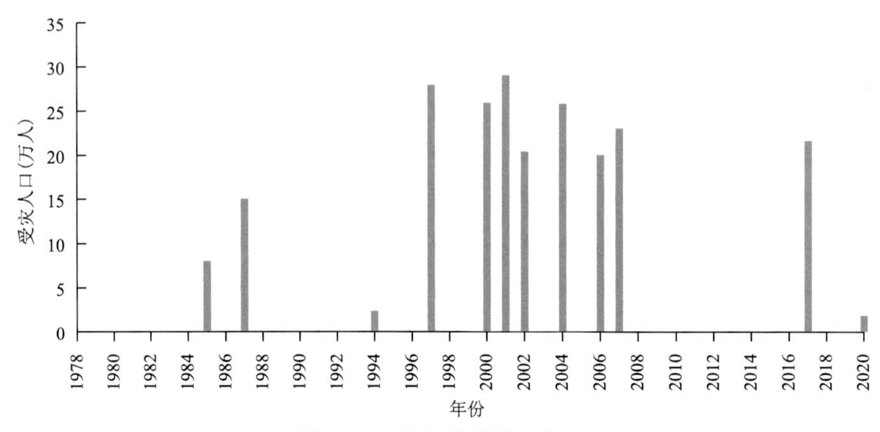

图 3.13 历年干旱受灾人口

2017 年 4 月 17 日至 8 月 13 日，扎赉特旗出现特强干旱过程，过程持续时间为 119 d，过程降水量 152 mm，较常年同期偏少 51.4%，气温较常年同期偏高 1.4 ℃，最长连续无降水日数达 20 d。此次干旱过程造成 21.6 万人受灾，农作物受灾面积 18.70 万 hm^2，其中绝收面积 5.36 万 hm^2。

2001 年 4 月 3 日至 8 月 3 日，扎赉特旗出现强干旱过程，最长干旱日数 99 d，过程降水量 145 mm，较常年同期偏少 47.3%，气温较常年同期偏高 1.3 ℃。入春以后，大风扬沙天气频繁，加剧了旱情的发展，全旗农田受灾面积 21.6 万 hm^2，绝产面积 18 万 hm^2，受灾人口 29 万，因灾饮水困难人口 13 万人，倒塌房屋 125 间，损坏房屋 57 间，受灾草场 16.2 万 hm^2，直接经济损失 3.34 亿元。

3.1.5 致灾危险性评估

根据致灾因子危险性评估方法计算干旱危险性评估指数，并根据干旱危险性评估等级划分标准划分为低危险性、较低危险性、较高危险性、高危险性四个等级(表 3.1)，绘制干旱致灾危险性评估图并进行分析。

扎赉特旗干旱致灾危险性评估图如图 3.14 所示，危险性由西北向东南递增，巴彦乌兰苏木大部、阿拉达尔吐苏木大部、胡尔勒镇西北部、新林镇西部等地为低危险性，新林镇东部、阿尔本格勒镇大部、巴达尔胡镇西部、胡尔勒镇大部、宝力根花苏木大部等地为较低危险性，东部大部为较高及以上危险性等级，其中巴彦高勒镇东部及以东大部地区为高危险性。

表 3.1 扎赉特旗干旱致灾危险性等级

危险性等级	含义	指标
4	低危险性	0.171～0.271
3	较低危险性	0.271～0.349
2	较高危险性	0.349～0.428
1	高危险性	0.428～0.528

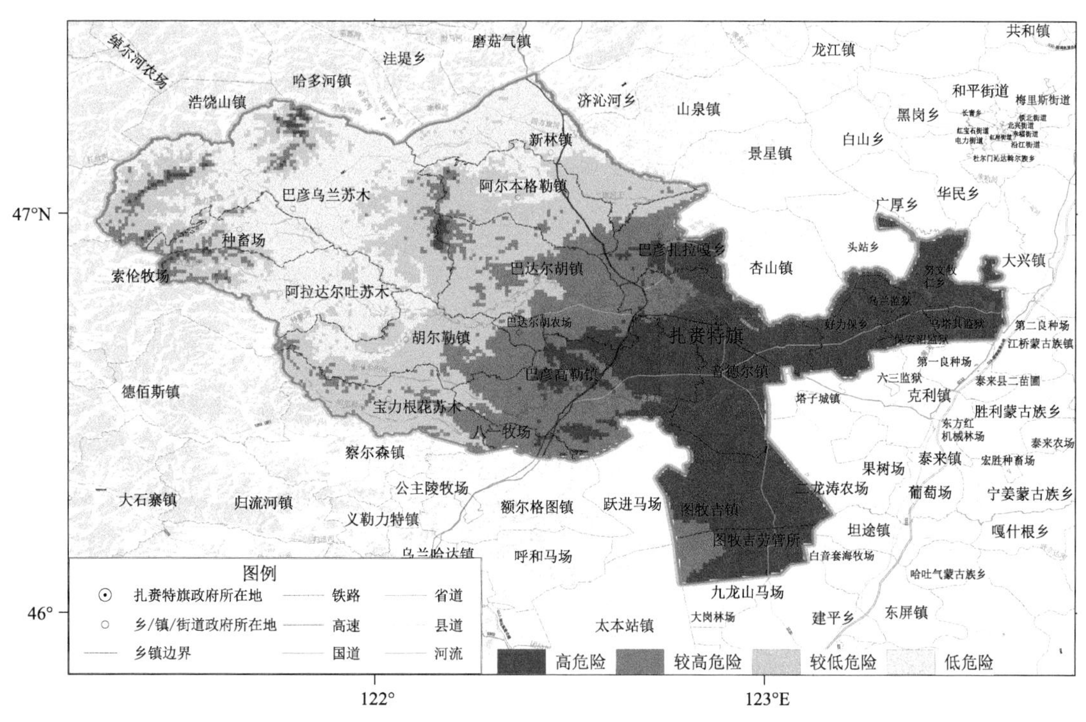

图 3.14 扎赉特旗干旱灾害致灾危险性等级区划

3.1.6 灾害风险评估与区划

根据风险评估与区划方法，基于扎赉特旗普查汇交数据及致灾因子危险性评估结果，结合不同承灾体暴露度和脆弱性的指标，采用多指标权重综合分析的方法，得到直接经济损失和受灾人口风险评估指数。由于调查到的灾情数据仅限于县级尺度，无法计算县域范围内不同区域灾损率，因此这里近似认为县域范围内承灾体脆弱性一致。根据风险评估等级划分标准将直接经济损失和受灾人口风险评估指数划分为五级，即低、较低、中、较高、高风险等级（表3.2），绘制干旱直接经济损失风险评估图、干旱受灾人口风险评估图并进行分析（图3.15）。

3.1.6.1 人口风险评估与区划

扎赉特旗大部地区干旱灾害人口风险均为低风险，全旗大部零星散布着较低风险的区域，个别地区有中风险区域，高风险和较高风险主要集中在人口较为集中的音德尔镇等地。

表 3.2 扎赉特旗干旱灾害人口风险等级

风险等级	含义	指标
5	低风险	0.251～0.321
4	较低风险	0.321～0.377
3	中风险	0.377～0.431
2	较高风险	0.431～0.591
1	高风险	0.591～0.906

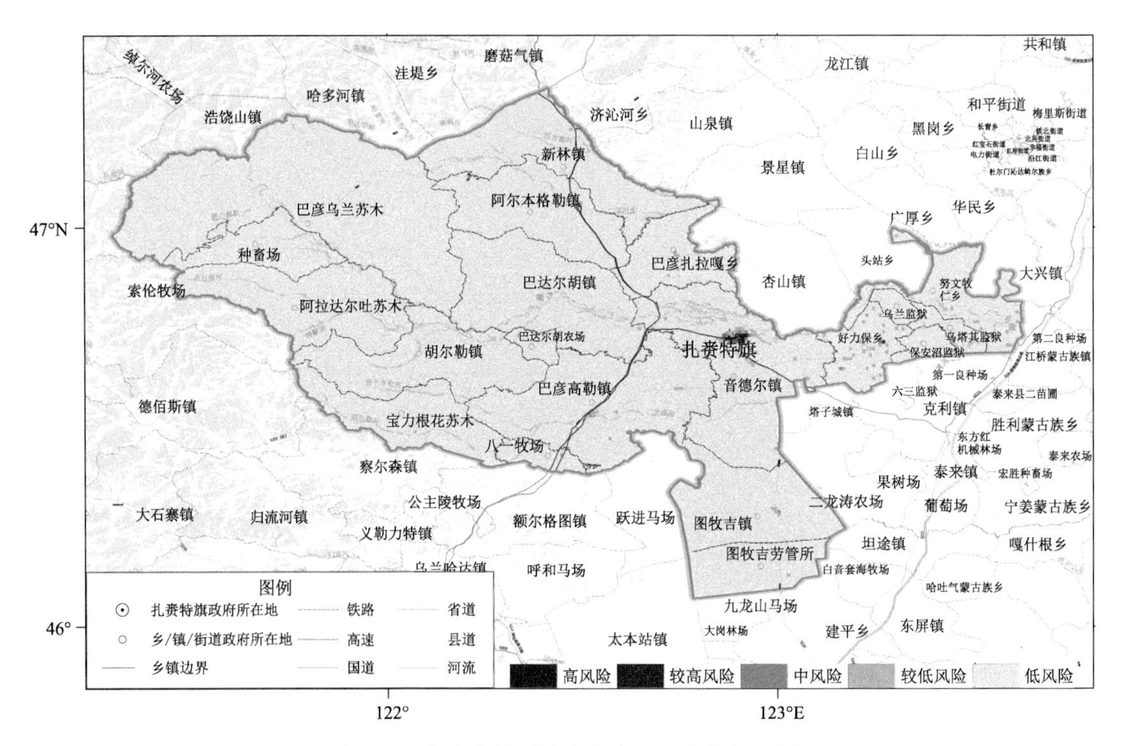

图 3.15 扎赉特旗干旱灾害人口风险等级区划

3.1.6.2 GDP 风险评估与区划

扎赉特旗大部地区干旱灾害 GDP 风险空间分布与人口风险分布相似，大部地区均为低风险，零星散布着较低风险的区域，个别地区有中风险区域，高风险和较高风险主要集中在东部偏北地区的音德尔镇等地（表 3.3，图 3.16）。

表 3.3 扎赉特旗干旱灾害 GDP 风险等级

风险等级	含义	指标
5	低风险	0.255～0.339
4	较低风险	0.339～0.416
3	中风险	0.416～0.501
2	较高风险	0.501～0.624
1	高风险	0.624～0.909

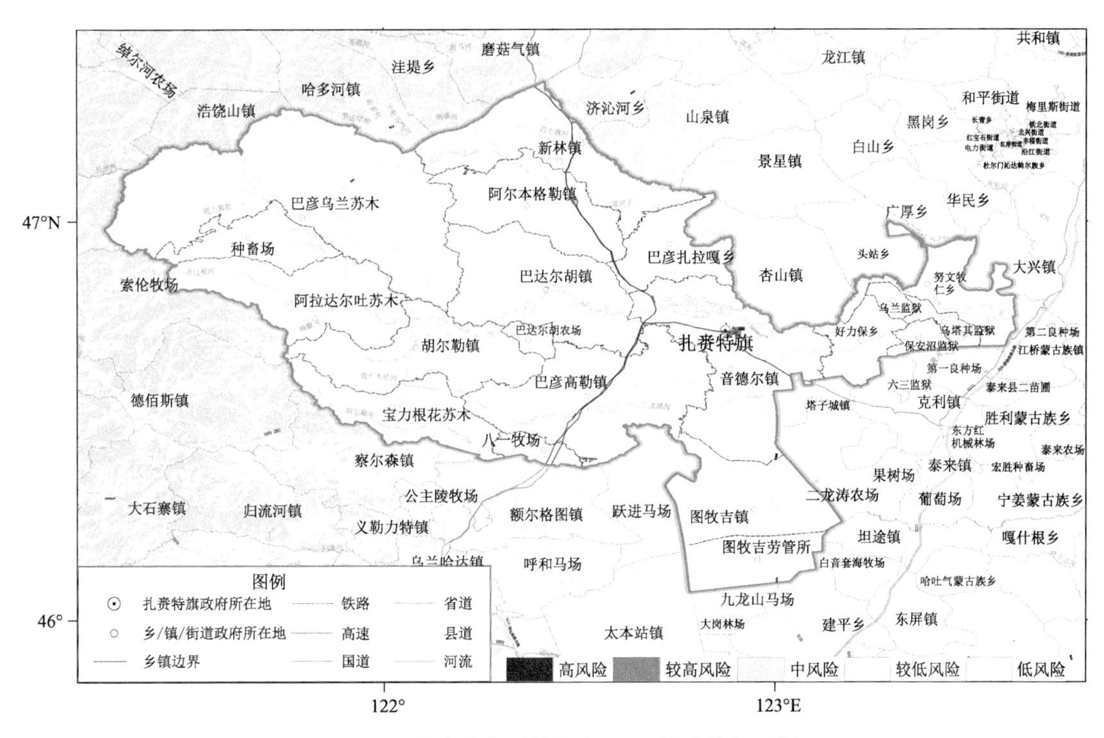

图 3.16 扎赉特旗干旱灾害 GDP 风险等级区划

3.1.7 小结

扎赉特旗年干旱过程次数在 0～3 次，过程强度等级以弱干旱过程为主，以春旱和春夏连旱居多，降水量偏少、气温偏高是导致干旱过程出现的主要原因。年干旱日数呈波动变化，近年来干旱日数呈减少趋势，轻旱日数占比增加。扎赉特旗干旱致灾危险性等级总体由西北向东南递增，干旱灾害人口、GDP 风险的高风险、较高风险区主要集中在旗政府所在地等人口和经济较为集中的区域。

3.2 农牧业干旱

3.2.1 大豆干旱

3.2.1.1 数据

1. 气象数据

气象资料：内蒙古自治区气象观测站 1981—2020 年逐日降水量。

大豆农业气象观测资料：扎兰屯 1987—2020 年大豆农业气象观测资料，科右前旗 2010—2020 年、和林县 2010—2020 年大豆农业气象观测资料。农业部门 2009—2018 年大豆品种区域试验和生产试验数据。

2. 地理信息数据

国家基础地理信息中心提供的 1∶25 万内蒙古基础地理背景数据。

3. 社会经济数据

1987—2019 年内蒙古各旗(县)大豆社会产量及种植面积等统计数据。

4. 历史灾情数据

1983—2020 年各旗(县)干旱灾害发生时间、受灾面积、成灾面积、绝收面积等,来源于内蒙古自治区气象局灾情直报系统和灾害大典。

5. 其他资料

第二次全国土地调查数据。

3.2.1.2 技术路线及方法

依据自然灾害风险理论,综合考虑干旱致灾因子危险性、孕灾环境敏感性、承灾体脆弱性和防灾减灾能力等因素,开展干旱灾害风险评估和分区。综合考虑各因素的影响程度,采用层次分析法确定各因子权重系数,运用加权综合分析法构建内蒙古大豆干旱灾害风险综合评估模型。利用 GIS 软件的空间分析功能,采用自然断点法和经验分析方法划分大豆干旱灾害为低风险区、较低风险区、中风险区和高风险区,并分区进行评述。依据全区大豆干旱风险评估方法,完成扎赉特旗大豆干旱灾害风险评估和等级划分(图 3.17)。

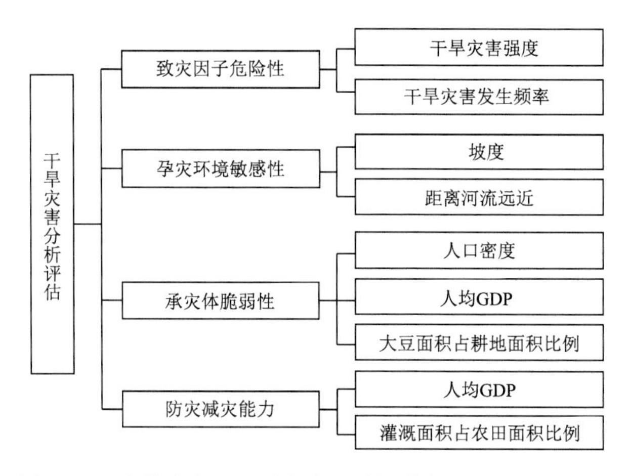

图 3.17 内蒙古大豆干旱灾害风险评估与区划技术路线图

1. 致灾过程确定

(1)大豆干旱时段的选取

采用关键生长期的降水距平百分率作为判断干旱灾害发生的指标,该方法的优点是数据获取容易,计算过程简单,能够较好地反映出降水量的年际差异。通过计算大豆关键生长期(7 月中旬至 8 月中旬)降水负距平百分率,建立降水负距平百分率与大豆减产率关系,通过分析减产率确定大豆干旱指标。

(2)大豆干旱等级指标的建立

1)减产率计算方法

减产率定义为因受干旱灾害导致的减产程度。

将大豆历年单产分离成趋势产量和气象产量,采取 5 年滑动平均法模拟趋势产量:

$$y = y_t + y_w$$

式中,y 为大豆实际单产,y_t称为社会趋势产量,代表历史时期生产力发展水平的长周期分量,

y_w称为气象产量，代表受气象要素为主的短周期变化因素影响的产量分量。为便于比较分析，消除地区间生产水平差异的影响，用气象产量除以趋势产量，得到相对气象产量 y_r。y_r代表粮食产量波动的幅度值，具有空间可比性：

$$y_r = y_w / y_t$$

相对气象产量表示实际单产偏离趋势产量的波动值，相对气象产量 $y_r<0$ 时表明作物因受旱灾而减产，y_r代表减产率。根据气象观测数据和历史灾害资料记载选择典型干旱年份统计减产率 y_r，并建立不同程度干旱与减产率 y_r的关系。

2)建立大豆干旱等级指标

分别统计分析减产率为≤10%、10%～20%、20%～30%、>30%对应年份的大豆关键生长期降水距平百分率，经过反复调整、验证，建立减产率与大豆关键生长期(7月中旬—8月中旬)的降水量距平百分率的对应关系，并建立大豆关键发育期干旱等级指标(表3.4)。

表3.4 基于降水量距平百分率的内蒙古大豆干旱等级指标

等级	减产率(%)	降水量距平百分率(%)
无旱	<10	>−30
轻旱	10～20	−50～−30
中旱	20～30	−70～−50
重旱	≥30	≤−70

(3)大豆干旱指标的验证

利用内蒙古大豆主产区1983年以来干旱灾情资料进行验证。

筛选出东四盟各旗(县)1983—2020年所有的干旱年并分别统计总年数，根据表3.4的干旱指标，筛选出东四盟各旗(县)1983—2020年出现旱情(降水距平百分率小于−30%)的年份并分别统计其总年数，分别计算各旗(县)筛选出的干旱年与干旱灾情资料上出现的干旱总年数的对应率，统计各盟(市)的平均对应率(表3.5)。

表3.5 内蒙古地区大豆干旱指标验证

地区	呼伦贝尔市	兴安盟	通辽市	赤峰市	平均
验证对应率	65.7%	74.6%	77.2%	87.4%	76.0%

从表3.5可以看出，根据降水距平百分率制定的干旱指标与干旱灾情资料的对应较好，平均对应率为76%，说明上述干旱指标能够较好地反映内蒙古地区的大豆干旱发生情况。由于灾情资料中的受旱面积包括各类农作物及牧草等，因此在验证大豆干旱等级指标时，指标与灾情资料的吻合相对较差，定量的验证工作较难开展。但达到中旱及重旱的年份与轻旱年份对比，以大豆主产区呼伦贝尔市的3个旗(县)为例，受灾、成灾及绝收面积明显呈递增趋势，说明上述干旱指标能够反映出内蒙古地区的干旱范围。

2. 致灾因子危险性评估

(1)建立致灾因子危险性指数

1)计算出基于大豆干旱等级指标的干旱频率 W。在1971—2020年期间，不考虑抗灾条件下，干旱发生的可能性和频率。全区各旗(县)的 W 用以下公式表达：

$$W_j = N_j / n$$

式中，W_j 为基于干旱指标的干旱发生频率，N_j 为基于干旱指标的干旱发生次数，j 为内蒙古地区每个旗(县)，n 为总年份(1971—2020 年)。干旱发生频率越大，则干旱灾害发生的可能性越大。

2)分别赋予轻旱、中旱和重旱发生频率 0.15、0.35 和 0.5 的权重，建立全区大豆干旱致灾因子危险性指数。

(2)建立致灾因子危险性指数空间分布模型

大豆致灾因子危险性指数分别与地理因子(海拔高度 x_h、经度 x_j、纬度 x_w)建立小网格推算模型：

$$y = 1.2369 - 0.0102x_j + 0.0061x_w - 0.0001x_h$$

相关系数为 0.67，通过 0.01 显著检验。应用 ArcGIS 软件实现各指标要素的网格推算，再利用 GIS 的自然断点分级法，将扎赉特旗大豆致灾因子危险性指数按照 4 个等级分区，得到扎赉特旗大豆干旱致灾因子危险性指数分布图。

3. 灾害风险评估与区划

基于自然灾害风险理论，综合上述能够体现风险程度的四要素，结合扎赉特旗实际情况，利用层次分析法得到的致灾因子危险性、孕灾环境敏感性、承灾体脆弱性及防灾减灾能力的权重系数分别为 0.7、0.1、0.1 和 0.1。

$$F = 0.7 \times f_z + 0.1 \times f_m + 0.1 \times f_s + 0.1 \times (1 - f_r)$$

式中，F 为大豆干旱灾害风险综合指数。F 值越大，干旱发生风险越大。

3.2.1.3 致灾因子特征分析

1. 降水量距平百分率年际变化特征

扎赉特旗大豆关键生长期降水距平百分率总体呈波动变化特征，最高值出现在 1988 年(168%)，最低值出现在 2004 年和 2016 年(−83%)。1971 年以来的 50 年中，降水量负距平的年份有 30 年，占 60%，正距平的年份占 40%。1999 年以来的 22 年中，负距平有 15 年，占 68%，说明 1999 年以来降水量呈波动下降趋势，而且降水量极端最少值均出现在最近 20 年，出现 2 次，说明极端降水事件出现趋多趋强的特点(图 3.18)。

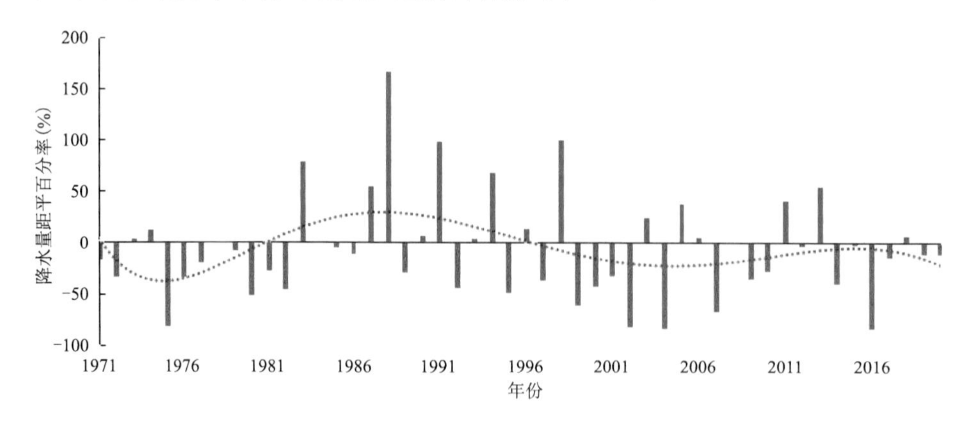

图 3.18 扎赉特旗降水量距平百分率年际变化特征

2. 干旱年发生频率

依据大豆干旱指标，扎赉特旗 1971—2020 年发生大豆干旱的年份共 17 年，发生频率为

34%,其中轻旱发生年份10年,中旱发生年份3年,重旱发生年份4年,发生频率分别为20%、6%和8%。中旱以上年份共有7年,1999年以来就有5年,占71%,说明1999年以来干旱发生频率有增加的趋势,干旱发生程度有加重的趋势(表3.6)。

表3.6 扎赉特旗大豆干旱年份

干旱强度	年份	降水量距平百分率(%)
轻旱	1972	−33
	1976	−33
	1982	−45
	1992	−44
	1995	−49
	1997	−37
	2000	−43
	2001	−32
	2009	−35
	2014	−39
中旱	1980	−51
	1999	−61
	2007	−67
重旱	1975	−81
	2002	−81
	2004	−83
	2016	−83

3. 典型干旱年分析

根据大豆干旱指标,选择2004年和2007年作为大豆干旱典型年,相应的农作物受灾面积见表3.7。可以看出,2004年的重旱造成农作物绝收面积131399 hm^2,2007年的中旱造成农作物绝收面积28014 hm^2,重旱造成的损失远远超过中旱的损失,说明大豆干旱指标能够较好地反映受灾情况。

表3.7 扎赉特旗大豆典型干旱年分析

年份	降水量距平百分率(%)	干旱等级	农作物受灾面积(hm^2)	农作物成灾面积(hm^2)	农作物绝收面积(hm^2)
2004	−83	重旱	209438	209438	131399
2007	−67	中旱	179423	179423	28014

3.2.1.4 致灾因子危险性评估

1. 致灾因子危险性等级划分

大豆干旱致灾因子危险性划分为4个等级,由低到高分别为低、中、较高和高危险性,分别对应等级4、3、2、1(表3.8)。

表 3.8 扎赉特旗大豆干旱灾害致灾危险性等级

危险性等级	含义	指标
4	低危险性	0.182～0.258
3	中危险性	0.258～0.290
2	较高危险性	0.290～0.310
1	高危险性	0.310～0.335

大豆干旱灾害致灾因子危险性与干旱风险呈正相关关系，即致灾因子危险性指数越大，灾害风险越高。

2. 致灾因子危险性评估

扎赉特旗大豆关键生育期干旱致灾因子危险性指数分布呈东南高、西北低的趋势。高值区主要分布在东部大部地区，由于降水量相对西部偏少，干旱致灾因子危险性指数高，干旱风险相对较高。低值区主要分布在扎赉特旗西北部地区，包括国营种畜场、阿拉达尔吐苏木、巴彦乌兰苏木的部分地区，属于农牧林交错带，主要以林牧为主，降水量相对较多，干旱风险相对较低（图 3.19）。

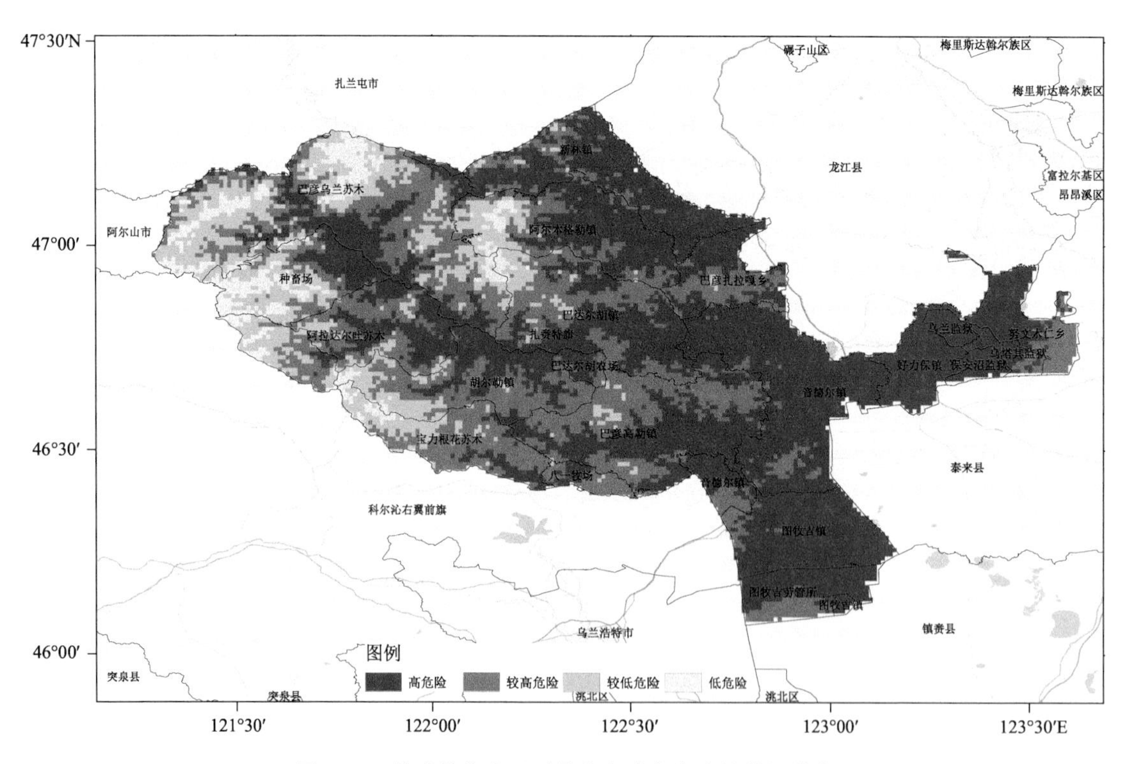

图 3.19 扎赉特旗大豆干旱灾害致灾危险性等级分布

3.2.1.5 灾害风险评估与区划

1. 灾害风险等级划分

按照《全国气象灾害综合风险普查技术规范——干旱灾害调查与风险评估技术规范（评估与区划类）》要求，采用自然断点法将大豆干旱灾害风险划分为 5 个等级，分别为低风险区、较低风险区、中风险区、较高风险区和高风险区，分别对应等级5、4、3、2、1，风险等级值见表3.9，风险区划图见图3.20。

表3.9 扎赉特旗大豆干旱灾害风险等级

风险等级	含义	指标
5	低风险	0.232～0.284
4	较低风险	0.284～0.309
3	中风险	0.309～0.332
2	较高风险	0.332～0.350
1	高风险	0.350～0.383

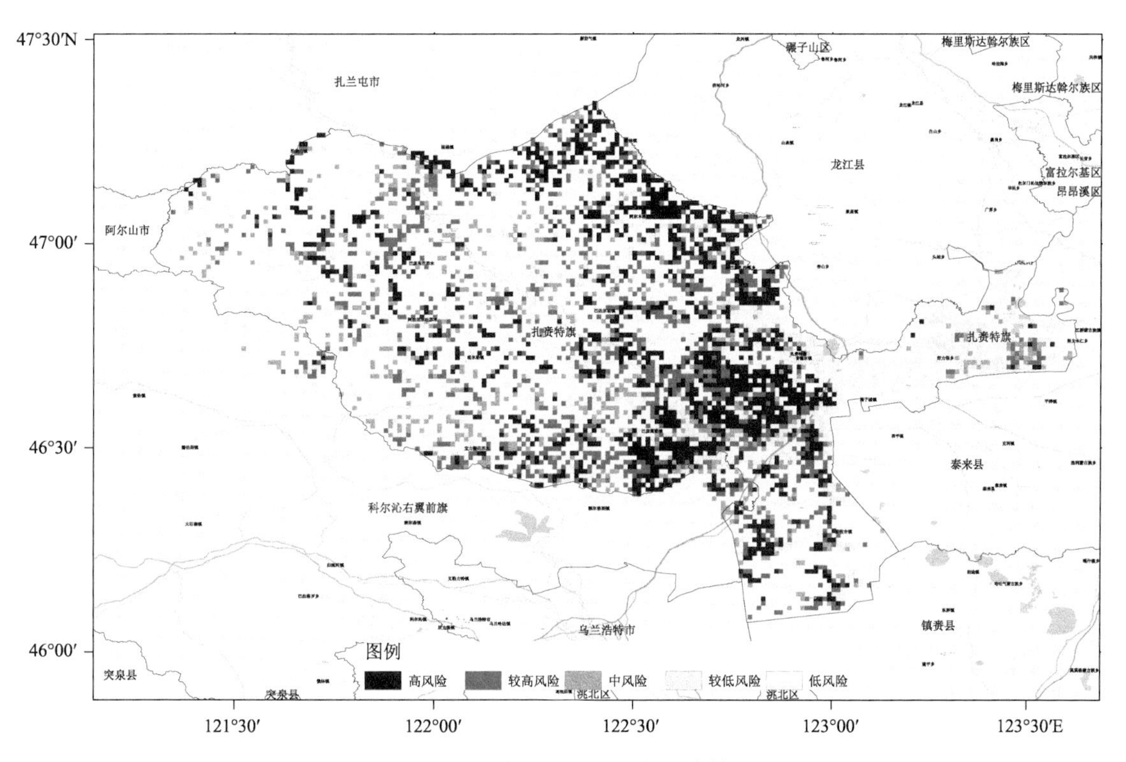

图3.20 扎赉特旗大豆干旱灾害风险等级区划

2. 灾害风险分区评估

扎赉特旗大豆干旱灾害低风险区和较低风险区面积只有844.92 km²，仅占耕地面积的22%，而较高风险区和高风险区面积达到2316.51 km²，占耕地面积的60%，说明扎赉特旗大部分农田干旱灾害风险等级较高。

结合扎赉特旗热量资源和水分资源分布情况，并参考当地河流水系分布，大豆干旱风险分区评估结果如下(表3.10)：

(1)低风险区。本区面积为537.14 km²，占耕地总面积的14%，主要分布在东部偏北的好力保乡、努文木仁乡，也是扎赉特旗主要农区。该区年降水量达400 mm以上，雨量充沛，≥10 ℃活动积温为2500～3000 ℃·d，热量资源较充足，水热条件适宜发展农业生产。由于嫩江流经

表 3.10 扎赉特旗大豆干旱风险各等级面积

风险等级	面积(km^2)	占耕地面积比例(%)
低风险区	537.14	14
较低风险区	306.78	8
中风险区	668.90	18
较高风险区	1088.18	28
高风险区	1227.33	32
合计	3833.33	100

该区域,抵御干旱灾害风险能力相对高,因此该区域干旱灾害风险最低。该区应进一步保持和优化农业生产力,适当扩大大豆种植面积。

(2)较低风险区。本区面积为 306.78 km^2,占耕地总面积的 8%,主要分布在好力保乡、努文木仁乡的零星地区。该区年降水量达 400 mm 以上,雨量充沛,≥10 ℃积温为 2500～3000 ℃·d,热量资源较充足,水热条件适宜发展农业生产。该区应进一步保持和优化农业生产力,适当扩大大豆种植面积。

(3)中风险区。本区面积为 668.90 km^2,占耕地总面积的 18%,主要分布在扎赉特旗西部地区。该区降水充足,光热条件良好,且境内水系较多,抗灾能力较强,农业生产管理精良。该区域应该充分利用区域水域、河流开展水利设施建设,提高灌溉能力。

(4)较高风险区。本区面积为 1088.18 km^2,占耕地总面积的 28%,主要分布在扎赉特旗中部偏西及偏南大部地区。上述大部地区位于松嫩平原过渡带,农业资源丰富,境内耕地集中连片,人口密度、GDP 较高。本区应利用良好的农业生产条件,积极发展灌溉农业,不能灌溉的旱地应采取一系列保墒措施,提高自然水分利用率。

(5)高风险区。本区面积为 1227.33 km^2,占耕地总面积的 32%,主要分布在扎赉特旗中部偏北及东部偏南地区。该区年降水量不足 400 mm,平均温度相对较高,蒸散较强,大豆干旱灾害风险最高,本区如果依靠自然降水无法满足大豆生产需要,应适当减少大豆种植面积,如果具备灌溉条件则可以利用有利气候条件发展大豆生产。

3.2.1.6 小结

扎赉特旗大豆干旱灾害致灾因子危险性分布呈东南高、西北低的趋势。低风险区和较低风险区面积只有 843.92 km^2,仅占耕地面积 22%,而较高风险区和高风险区面积达到 2315.51 km^2,占耕地面积的 60%,说明扎赉特旗大部分农田干旱灾害风险等级较高,应重点加强农田水利设施建设,最大限度降低干旱灾害造成的损失。

3.2.2 玉米干旱

3.2.2.1 数据

1. 气象数据

地表净辐射、平均气温、降水量、日照时数、实际水汽压、饱和水汽压、2 m 高处风速、干湿表常数。

2. 地理信息数据

土壤质地、坡度、土质、灌溉占比、耕地占比。

3. 社会经济数据

耕地、水浇地、农田、森林、草原面积等，玉米种植面积、总产、单产等，玉米生育期内灌溉次数、灌溉量，玉米发育期，农业生产存在的问题等。

3.2.2.2 技术路线及方法

综合考虑玉米干旱致灾因子危险性、各承灾体暴露度和脆弱性指标，对玉米干旱风险大小进行评价估算。基于玉米干旱风险评估结果，综合考虑行政区划，对玉米干旱风险进行基于空间单元的划分(图 3.21)。

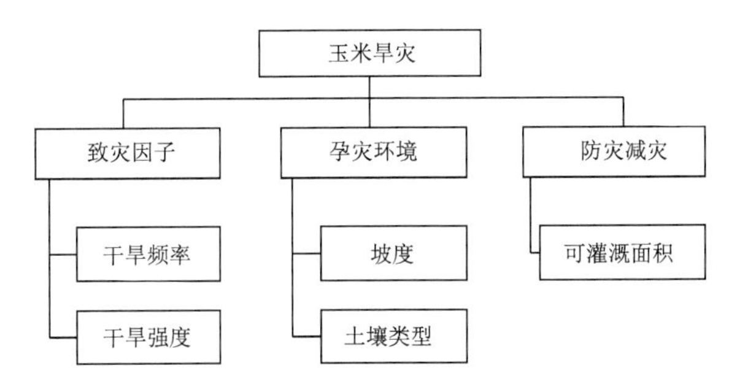

图 3.21 内蒙古玉米干旱灾害风险评估与区划技术路线图

1. 玉米致灾过程确定

国内外学者认为，气象灾害风险的形成，与致灾因子的危险性、孕灾环境的敏感性、承载体的易损性、防灾减灾能力密切相关。干旱灾害风险归结为以上 4 个因子共同作用的结果，用风险函数表示为

干旱灾害风险$=f$(致灾因子危险性，孕灾环境敏感性，承灾体易损性，防灾减灾能力)

研究中采用加权综合评价、专家打分、归一化等方法对干旱灾害的风险区划和评估进行研究。

2. 玉米致灾因子危险性评估

(1)归一化方法

由于各评价指标具有不同的量纲，为便于分析，将指标进行归一化处理：

$$y=(x-x_{\min})/(x_{\max}-x_{\min})$$

防灾减灾能力的归一化采用下式：

$$y=1-[(x-x_{\min})/(x_{\max}-x_{\min})]$$

(2)加权综合评价法

加权综合评价法综合考虑各个指标对综合评价因子的影响程度，把各个具体指标的作用大小综合起来。根据自然灾害风险评价理论，利用加权综合评价法，采用如下灾害风险指数计算公式：

$$V=\sum_{i=1}^{n}W_iD_i$$

式中，V 是评价因子的总值，W_i 是第 i 个指标的权重，D_i是第 i 个指标的无量纲值，n 为评价指标个数。权重 W_i可由各评价指标对所属评价因子影响程度的重要性来表示，在此采用专家打分法来确定。

(3)专家打分法

根据评价对象的具体要求选定若干个评价项目,再根据评价项目制定出评价标准,由专家以此为标准分别给予一定的分值,最后以得分多少为序决定优劣。

3.2.2.3 致灾因子特征分析

1. 玉米干旱过程的识别及特征

玉米一般于4月下旬到5月中旬陆续播种,8月中旬陆续进入灌浆期,9月中下旬陆续成熟收获,4月下旬至9月下旬是春玉米的主要生长时段。根据玉米干旱调查与风险评估技术规范、技术细则,统计了1961年以来每年玉米播种期、灌浆成熟期和主要生长期的降水量、玉米需水量、供水量以及亏缺指数。

2. 水分指标计算方法

不同的玉米品种,其株体大小、单株生产力、株型、吸肥耗水能力、生育期长短、抗旱性等均存在差异,因此耗水量不同。全生育期间一般中晚熟品种需水超过500 mm,早熟品种需水350~500 mm。在相同产量水平下,水分消耗总量也不同,但全生育期内不得少于350 mm。生育期短的品种叶面蒸腾量小,蒸腾持续时间相对较短,因此耗水量较少;而生育期长的品种,耗水总量则更多。品种的抗旱性也是一个重要方面,抗旱性强的,消耗水分较少,因为其叶片蒸腾速率较低。

玉米全生育期需水量不尽一致,受多因素影响,与品种、气候、栽培条件、产量等有关,一般生产100 kg籽粒需水70~100 t,在旺盛生长期中1株玉米24 h需耗水3~7 kg。玉米不同的生育期中需水量不同。苗期植株矮小,生长慢,叶片少,需水较少,怕涝不怕旱。同时,为了促使根系深扎,扩大吸收能力,增强抗旱防倒能力,常需蹲苗不浇水措施。拔节后需水增多,特别是抽雄前后30 d内是玉米一生中需水量最多的临界期,如果这时供水不足或不及时,对产量影响很大,即所谓的"卡脖旱、瞎一半"的需水关键期。

以春玉米生育阶段潜在蒸散量为需水指标,以有效降水量为供水指标,基于作物水分亏缺指数构建春玉米生育阶段降水亏缺指数,表征水分亏缺程度。降水亏缺指数(SDI)计算公式为

$$\mathrm{SDI}=\frac{\mathrm{SDL}}{\mathrm{ET}_i}$$

式中,降水亏缺量$\mathrm{SDL}=\mathrm{ET}_i-P_i$,$i(i=1,2,3)$表示春玉米生育阶段,考虑研究区各地气候条件、种植品种及种植习惯,根据春玉米多年发育期资料,以旬为研究时间段,采用生育阶段长度的多年平均值来代表当地一般生育阶段长度,1代表播种—七叶期(4月下旬—6月中旬),2代表七叶—乳熟期(6月下旬—8月下旬),3代表乳熟—成熟期(9月上旬—9月下旬);ET_i为i生育阶段的需水量;P_i为有效降水量。当$\mathrm{SDI}>0$时,表示i生育阶段水分亏缺;当$\mathrm{SDI}=0$时,表示水分收支平衡;当$\mathrm{SDI}<0$时,表示水分盈余。降水亏缺指数的计算是春玉米不同发育时段降水量和需水量两项因子差和需水量的比值,因此从一定程度上消除了各地气候类型不同而造成的差异,有效地反映区域和时间尺度的水分状况。计算过程中涉及的参数全部可以用气象资料、土壤水分资料计算获得,更为精确实用且代表性强。有效降雨量指降水入渗并能够保存在作物根系层中用于满足作物蒸发蒸腾需要的那部分雨量。

3. 有效降雨量的计算

在地表条件一定的情况下,雨强是决定降雨量的重要因素,一次有效降雨量的计算公式为

$$P_{yj}=a_j\times P_j$$

式中，P_{yj} 为有效降雨量，P_j 为降水总量，a_j 为降水有效利用系数。根据有关研究成果及近几年自动土壤水分观测资料与降水之间的关系，a 的取值如下：

在播种—七叶期，当 $P_j\leqslant 3$ mm 时，$a_j=0$；当 $3<P_j\leqslant 50$ mm 时，$a_j=0.9$；当 $P_j>50$ mm 时，$a_j=0.75$。

在七叶—成熟期，当 $P_j\leqslant 5$ mm 时，$a_j=0$；当 $5<P_j\leqslant 50$ mm 时，$a_j=0.9$；当 $P_j>50$ mm 时，$a_j=0.75$。

某生育阶段总有效降雨量

$$P_y=\sum_{j=1}^{n}P_{yj}$$

式中，P_y 为某生育阶段总有效降雨量，P_{yj} 为第 j 次降水过程有效降雨量，$j(j=1,2,\cdots,n)$ 为某生育阶段降水次数。

4. 玉米系数的计算方法

作物系数是计算农田实际蒸散量的重要参数之一，其基本定义为作物的实际蒸散量与参考作物蒸散量的比值。作物系数的正确性在很大程度上决定了农田实际蒸散量的计算精度。国内外许多研究常常通过计算参考作物蒸散量，考虑作物因素函数项即作物系数，估算出作物实际蒸散量。当土壤水分不能充分供应时，还要考虑土壤因素函数项即土壤水分供应系数对作物群体的影响，估算作物实际蒸散量。然而，作物系数通常要通过田间实验的方法确定，周期长且需要花费大量的人力物力。因此，目前普遍采用联合国粮农组织推荐的主要作物的作物系数或利用中国科学院禹城综合试验站计算的作物系数估算作物实际蒸散量。作物生长在不同的气候带，描述作物属性的各种气象指标将有很大的差异，而获取作物系数的试验站又不可能涵盖适应作物生长的所有气候区域，使用实验区获取的作物系数评估各种气候区域的作物群体的实际蒸散是有局限性的。因此针对不同气候区、不同作物、不同的发育时期，作物蒸散量计算中需要确定适宜的作物系数或确定适宜的作物系数计算方法，是目前急需解决的问题之一。

玉米作物系数 K_c 为玉米最大蒸散量与作物蒸散量的比值，即

$$K_c=\frac{\mathrm{ET}_c}{\mathrm{ET}_0}$$

该式成立条件为农田水分充分供应玉米群体生长发育的需求，也就是没有水分胁迫(田间有效相对含水量≥70%)。作物蒸散量的计算，采用联合国粮农组织(FAO)推荐的修正后的彭曼-蒙特斯(Penman-Monteith)公式，并以此作为确定新的作物系数和校准其他经验公式的标准。

$$P_e=\frac{0.408\Delta(R_n-G)+r\dfrac{900}{T_{mean}+273}u_2(e_s-e_a)}{\Delta+r(1+0.34u_2)}$$

式中，P_e 为所求的可能蒸散量，R_n 为地表净辐射，G 为土壤热通量，这里按忽略不计处理，T_{mean} 为日平均气温，e_a 为实际水汽压，e_s 为饱和水汽压，u_2 为 2 m 高处风速，Δ 为饱和水汽压曲线斜率，r 为干湿表常数，均可根据各测站实测资料、地理信息求解。Penman-Monteith 公式中各分量的计算方法和计算步骤参照《气象干旱等级》(GB/T 20481—2006)。

对全区而言，虽因气候条件的差异各地玉米播种的时间不同，但玉米生长发育进程基本一

致，玉米作物系数达到最大值的时间基本一致。扎赉特旗玉米生育期各月作物系数计算结果见表 3.11。

表 3.11 扎赉特旗玉米生育期各月作物系数

4 月	5 月	6 月	7 月	8 月	9 月
0.45	0.51	0.71	1.12	1.04	0.77

5. 水分指标的计算结果

根据历史干旱发生和春玉米灌溉的情况，选取同期每旬逢 8 日有土壤湿度观测资料的站点作为验证站点，同时对照《气象干旱等级》(GB/T 20481—2006)以及农业气象观测站玉米灌溉次数，确定了春玉米生长三个阶段水分亏缺指标的原则。

播种—七叶期：亏缺指数 SDI＞0.69 为重度亏缺，灌溉是春玉米需水的主要来源，平均每年灌溉次数 2 次及以上(不包括播前，以下同)；亏缺指数 0.60＜SDI⩽0.69 为中度亏缺，需要进行灌溉补水 1 次才能保证春玉米正常生长；亏缺指数 0.55＜SDI⩽0.60 为较轻度亏缺，基本不需要灌溉补水；亏缺指数 SDI⩽0.55 为轻度亏缺，完全满足玉米的水分需求，不需要灌溉补水。

七叶—乳熟期：SDI＞0.50 为重度亏缺，平均每年灌溉次数 4 次以上，0.45＜SDI⩽0.50 为中度亏缺，灌溉次数 3 次，0.40＜SDI⩽0.45 为较轻度亏缺，平均灌溉次数 2 次，SDI⩽0.40 为轻度亏缺，平均灌溉次数 1 次或无灌溉。

乳熟—成熟期：SDI＞0.70 为重度亏缺，需灌溉 2 次，0.55＜SDI⩽0.70 为中度亏缺，需灌溉次数 1 次，0.40＜SDI⩽0.55 为较轻度亏缺，虽然出现旱情，但基本不影响玉米的正常灌浆，SDI⩽0.40，不需要灌溉，籽粒灌浆良好，保证籽多粒饱。

全生育期：SDI＞0.55 为重度亏缺，灌溉 5 次以上，0.50＜SDI⩽0.55 为中度亏缺，需灌溉次数 3～4 次，0.45＜SDI⩽0.50 为较轻度亏缺，需灌溉次数 2～3 次，SDI⩽0.45，灌溉 1 次或不灌溉(表 3.12)。

表 3.12 春玉米水分亏缺指标分级标准

亏缺程度	水分亏缺指数 SDI			
	播种—七叶 4 月上旬—5 月下旬	七叶—乳熟 6 月上旬—8 月下旬	乳熟—成熟 9 月	全生育期 4—9 月
轻度亏缺	SDI⩽0.55 不需要灌溉	SDI⩽0.40 1 次或不灌溉	SDI⩽0.40 不需要灌溉	SDI⩽0.45 1 次或不灌溉
较轻度亏缺	0.55＜SDI⩽0.60 基本不需要灌溉	0.40＜SDI⩽0.45 灌溉 2 次	0.40＜SDI⩽0.55 基本不灌溉	0.45＜SDI⩽0.50 2～3 次
中度亏缺	0.60＜SDI⩽0.69 灌溉补水 1 次	0.45＜SDI⩽0.50 灌溉 3 次	0.55＜SDI⩽0.70 灌溉 1 次	0.50＜SDI⩽0.55 3～4 次
重度亏缺	SDI＞0.69 灌溉补水 2 次	SDI＞0.50 灌溉 4 次及以上	SDI＞0.70 灌溉 2 次	SDI＞0.55 5 次以上

3.2.2.4 灾害风险评估与区划

1. 玉米干旱致灾因子危险性

对于内蒙古地区来说，玉米种植最大的限制因子一个是积温，另一个就是水分，水分的多寡直接影响到玉米遭受干旱的风险以及最终产量的高低。

对于某一地区水分资源的评估，采用水分亏缺指数来进行。水分亏缺指数是指自然（有效）降水量与蒸散量之差与蒸散量的比。

计算某地某时段历年水分亏缺指数，根据水分亏缺指数的值，结合不同发育期对水分的敏感程度，将水分亏缺程度界定为4级：轻度亏缺、较轻度亏缺、中度亏缺、重度亏缺。然后对出现中度和重度亏缺的年份进行统计，并计算出现的频率，与强度进行加权，最终得出某地某发育期玉米干旱致灾因子的危险性（表3.13，图3.22）。

从玉米干旱灾害风险等级分布图可以看出，在扎赉特旗东北部的音德尔镇、五家户乡、巴岱乡、好力宝乡和努文牧仁乡的绝大部分为较高区，其他乡镇仅有零星分布的较高区，中部的二龙山乡基本为中等风险区，巴彦高勒镇中部零星为较高风险区，其它为低风险区。

表3.13 扎赉特旗玉米干旱灾害致灾危险性等级

危险性等级	含义	指标
4	低危险性	SDI≤0.45
3	较低危险性	0.45<SDI≤0.50
2	较高危险性	0.50<SDI≤0.55
1	高危险性	SDI>0.55

2. 玉米干旱孕灾环境敏感性

玉米干旱的孕灾环境主要考虑耕地的坡度和土壤类型两个因子。

首先，土壤的坡度对土壤中水分的均衡保持和减少自然降水的径流比较重要，坡度较大也不利于有灌溉条件或灌溉设施的地区进行灌溉。坡度按以下方式处理：坡度大于10°的坡地直接赋值为0，坡度小于10°的地区采用（10－坡度）/10进行处理。处理的意图是将此因子变为一个正向因子，方便与另一因子进行综合，同时进行归一化处理。

其次，不同的土壤类型涵养水分的能力不同，这对于自然降水相同的地区是否发生干旱至关重要。土壤类型主要分为三大类：砂土、壤土和黏土，根据涵养水分能力的不同，分别设置为0.5、0.8和1.0。

坡度和土壤类型的权重分配分别为0.4和0.6。

干旱孕灾环境敏感性因子为正向因子（此数据越大，结果数据也越大，对干旱评估而言就越干旱），在进行综合分析时需进行取反处理（图3.23）。

由图3.23玉米干旱孕灾环境敏感性等级分布图可以看出，在扎赉特旗东北部的音德尔镇、五家户乡、巴岱乡、好力宝乡和努文牧仁乡的绝大部分为低敏感区，其他乡镇仅有零星分布的低敏感区，中部的二龙山乡基本为较低敏感区，巴彦高勒镇中部为较高敏感区，其它大部为高敏感区。

3. 玉米干旱承载体脆弱性分析

承载体脆弱性主要考虑某地的耕地面积占国土面积的比重，比重越大脆弱性也越大。还应该考虑地均GDP等因素，但由于这类要素不易反馈到任意空间点上，因此未予考虑。对耕

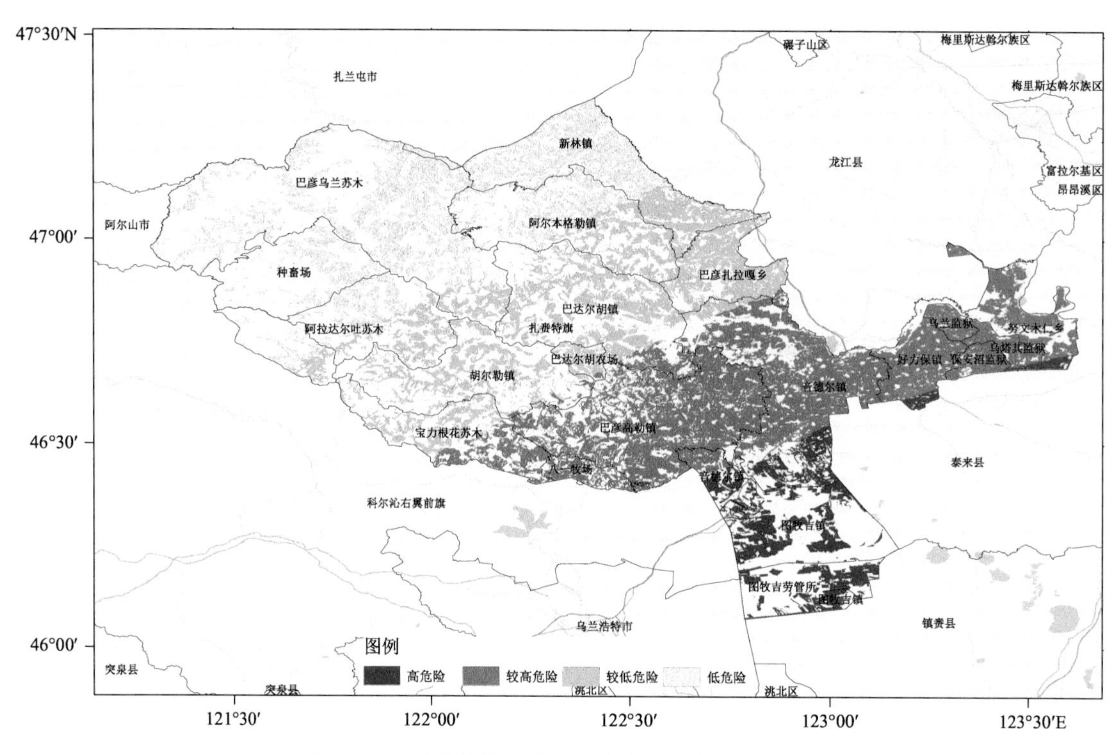

图 3.22 扎赉特旗玉米干旱灾害致灾危险性等级

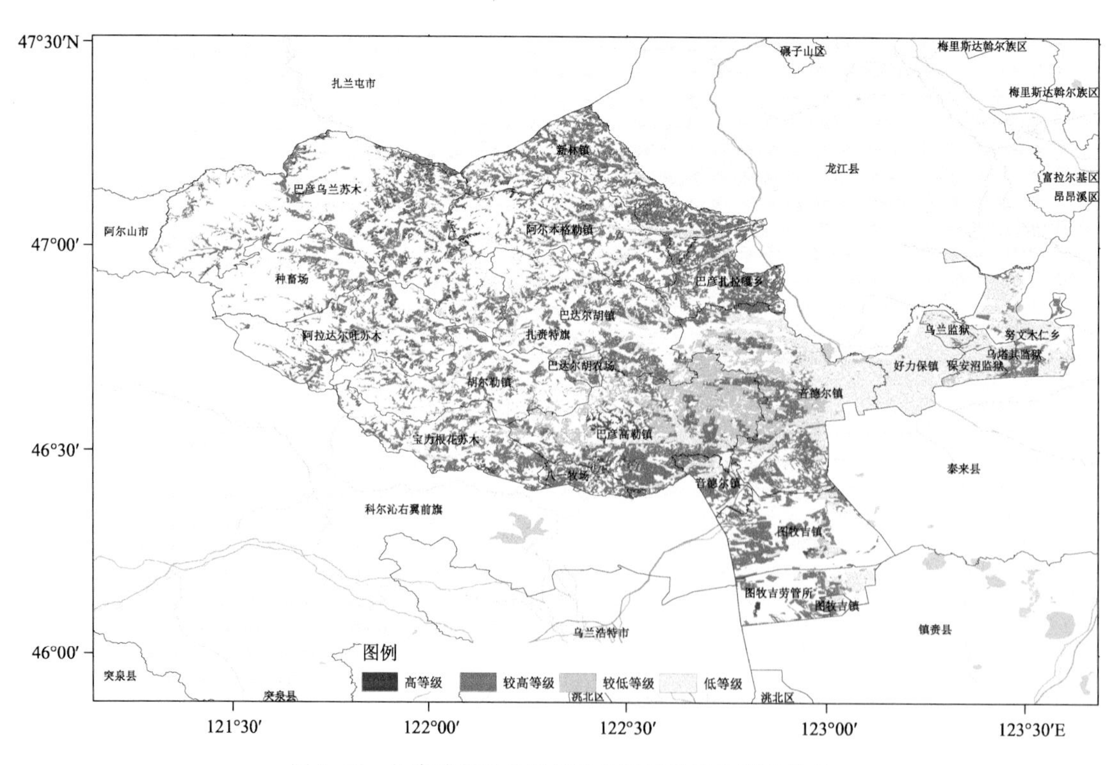

图 3.23 扎赉特旗玉米干旱孕灾环境敏感性等级分布

地比重直接进行归一化处理即可(图3.24)。

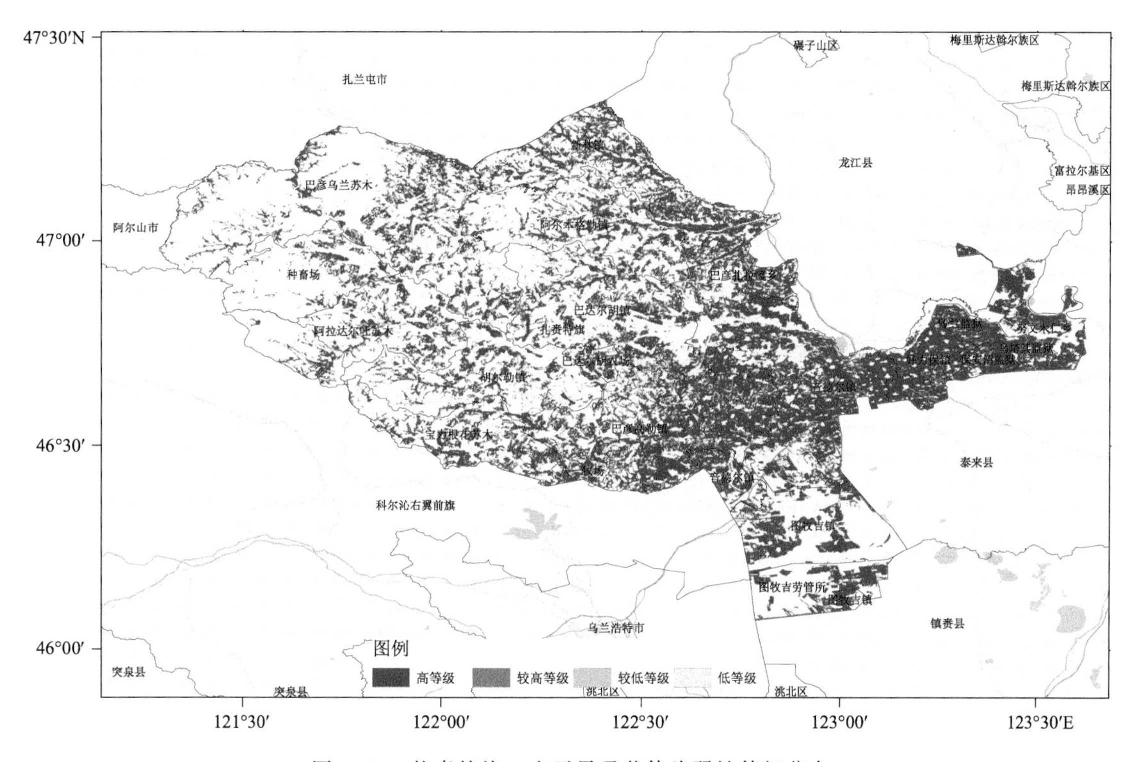

图3.24 扎赉特旗玉米干旱承载体脆弱性等级分布

从玉米干旱承载体脆弱性等级分布图可以看出,扎赉特旗基本为高脆弱性等级。

4. 玉米干旱风险区划

扎赉特旗玉米干旱风险区划见表3.14和图3.25。

表3.14 扎赉特旗玉米干旱灾害风险等级

风险等级	含义	指标
5	低风险	SDI≤0.35
4	较低风险	0.35<SDI≤0.42
3	中风险	0.42<SDI≤0.49
2	较高风险	0.49<SDI≤0.56
1	高风险	SDI>0.56

3.2.2.5 小结

降水量偏少、气温偏高是导致干旱过程出现的主要原因,历史干旱直接经济损失总体呈增加的特征;扎赉特旗经济风险等级分布与人口风险等级分布相似,总体上由东南向西北递减。

扎赉特旗玉米干旱灾害致灾因子危险性分布呈东南高、西北低的趋势。低风险区和较低风险区面积只有843.92 km^2,仅占耕地面积22%,而较高风险区和高风险区面积达到2315.51 km^2,占耕地面积的60%,说明扎赉特旗大部分农田干旱灾害风险等级较高,应重点加强农田水利设施建设,最大限度降低干旱灾害造成的损失。

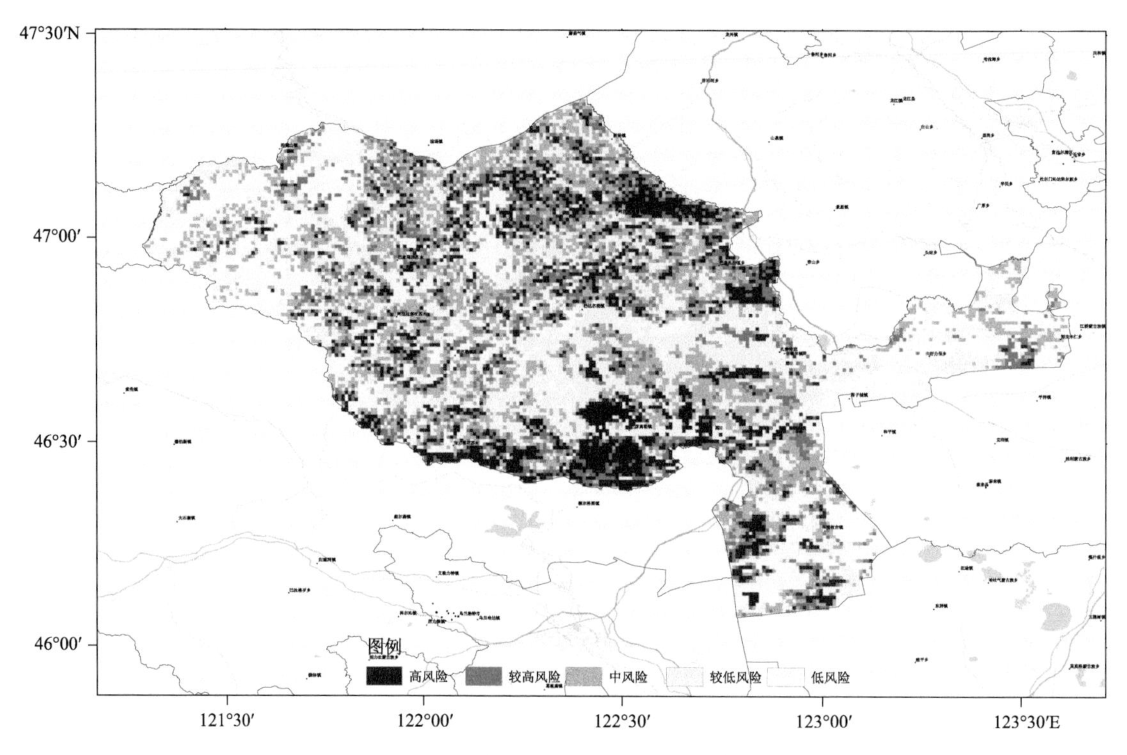

图 3.25 扎赉特旗玉米干旱灾害风险等级区划

4 月下旬至 6 月中旬，亏缺量和亏缺指数较高，干旱风险较高；6 月下旬至 8 月下旬是全生长季降雨最充沛的季节，干旱风险以该阶段最小；9 月份乳熟—成熟期需水量减少，降水量也迅速下降，干旱风险最高。

3.2.3 小麦干旱

3.2.3.1 数据

1. 气象数据

1981—2015 年 3—8 月逐月的平均气温、平均最高气温、平均最低气温、平均降水量、平均相对湿度、平均日照时数、平均风速。

2. 地理信息数据

地理信息数据主要包括经度、纬度、海拔高度等，采用国家基础地理信息中心提供的 1∶25 万内蒙古基础地理背景数据。

3. 社会经济数据

统计年鉴中 1987—2015 年扎赉特旗小麦播种面积、粮食作物播种面积、耕地面积及产量数据等。人均 GDP 数据来源于国家科技基础条件平台——国家地球系统科学数据共享平台（http://www.geodata.cn）。

4. 其他资料

灌溉面积占耕地面积比例数据来源于内蒙古第二次土地调查数据，分辨率为 1∶1 万。发育期资料来源于内蒙古小麦农业气象观测站农气报表。

3.2.3.2 技术路线及方法

根据灾害系统理论，春小麦干旱灾害风险分析主要内容包括4个因子：致灾因子危险性分析、承灾体脆弱性分析、承灾体暴露性和防灾减灾能力（图3.26）。利用研究区气象观测站1981—2010年气象资料、农业气象观测资料和产量数据，根据确定的区划指标，分别计算各区划因子，并利用ArcGIS技术进行图层叠加计算，得分越高，风险越高。按照行政区划进行裁剪，得到扎赉特旗春小麦干旱风险区划分布图。根据风险得分，按照自然断点法进行分级。

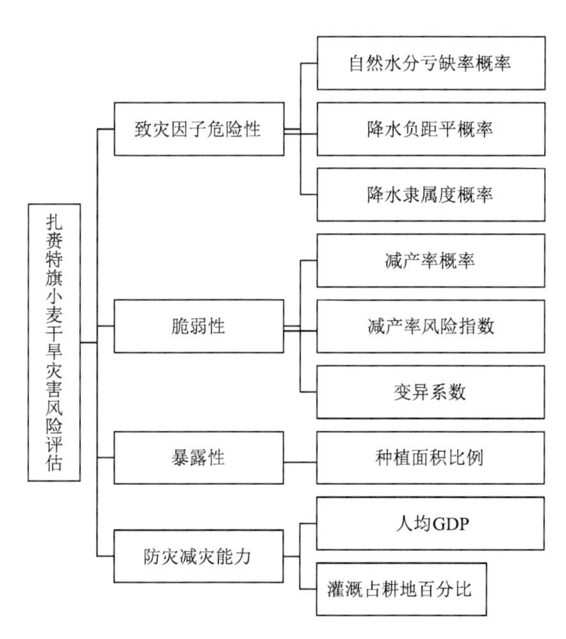

图3.26 扎赉特旗小麦干旱灾害风险评估与区划技术路线图

1. 小麦致灾过程确定

水分对春小麦的生长非常重要。播种时要求最适宜的土壤含水量为土壤田间最大持水量的80%左右；分蘖期间土壤含水量不能低于10%，超过80%则会造成土壤缺氧，分蘖非常缓慢；春小麦抽穗5 d到抽穗后的25 d期间最适宜降水量为80 mm；灌浆阶段需水量为120 mm。

考虑干旱气象灾害风险的形成，结合内蒙古地区第二次土地调查数据，基于自然灾害风险评估方法，综合考虑干旱灾害的致灾因子危险性、承灾体脆弱性、承灾体暴露性及防灾减灾能力，构建扎赉特旗小麦干旱风险综合指数，并依托GIS技术进行精细化风险区划。

2. 小麦致灾因子危险性评估

（1）致灾因子危险性评估指标

1）自然水分亏缺率概率

行业标准《小麦干旱灾害等级》中定义小麦干旱灾害强度风险指数是自然水分亏缺率（G）等级（i）及其相应出现概率（P）的函数：

$$I = F(G,P) = \int_{G_1}^{G_2} GP(G)\mathrm{d}G = \sum_{i=G_1}^{G_2} G_i P_i$$

自然水分亏缺率（natural moisture deficiency rates）是依据农田水分平衡原理常用的农业

干旱指标。当作物水分在一定持续时间内得不到满足就会形成农业干旱，为了全面评估春小麦各发育期水分亏缺情况，根据现行国家标准《农业干旱等级》(GB/T 32136—2015)，选用作物水分亏缺指数表征作物水分亏缺的程度，适用于气象要素观测齐备的农区。水分亏缺指数是某时段累计水分亏缺指数，是各时间段水分亏缺指数的加权和，权重系数可以根据当地实际情况确定。某时段作物水分亏缺指数即自然缺水率，在不考虑灌溉条件下，当作物潜在蒸散量 E 大于降水量 P 时，某时段自然水分亏缺指数用下式计算：

$$\mathrm{CWDI} = (1 - P/E) \times 100\% \qquad (E > P)$$

$$E = K_c \times \mathrm{ET}_0$$

式中，K_c 为作物系数，将春小麦全生育期划分为苗期、拔节期、抽穗开花期和灌浆成熟期 4 个生育阶段，不同的发育阶段作物系数不同(表 3.15)；ET_0 为可能蒸散量，采用 FAO 推荐的彭曼公式计算。

表 3.15 小麦生育期各月作物系数

区域	4月	5月	6月	7月	8月
扎赉特旗	0.45	0.90	1.11	0.52	0.45

根据各月需水量占总需水量的百分比确定 3—8 月权重，汇总计算全生育期自然水分亏缺率。按照上述方法，分别计算历年全生育期、拔节、灌浆期 CWDI 指数，按照分级标准将致灾等级划分为轻旱、中旱、重旱、严重干旱(表 3.16)。

表 3.16 基于自然水分亏缺率的内蒙古小麦干旱等级指标

要素		轻旱	中旱	重旱	严重干旱
自然水分亏缺率(%)	全生育期	≤15	15～30	30～45	>45
	拔节期	≤15	15～45	45～70	>70
	灌浆期	≤20	20～35	35～45	>45

2)降水负距平概率

降水负距平概率是降水负距平百分率等级及其相应出现概率的函数。计算历年 3—8 月(全生育期)降水负距平和拔节期降水负距平，对观测站农气报表中春小麦拔节期进行历年平均分析，以 5 月下旬至 6 月中旬作为拔节期进行计算。

按照上述方法，分别计算各站点历年全生育期、拔节降水负距平百分率指标，根据中国气象局发布的现行气象行业标准《小麦干旱灾害等级》(QX/T 81—2007)，确定小麦干旱灾害致灾等级指标，将降水负距平百分率风险指数致灾等级划分为轻旱、中旱、重旱、严重干旱(表 3.17)。对历年各站点全生育期、拔节出现的干旱等级分别进行频次统计，根据发生轻旱、中旱、重旱、严重干旱次数，计算出现频率，并进行加权求和计算，作为该站点全生育期、拔节期降水负距平百分率概率得分，对内蒙古自治区站点不同发育期的降水负距平百分率概率进行等级划分。

表 3.17 基于降水负距平百分率的内蒙古小麦干旱等级指标

要素		轻旱	中旱	重旱	严重干旱
降水负距平百分率(%)	全生育期	≤15	15～35	35～55	>55
	拔节期	≤30	30～65	65～90	>90

3)降水隶属度概率

降水量的隶属函数是分段函数。降水隶属度在0～1,当降水量在最低降水量与最高降水量之间时,降水隶属度为1。r为春小麦各生育期平均降水量,r_0为需水量,$r_l=0.6\times r_0$为最低降水量,$r_h=1.5\times r_0$为最高降水量,降水隶属函数计算公式为

$$\tilde{R}(r)=\begin{cases}r/r_l & r<r_l\\ 1 & r_l\leqslant r\leqslant r_h\\ r_h/r & r>r_h\end{cases}$$

当降水量在最高降水量与最低降水量之间时的降水隶属度为1,最适宜作物生长发育要求,因此以降水隶属函数与1差值的绝对值作为降水适宜性指标。需水量简化为高产水平条件下的植株蒸腾量与棵间蒸发量之和,定义为作物系数K_c与可能蒸散量的乘积,采用FAO(1998)推荐的P-M公式求得。分别计算3—8月逐月需水量,计算得到各站点历年3—8月的最低降水量、最高降水量,利用条件函数和致灾等级划分指标(表3.18),将降水隶属度风险指数致灾等级划分为轻旱、中旱、重旱、严重干旱。对历年各月份出现的干旱等级分别进行频次统计,计算发生轻旱、中旱、重旱、严重干旱出现频率,进行加权求和计算,作为该站点降水隶属度概率得分,并对全区站点的降水隶属度概率进行等级划分。

表3.18 基于降水负距平百分率的内蒙古小麦干旱等级指标

	轻旱	中旱	重旱	严重干旱
降水隶属度(%)	>80	$60<H_R\leqslant80$	$30<H_R\leqslant60$	$\leqslant30$

(2)致灾危险性评估模型

致灾危险性分别从自然水分亏缺率、降水负距平概率以及降水隶属度概率三个方面反映干旱灾害危险性的大小,考虑内蒙古小麦种植结构的实际情况,利用如下公式计算全区各站点致灾因子危险性得分:

$$H=0.151\times H_{W1}+0.067\times H_{W2}+0.101\times H_{W3}+0.155\times H_{P1}+0.069\times H_{P2}+0.112\times H_R$$

式中,H_{W1}、H_{W2}、H_{W3}分别为全生育期、拔节期、灌浆期自然水分亏缺率概率,H_{P1}、H_{P2}分别为全生育期、拔节期降水负距平概率,H_R为降水隶属度概率。

经过对比不同插值方法的数据交叉检验后,在考虑气候要素与经度、纬度等地理信息的基础上,采用小网格推算模型进行干旱灾害发生危险性因子的空间分布推算。利用基础地理信息建立的致灾因子危险性空间逐步回归拟合方程为

$$H=14.06-0.126\ \mathrm{JD}+0.055\ \mathrm{WD}-0.00038\ \mathrm{dem}$$

式中,JD、WD、dem分别表示经度、纬度和海拔高度。

3. 风险评估与区划

根据灾害系统理论,春小麦干旱灾害风险分析主要内容包括4个方面:致灾因子危险性分析、承灾体脆弱性分析、孕灾环境暴露性分析和防灾减灾能力分析。致灾因子危险性从春小麦不同发育期的自然水分亏缺率概率、降水负距平概率、降水隶属度概率展开分析;承灾体脆弱性从减产率概率、减产率风险指数、变异系数三方面分析;承灾体暴露性在全区级评估中利用春小麦种植面积占粮食作物种植面积的比例;防灾减灾能力采用灌溉占耕地百分比和千米网格人均GDP两个指标(表3.19)。

表 3.19 内蒙古小麦干旱灾害风险指标体系

<table>
<tr><td rowspan="12">小麦干旱灾害风险指标体系 R_{xm}</td><td rowspan="6">致灾因子危险性 H</td><td rowspan="3">自然水分亏缺率概率 H_W</td><td>全生育期 H_{w1}</td></tr>
<tr><td>拔节期 H_{w2}</td></tr>
<tr><td>灌浆期 H_{w3}</td></tr>
<tr><td rowspan="2">降水负距平概率 H_P</td><td>全生育期 H_{P1}</td></tr>
<tr><td>拔节期 H_{P2}</td></tr>
<tr><td colspan="2">降水隶属度概率 H_R</td></tr>
<tr><td rowspan="3">承灾体脆弱性 E</td><td colspan="2">减产率概率 E_D</td></tr>
<tr><td colspan="2">减产率风险指数 E_K</td></tr>
<tr><td colspan="2">变异系数 E_C</td></tr>
<tr><td>承灾体暴露性 V</td><td colspan="2">种植面积比例 V</td></tr>
<tr><td rowspan="2">防灾减灾能力 D</td><td colspan="2">灌溉占耕地百分比 D_G</td></tr>
<tr><td colspan="2">人均 GDP D_D</td></tr>
</table>

各级评估指标权重采用层次分析和专家打分法进行设定，综合各级评估指标，内蒙古春小麦干旱灾害风险区划模型如下：

$$R_{xm}=0.151\times H_{w1}+0.067\times H_{w2}+0.101\times H_{w3}+0.155\times H_{P1}+0.069\times H_{P2}+0.112\times H_R+0.087\times E_D+0.069\times E_K+0.052\times E_C+0.089\times V+0.031\times D_G+0.017\times D_D$$

3.2.3.3 致灾因子特征分析

1. 小麦致灾因子危险性等级划分

小麦干旱致灾因子危险性划分为 4 个等级，由低到高分别为低、中、较高和高，分别对应等级 4、3、2、1(表 3.20)。小麦干旱灾害致灾因子危险性是决定综合干旱风险高低的主要因子，干旱致灾因子危险性指数越大，灾害风险越高。

表 3.20 扎赉特旗小麦干旱灾害致灾危险性等级

危险性等级	含义	指标
4	低危险性	0.105～0.147
3	较低危险性	0. 147～0.159
2	较高危险性	0. 159～0.170
1	高危险性	0. 170～0.190

2. 小麦致灾因子危险性评估

从致灾因子危险性等级分布来看，扎赉特旗低危险区面积为 954.41 km²，占全旗总面积的 8%，主要分布在东北部、西南部和西北部地区。较低危险区面积为 3952.72 km²，占全旗总面积的 35%，主要分布在偏东部大部地区。较高危险区面积为 3737.55 km²，占全旗总面积的 33%，包括中部大部地区。高风险区面积为 2676.57 km²，占全旗总面积的 24%，主要分布在西部偏北地区(图 3.27)。

3.2.3.4 灾害风险评估与区划

1. 小麦干旱灾害风险等级划分

按照《全国气象灾害综合风险普查技术规范——干旱灾害调查与风险评估技术规范(评估

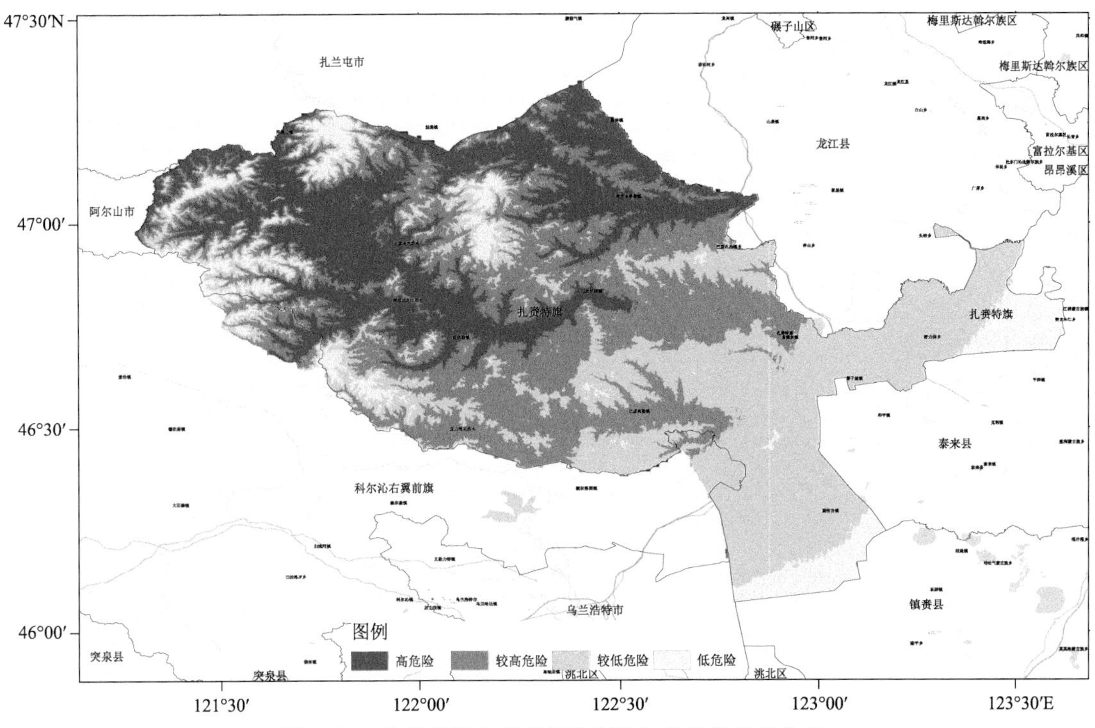

图 3.27 扎赉特旗小麦干旱灾害致灾危险性等级分布

与区划类)》要求,采用自然断点法将小麦干旱灾害风险划分为5个等级,分别为低风险区、较低风险区、中风险区、较高风险区和高风险区,分别对应等级5、4、3、2、1(表3.21)。

表 3.21 扎赉特旗小麦干旱灾害风险等级

风险等级	含义	指标
5	低风险	0.264～0.294
4	较低风险	0.294～0.321
3	中风险	0.321～0.331
2	较高风险	0.331～0.356
1	高风险	0.356～0.458

2. 小麦干旱风险区划分区评估

(1)低风险区。本区面积为24.27 km^2,占扎赉特旗农区总面积的0.4%,主要分布在偏东部大部地区。上述区域靠近嫩江支流绰尔河,春小麦干旱防灾减灾能力是全旗最强的地区,干旱风险亦最低,该地区应利用良好的水资源扩大灌溉面积,从而调整春小麦种植面积。

(2)较低风险区。本区面积为1811.05 km^2,占全旗农区总面积的34%,主要分布在偏东部大部地区。上述地区位于松嫩平原过渡带,农业资源丰富,有嫩江支流经过,雨量充沛,可适当扩大春小麦种植面积。

(3)中等风险区。本区面积为2166.59 km^2,占全旗总面积的41%,包括扎赉特旗中部偏南和北部大部地区。该区域位于低山丘陵区,降水充足,热量资源略高于低风险区,气候适宜,该区应进一步优化当前农业生产能力,同时实行各项综合农业技术措施,防御干旱危害。

(4)较高风险区。本区面积为1280.95 km^2,占全旗总面积的24%,主要分布在扎赉特北部边缘地区。上述地区靠近大兴安岭山脉，距离河流水系相对较远，灌溉成本高，春小麦干旱灾害风险最高。本区要注意选用抗旱品种，在提高单产的同时，要具有一定的抗旱能力。

（5）高风险区。本区面积为36.71 km²，占全旗总面积的0.6%，主要分布在扎赉特北部边缘地区。上述地区为大兴安岭山脉沿山地区，春小麦干旱灾害风险最高，该区应积极推广和应用滴灌、喷灌等先进的农业节水新技术，同时适当开展退耕还林工程建设，提高总体农业效益(图3.28)。

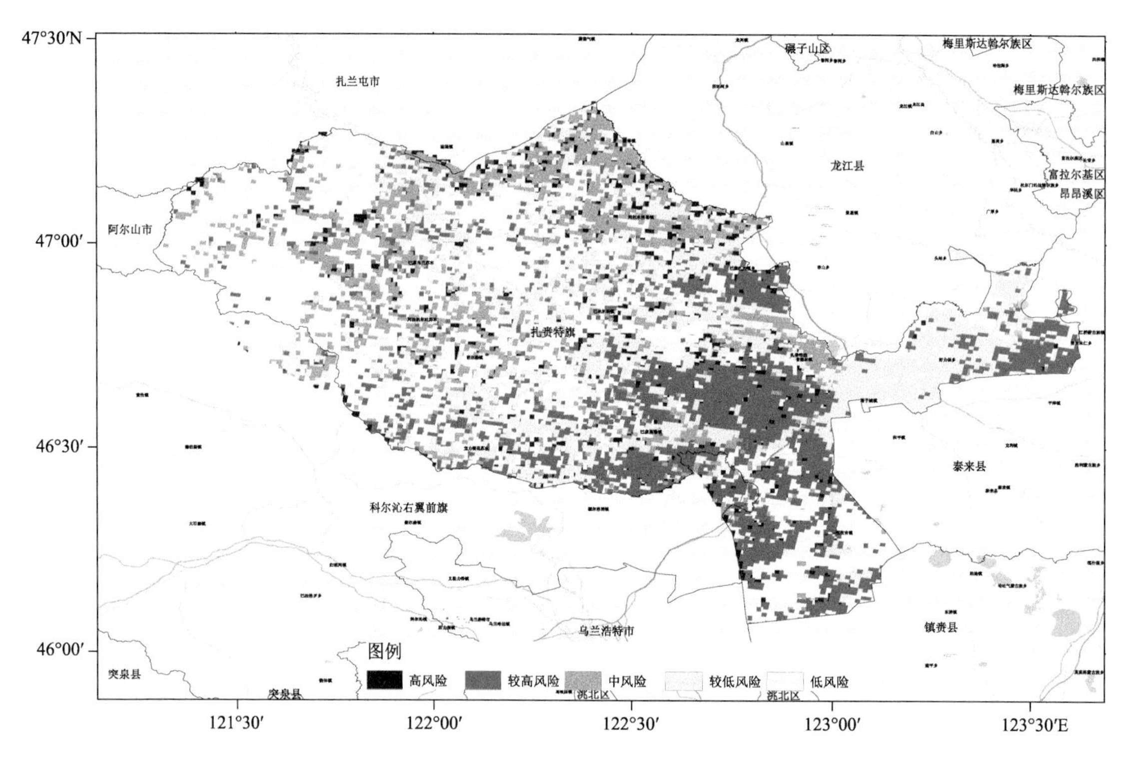

图3.28 扎赉特旗小麦干旱灾害风险区划

3.2.3.5 小结

从扎赉特旗春小麦干旱风险区划来看，西北部大部农区为干旱高风险，其余大部地区为干旱中低风险。从致灾因子危险性来看，小麦干旱灾害致灾因子危险性受拔节期、灌浆期降水量影响较大，呈东南低、西北高的分布趋势，东部大部农区自然水分亏缺率、降水负距平百分率较低，降水隶属度较高，水分条件基本符合春小麦生长发育需求。从承灾体脆弱性来看，大部地区均为中高风险，表明该地区减产率不稳定，干旱风险指数及变异系数较高。从承灾体暴露性来看，大部地区为低风险区，春小麦占粮食作物种植面积比例相对其他地区不高。从防灾减灾能力来看，东部大部地区为防灾减灾能力高值区，部分为灌溉占耕地比例较高地区，中西部大部地区为防灾减灾能力低值区，表现为人均GDP偏低。

受地形、灌溉水平和经济状况等因素的共同影响，低风险区和较低风险区主要分布在东南部地区，面积1835.32 km²，仅占耕地面积34.4%，而较高风险区和高风险区主要分布于中部和偏北部农区，面积达到1317.66 km²，占耕地面积的24.6%。整体来看，扎赉特旗小麦干旱风险呈西北高、东南低分布，说明扎赉特旗中西部大部分农田干旱灾害风险等级较高，应重点加强农田水利设施建设，最大限度降低干旱灾害造成的损失。

第 4 章 大 风

4.1 数据

4.1.1 气象数据

扎赉特旗设置有 2 个国家级地面气象站(扎赉特站与胡尔勒站)、14 个区域自动气象站点,考虑建站时间较长和观测要素齐全性,最终采用了 2 个国家级站和 12 个区域站建站以来至 2020 年的风速逐日数据。站点分布如图 4.1 所示,站点的基本信息如表 4.1 所示。

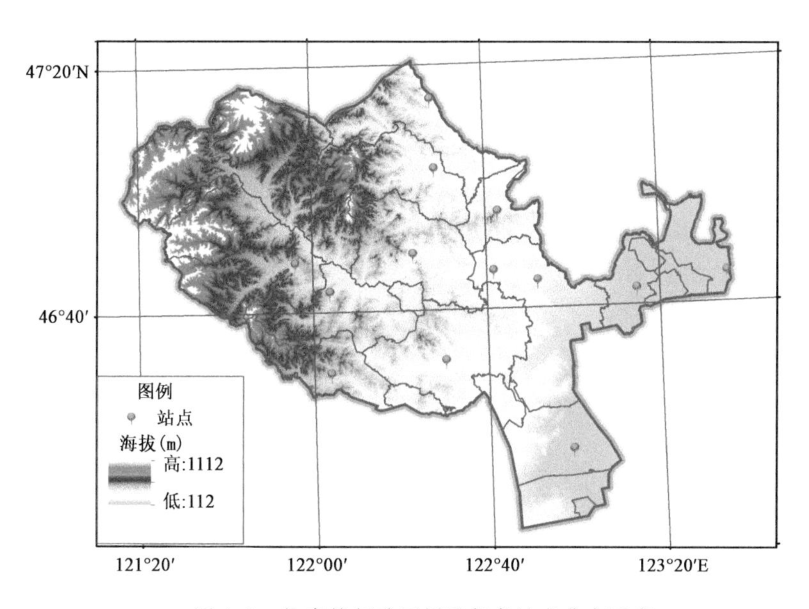

图 4.1 扎赉特行政区划及气象站点分布示意

表 4.1 扎赉特旗气象站基本信息

站名	海拔高度(m)	地面观测类型	使用要素
胡尔勒	333	国家一般气象站	最大风速、极大风速
扎赉特	218	国家一般气象站	最大风速、极大风速
新林	254	区域自动站	极大风速
好力保	142	区域自动站	极大风速
巴彦高勒	235	区域自动站	极大风速
巴彦乌兰	376	区域自动站	极大风速

续表

站名	海拔高度(m)	地面观测类型	使用要素
巴达尔胡	253	区域自动站	极大风速
阿尔本格勒	243	区域自动站	极大风速
宝力根花	360	区域自动站	极大风速
图牧吉	152	区域自动站	极大风速
阿拉达尔吐	352	区域自动站	极大风速
巴彦扎拉嘎	276	区域自动站	极大风速
绰勒	212	区域自动站	极大风速
努文木仁	144	区域自动站	极大风速

4.1.2 地理信息数据

(1)地形高程数据(DEM)。数据来源于中国科学院计算机网络信息中心地理空间数据云平台(http://www.gscloud.cn)共享的 ASTER GDEM 30 m 分辨率数字高程数据。

(2)土地利用数据。来源于自然资源部共享的我国 2020 年 30 m 分辨率的地表覆盖数据。

(3)森林覆盖数据。中国科学院空天信息创新研究院发布的 2018 年全球 30 m 分辨率森林覆盖分布图(GFCM),该数据是基于 Landsat 系列卫星数据和国产高分辨率卫星数据,构建了全球高精度森林和非森林样本库,利用机器学习和大数据分析技术实现全球森林覆盖高精度自动化提取,完成了 2018 年全球 30 m 分辨率森林覆盖分布图。通过利用随机分层抽样的方式在全球范围选取精度验证样区(样区的选择兼顾不同地表覆盖类型和森林类型分区)进行精度验证,精度验证结果表明,2018 年全球 30 m 分辨率森林覆盖分布图的总体精度约为 90.94%。

4.1.3 承灾体数据

承灾体数据来源于国务院普查办共享的扎赉特旗人口、GDP 和三大农作物(小麦、玉米、水稻)种植面积的标准格网数据(.tif),空间分辨率为 30″×30″。

4.1.4 风向风速自记纸

由自治区气象信息中心档案馆提供的扎赉特旗国家站 1951 年至自动站正式使用前一年的 EL 型电接风自记图像扫描件和纸质记录,用于大风致灾过程中致灾因子特征信息的确定。

4.2 技术路线及方法

4.2.1 致灾过程确定

大风灾害风险调查与评估主要包括致灾过程的确定、大风灾害危险性评估、对不同承灾体的风险评估与区划。大风风险评估采用基于灾害风险指数的大风灾害风险评估方法,从灾害成灾机理出发，考虑形成大风灾害的条件：诱发大风灾害的致灾因子；形成气象灾害的孕灾环境，孕灾环境对于致灾因子的危险性具有放大或缩小的作用；致灾因子作用对象——承灾体。具体技术路线如图 4.2 所示。

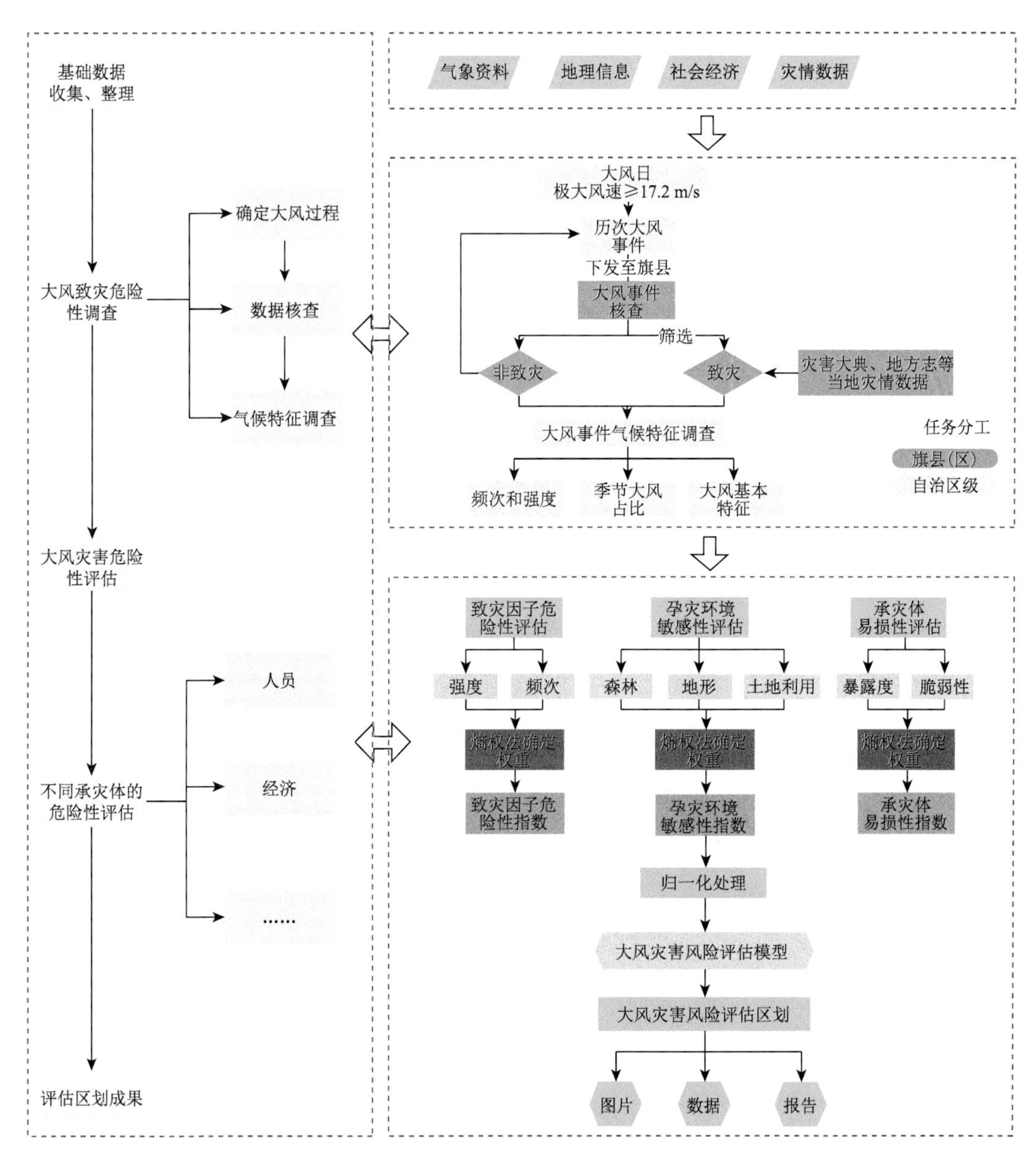

图 4.2 内蒙古大风灾害风险评估与区划技术路线图

4.2.1.1 历史大风过程的确定

根据调查旗(县、区)国家级地面观测站天气现象和极大风风速的记录，以当日该站出现大风天气现象为标准确定历史大风过程，无大风天气现象观测记录以日极大风风速≥17.2 m/s 为标准确定历史大风过程。根据小时数据确定历史大风过程中致灾因子的基本信息，包括开始日期、结束日期、持续时间、影响范围；历史大风灾害事件的致灾因子信息，包括大风分类（雷暴大风、非雷暴大风）、日最大风速和风向、日极大风速和风向等。

4.2.1.2 历史大风致灾过程的确定

根据《中国气象灾害年鉴》《中国气象灾害大典》及内蒙古自治区、盟（市）、旗（县）三级的气象灾害年鉴、防灾减灾年鉴、灾害年鉴、地方志等。文献及灾情调查部门的共享数据，确定历次大风事件是否致灾，并根据灾情数据、观测数据、风速自记纸等记录确定本次大风致灾过程中致灾因子的基本信息，包括开始日期、结束日期、持续时间、影响范围；历史大风灾害事件的致灾因子信息，包括大风分类（雷暴大风、非雷暴大风）、日最大风速和风向、日极大风速和风向。

4.2.2 致灾因子危险性评估

4.2.2.1 确定大风灾害危险性指标

选择发生大风的年平均日数（单位：d/a）和极大风速大小（单位：m/s）作为大风灾害致灾因子的危险性评估指标。大风日数越多，大风发生越频繁，极大风速越大，可能大风强度越大，则大风灾害的危险性就越高。大风日数表示大风频次，各个站点一年内大风日数作为频次信息，频次统计单位为 d/a；极大风速最大值表示大风强度，各个站点每年大风日的极大风速最大值作为强度信息（单位：m/s）。

4.2.2.2 确定大风频次和强度的权重

采用熵权法确定大风频次和强度的权重。熵权法相对层次分析法、专家打分法来说更具客观性，因此在大风灾害危险性评估中采用了熵值赋权法来确定评价因子权重。

4.2.2.3 计算大风危险性指数

两个指标进行归一化处理后，通过加权相加后得到 H。计算公式为

$$H = w_G \times G + w_P \times P$$

式中，w_G 是大风强度的权重，w_P 是大风频次的权重，G 是对于大风强度因子指标的归一化值，P 是对于大风频次因子指标的归一化值。

4.2.2.4 大风危险性评估

基于大风危险性评估指标，计算大风灾害平均危险性水平值 $\overline{H}$。计算网格化或者行政区划（区/县或乡（镇）/街道）的评估单元的基础上进行，即针对每个评估单元下垫面的危险性评估指标进行计算，得到内蒙古自治区大风灾害平均危险性水平值 $\overline{H}$。

$$\overline{H} = \sum_{i=1}^{n} H_i / n$$

式中，H_i 为每个评估单元下垫面的大风灾害危险性评估指标。

根据 $\overline{H}$ 数值大小参考表 4.2 或者根据实际情况采用其他分级方法，如自然断点法等，确定内蒙古自治区大风灾害危险性评估等级，将大风灾害危险性分为 4 级，得到大风灾害相对危险性等级结果，绘制相对危险性等级空间分布图。

表 4.2 大风灾害危险性评估等级划分标准

危险性级别	含义	指标
1级	高危险性	$[5H,+\infty)$
2级	较高危险性	$[2H,5H)$
3级	中等危险性	$[H,2H)$
4级	低危险性	$[0,H)$

4.2.3 风险评估与区划

4.2.3.1 技术流程与方法

气象灾害风险是气象致灾因子在一定的孕灾环境中，作用在特定的承灾体上所形成的。因此，致灾因子、孕灾环境和承灾体这三个因子是灾害风险形成的必要条件，缺一不可。根据灾情调查情况，结合实际情况，选择基于风险指数的大风风险评估方法开展大风灾害风险评估工作。根据风险＝致灾因子危险性×孕灾环境敏感性×承灾体易损性，确定不同承灾体的风险评估指数。不同承灾体的致灾因子危险性、孕灾环境敏感性和承灾体的易损性三个评价因子选择相应的评价因子指数得到，技术流程如图 4.3 所示。评价因子指数的计算采用加权综合评价法，计算公式为

$$V_j = \sum_{i=1}^{n} w_i D_{ij}$$

式中，V_j 是各评价因子指数，w_i 是指标 i 的权重，D_{ij} 是对于因子 j 的指标 i 的归一化值，n 是评价指标个数。

4.2.3.2 大风灾害孕灾环境敏感性评估指标

大风孕灾环境主要指地形、植被覆盖等因子对大风灾害形成的综合影响。综合考虑各影响因子对调查区域孕灾环境的不同贡献程度，运用层次分析法设置相应的权重。地形主要以高程指示值代表，按高程越高越敏感进行赋值。

将高程指标和植被覆盖度指标进行归一化处理后，通过加权求和计算得到孕灾环境敏感性评估指标(S)。计算公式为：

$$S = w_{\text{高程}} \times \text{高程指标(归一化)} + w_{\text{植被覆盖度}} \times \text{植被覆盖度(归一化)}$$

4.2.3.3 大风对人员安全影响的风险评估

大风对人员安全的影响风险评估以人口作为主要的承灾体，以人口密度因子描述承灾体的易损状况。评估方程为

$$R_p = H \times S \times (E_p \times F(p))$$

式中，R_p 为大风灾害对人员安全影响的风险度，H 为大风危险性，S 为孕灾环境敏感性，E_p 为人口暴露性，即人口密度(p)，F 为以人口密度 p 为输入参数的大风规避函数。在城市地区，人口密度越大的地区，建筑物越多，大风可规避性越强，其函数的输出系数则越小，导致的风险则越低。$F(p)$计算公式为

$$F(p) = \frac{1}{\ln(e + p/100)}$$

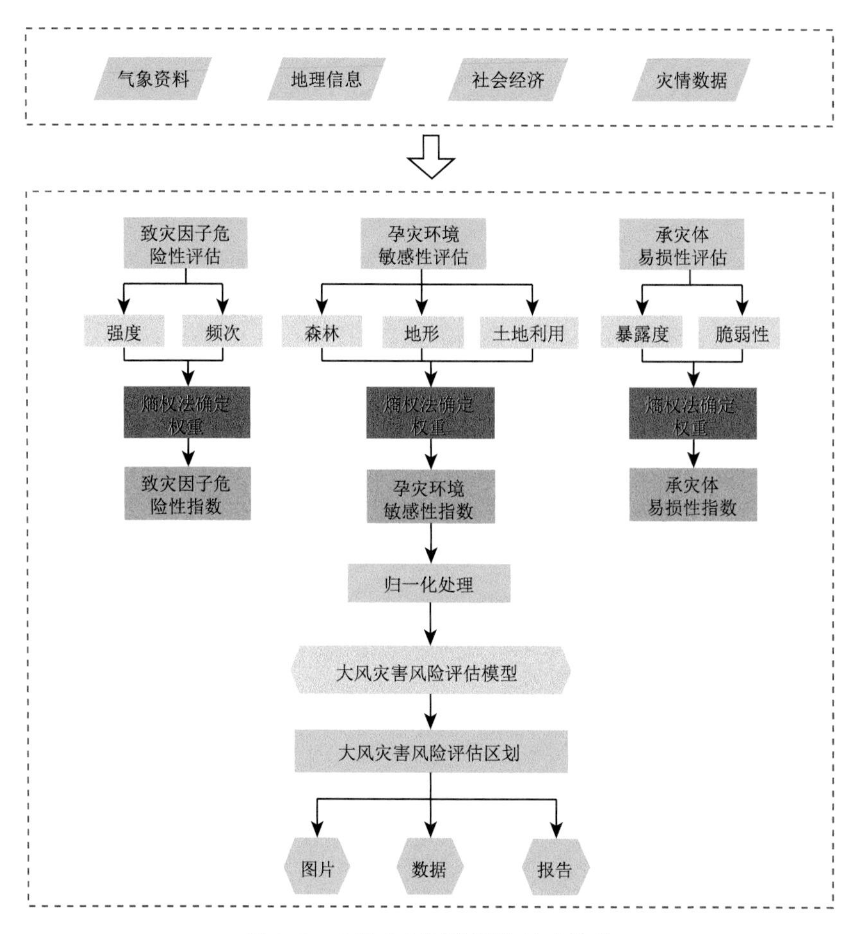

图 4.3 大风灾害风险评估技术路线

在非城市地区，人口越多的地方，损失相对越大，不使用大风规避函数，即

$$R_p = H \times S \times E_p$$

4.2.3.4 大风对经济影响的风险评估

大风对经济的影响风险评估方程为

$$R_i = H \times S \times V_i$$

式中，R_i 为大风灾害对经济影响的风险度，V_i 为经济的易损度，承灾体的易损度包括经济的暴露度(E)和脆弱性(F)。根据灾情信息收集情况，经济的易损度可使用经济暴露度表示。

大风灾害对经济影响的风险评估，以经济作为承灾体，选取地均 GDP 代表经济的暴露度指标，选取大风直接经济损失占 GDP 的比重代表经济脆弱性指标。

4.2.3.5 大风对农业影响的风险评估与区划

大风灾害对农业影响的风险评估，以农业作为承灾体。大风对经济影响的风险评估方程为

$$R = H \times S \times V$$

式中，R 为大风灾害对农业影响的风险度，V 为农业的易损性指标，即易损度，农业易损度包括其暴露度(E)和脆弱性(F)。根据承灾体及灾情信息收集情况，承灾体易损度可使用承灾体

暴露度和脆弱性共同表示,即

$$V = E \times F$$

或者仅使用承灾体暴露度表示,即

$$V = E$$

选取农业用地面积比代表农业的暴露度指标;选取农业受损面积占农业面积比重代表农业脆弱性指标。

在扎赉特旗大风灾害对农业影响的风险评估与区划中,使用农业暴露度表示农业的易损性。

4.2.4 技术方法

4.2.4.1 因子标准化

由于所选因子的量纲不同,因此要将因子进行标准化。根据具体情况,采用极大值标准化和极小标准化方法。

极大值标准化:

$$X'_{ij} = \frac{|X_{ij} - X_{\min}|}{X_{\max} - X_{\min}}$$

极小值标准化:

$$X'_{ij} = \frac{|X_{\max} - X_{ij}|}{X_{\max} - X_{\min}}$$

式中,X'_{ij} 为标准化后的第 i 个因子的第 j 项指标;X_{ij} 为去量纲后的第 i 个因子的第 j 项指标;$X_{\min}$、$X_{\max}$ 为该指标的最小值和最大值。

4.2.4.2 加权综合评价法

加权综合评价法综合考虑了各个因子对总体对象的影响程度,是把各个具体指标的优劣综合起来,用一个数值化指标加以集中,表示整个评价对象的优劣。因此,这种方法特别适用于对技术、策略或方案进行综合分析评价和优选,是目前最为常用的计算方法之一。表达式为

$$C_{vj} = \sum_{i=1}^{m} Q_{vij} W_{ci}$$

式中,C_{vj} 是评价因子的总值,Q_{vij} 是对于因子 j 的指标 i($Q_{ij} \geqslant 0$),W_{ci} 是指标 i 的权重值($0 \leqslant W_{ci} \leqslant 1$),通过熵值赋权法或层次分析法(AHP)计算得出,m 是评价指标个数。

对于灾害综合风险指数 Y,表达式为

$$Y = \sum_{i=1}^{4} \lambda_i X_i \qquad i = 1 \sim 4$$

式中,X_i 为归一化后的危险性、暴露度、脆弱性指数,λ_i 为权重。

4.2.4.3 层次分析法

层次分析法(analytic hierarchy process,简称 AHP)是对一些较为复杂、较为模糊的问题做出决策的简易方法,它特别适用于那些难于完全定量分析的问题。它是美国运筹学家、匹兹堡大学萨第(T. L. Saaty)教授于 20 世纪 70 年代初提出的一种简便、灵活而又实用的多准则决策方法。层次分析法是一种定性与定量相结合的决策分析方法。它通过将复杂问题分解为若干层次和若干因素,在各因素之间进行简单的比较和计算,就可以得出不同方案重要性程度

的权重，为最佳方案的选择提供依据。其特点是：思路简单明了，它将决策者的思维过程条理化、数量化，便于计算；所需要的定量化数据较少，但对问题的本质、问题所涉及的因素及其内在关系分析比较透彻、清楚。

4.2.4.4 熵值赋权法

大风灾害的风险评估中采用了熵值赋权法来确定评价因子权重。

在危险性、暴露度和脆弱性评价中涉及多评价因子的权重系数可由信息熵赋权法确定。信息熵表示系统的有序程度。在多指标综合评价中，熵权法可以客观地反映各评价指标的权重。一个系统的有序程度越高，则熵值越大，权重越小；反之，一个系统的无序程度越高，则熵值越小，权重越大。即对于一个评价指标，指标值之间的差距越大，则该指标在综合评价中所起的作用越大；如果某项指标的指标值全部相等，则该指标在综合评价中不起作用。假设评价体系是由 m 个指标 n 个对象构成的系统，首先计算第 i 项指标下第 j 个对象的指标值 r_{ij} 所占指标比重 P_{ij}：

$$P_{ij} = \frac{r_{ij}}{\sum_{j=1}^{n} r_{ij}} (i = 1,2,\cdots,m; j = 1,2,\cdots,n)$$

由熵权法计算第 i 个指标的熵值 S_{ij}：

$$S_i = -\frac{1}{\ln n}\sum_{j=1}^{n} P_{ij}\ln P_{ij} \ (i = 1,2,\cdots,m; j = 1,2,\cdots,n)$$

计算第 i 个指标的熵权，确定该指标的客观权重 w_i：

$$w_i = \frac{1 - S_i}{\sum_{i=1}^{m}(1 - S_i)} (i = 1,2,\cdots,m)$$

4.2.4.5 空间插值方法

采用反距离权重及 Kriging(克里金)方法进行空间插值。

(1)反距离权重插值法

以插值点与样本点间的距离为权重进行加权平均，离插值点越近的样本点赋予权重越大。设平面上分布一系列离散点，已知其坐标为 $Z_i(i=1,2,\cdots,n)$，其与待插值点 O 之间的距离为 $d_i(i=1,2,\cdots,n)$，则待插值点 O 的数值：

$$Z_O = \left[\sum_{i=1}^{n} \frac{Z_i}{d_i^k}\right] \Big/ \left[\sum_{i=1}^{n} \frac{1}{d_i^k}\right]$$

式中，Z_O 为插值点 O 的估计值；Z_i 为控制点 i 的值；d_i 为控制点 i 与点 O 间的距离；n 为在估计中用到的控制点的数目；k 为指定的幂。

(2)Kriging 插值方法

Kriging 插值方法是根据一个区域内外若干信息样品的某些特征数据值，对该区域做出一种线性无偏和最小估计方差的估计方法。从数学角度来说，是一种求最优线性无偏内插估计量的方法。克里金方法的适用范围为区域化变量存在空间相关性，即如果变异函数和结构分析的结果表明区域化变量存在空间相关性，则可以利用克里金方法进行内插或外推。其实质是利用区域化变量的原始数据和变异函数的结构特点，对未知样点进行线性无偏、最优估计。克里金方法是通过对已知样本点赋权重来求得未知样点的值，公式为

$$Z(x_0)=\sum_{i=0}^{n}\omega_i Z(x_i)$$

式中，$Z(x_0)$为未知样点的值，$Z(x_1)$为未知样点周围的已知样本点的值，ω_i 为第 i 个已知样本点对未知样点的权重，n 为已知样本点的个数。与传统插值法最大的不同是，在赋权重时，克里金方法不仅考虑距离，而且通过变异函数和结构分析，考虑了已知样本点的空间分布及与未知样点的空间方位关系。

气象因子均采用反距离权重或普通 Kriging 插值方法，对于承灾体暴露度、脆弱性的社会经济指标均采用在各乡(镇)内平均分配栅格的原则，所采用的栅格分辨率为 30 m×30 m。

(3)以地形作为协变量的 TPS 法和局部 TPS 法

基于 TPS 法和局部 TPS 法，其理论模型为

$$z_i = f(x) + b^T y_i + e_i \quad (i = 1,2,3,\cdots,N)$$

式中，z_i 是空间位置 i 点对应的函数值，即 i 点的插值结果；x_i 为 i 点的 d 维样条独立变量，受 i 点周边的已知元素值控制；f 是要估算的关于 x_i 的未知光滑函数；y_i 为 x_i 维独立协变量，这里就是作为协变量的高程；b^T 为 y_i 的维系数 p 向量；e_i 为自变量随机误差；N 为插值样本点的数目。

4.3 致灾因子特征分析

4.3.1 极大风速的年际变化特征

图 4.4 为 1961—2020 年扎赉特站和胡尔勒站极大风速年均值的年际变化。两个站点的极大风速平均值在 16.81～23.81 m/s。1961—2020 年间，扎赉特站和胡尔勒站的极大风速出现明显的年代际变化特征，其中，胡尔勒站在 1971—2015 年 45 年间的极大风速平均值普遍要大于扎赉特站，2015 年之后扎赉特站大于胡尔勒站。

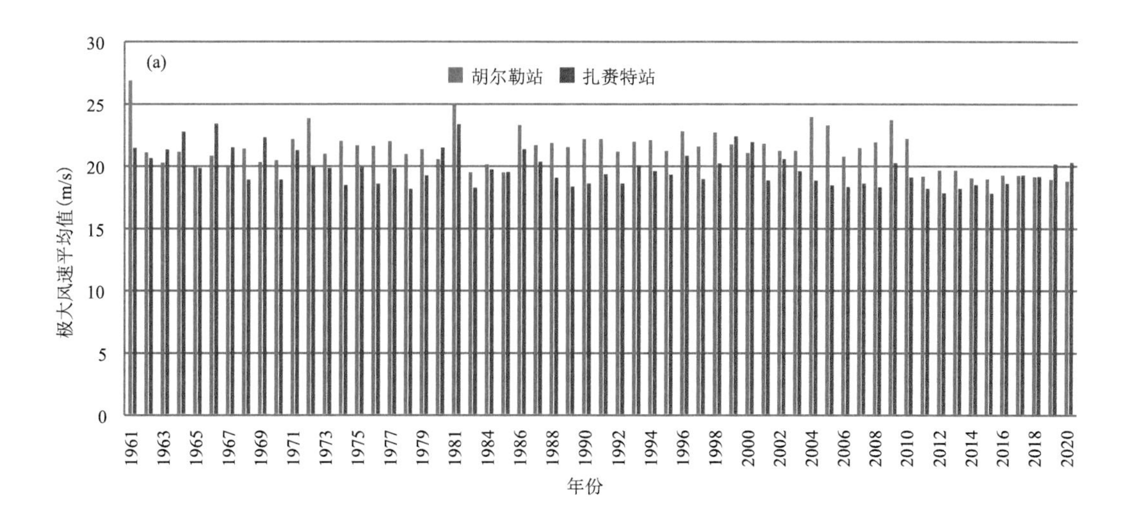

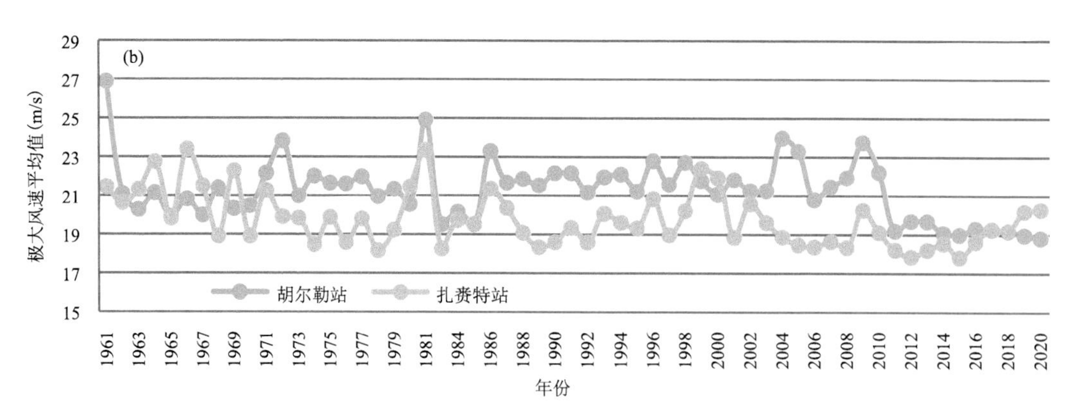

图 4.4　扎赉特旗两站点极大风速年平均值(a)及年际变化(b)(1983 年无大风日)

图 4.5 是扎赉特旗 1961—2020 年两个气象观测站极大风速极大值的年际统计结果。站点的极大风速极大值在 18.2～35.4 m/s 之间。各站大风速极大值具有明显的年代际变化特征。60 年里的极大风速极大值有 52 年扎赉特站大于胡尔勒站。

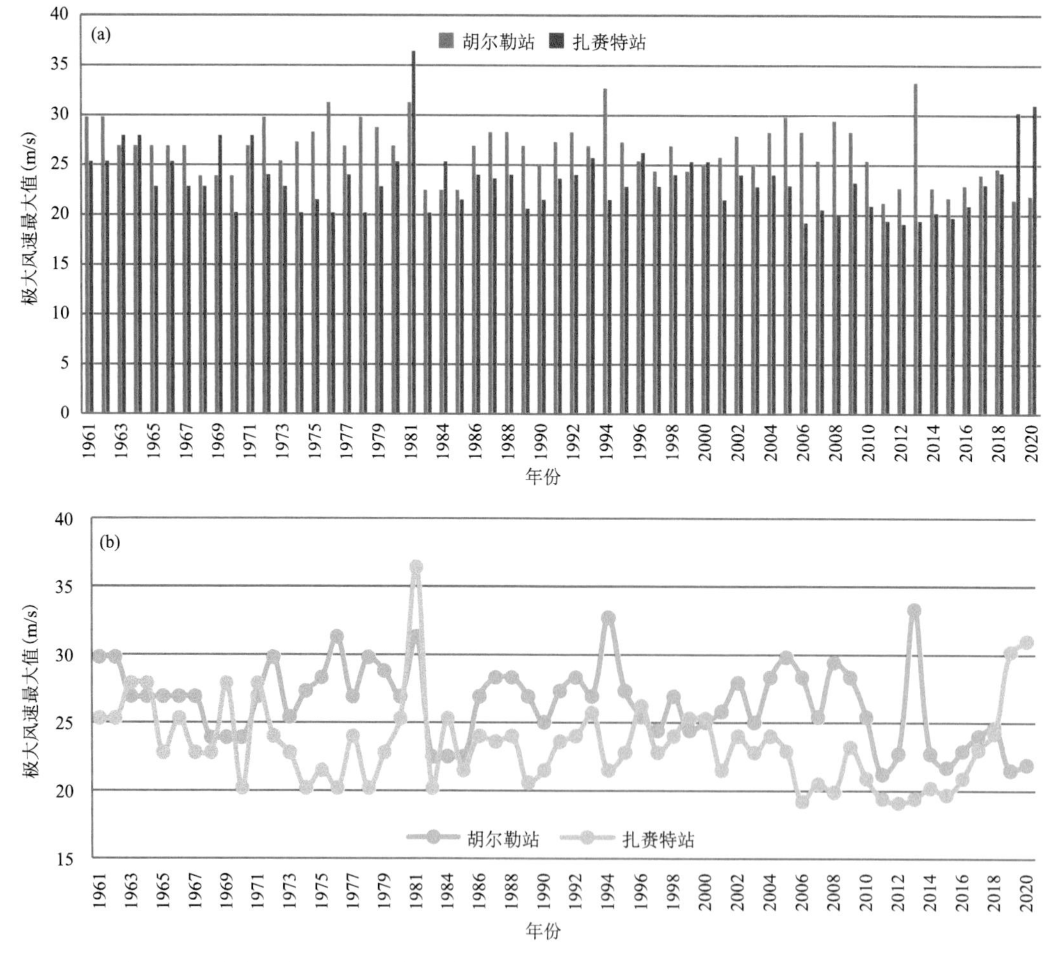

图 4.5　扎赉特旗两站点极大风速年最大值(a)及年际变化(b)(1983 年无大风日)

4.3.2 大风日数的年际变化特征

图4.6是扎赉特旗1961—2020年各气象观测站大风日数的年际统计结果。各站大风日数具有明显的年代际变化特征，且两站大风日数的逐年变化相差较大。胡尔勒站在1961—2020年的60年间有28年大风日数超过17 d以上，扎赉特站仅在2019、2020年出现大风日数超过17 d的情况，且两站大风日数相差达456 d。

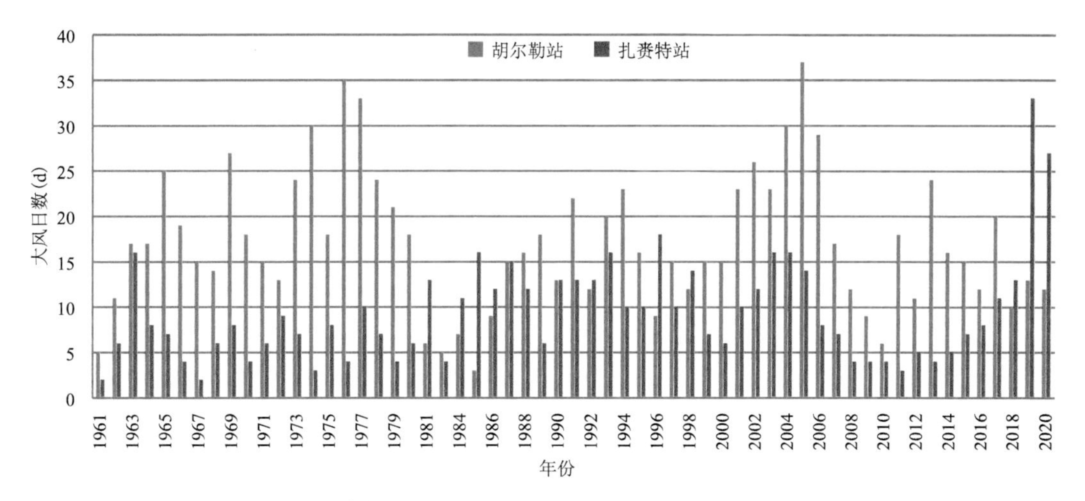

图4.6 扎赉特旗两站点大风日数的年变化（1983年无大风日）

4.3.3 重现期

依据选定的概率分布函数计算得出的各站极大风速均值和大风日数重现期间接反映了扎赉特旗遭受不同等级大风灾害的潜在可能性。极大风速均值、大风日重现期见图4.7和图4.8。

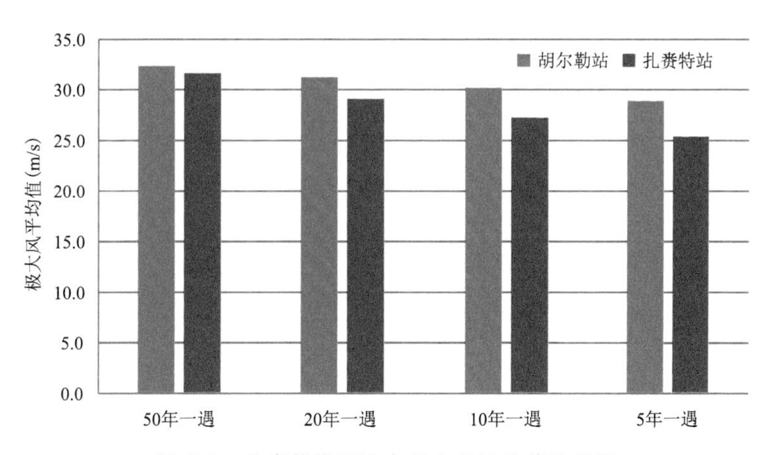

图4.7 扎赉特旗两站点极大风速均值重现期

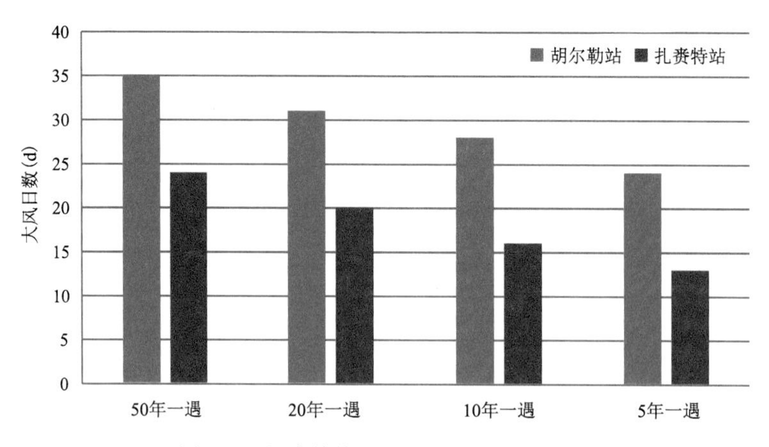

图 4.8 扎赉特旗两站点极大风日重现期

4.4 典型过程分析

2009 年 5 月 20 日中午 12 时 02 分扎赉特旗出现沙尘暴天气，能见度小于 100 m，瞬时风力达 23.2 m/s。农业园区蔬菜大棚受损严重，直接经济损失达 40 万元；损毁电力线路 14 处，直接经济损失达 80 万元。

4.5 致灾危险性评估

4.5.1 大风灾害危险性评估

利用熵值法确定了扎赉特旗 2 个国家级气象站历年大风日数和极大风速的权重，依据大风日数和极大风速的权重，确定扎赉特旗大风的综合风险指数，利用归一化方法得到扎赉特旗大风归一化后的综合风险指数。基于自然断点分级法，将大风灾害危险性指数划分为 4（低危险性）、3（较低等危险性）、2（较高危险性）、1（高危险性）4 个等级（表 4.3），对大风灾害危险性评估结果进行空间划分（图 4.9）。扎赉特旗大风灾害致灾危险性等级较高的地方主要分布在扎赉特旗西北部地区，与扎赉特旗地形分布有密切的关系，扎赉特旗大兴安岭南麓向松嫩平原延伸的过渡地带，其西北部地势最高，致灾因子危险性等级也较高，并且随着地形高度自西向东降低，致灾因子危险性等级也呈现出逐渐降低的趋势。

表 4.3 扎赉特旗大风灾害致灾危险性等级

等级	分区	危险性指标值
4	低危险性	0.009～0.309
3	较低危险性	0.309～0.348
2	较高危险性	0.348～0.524
1	高危险性	0.524～0.990

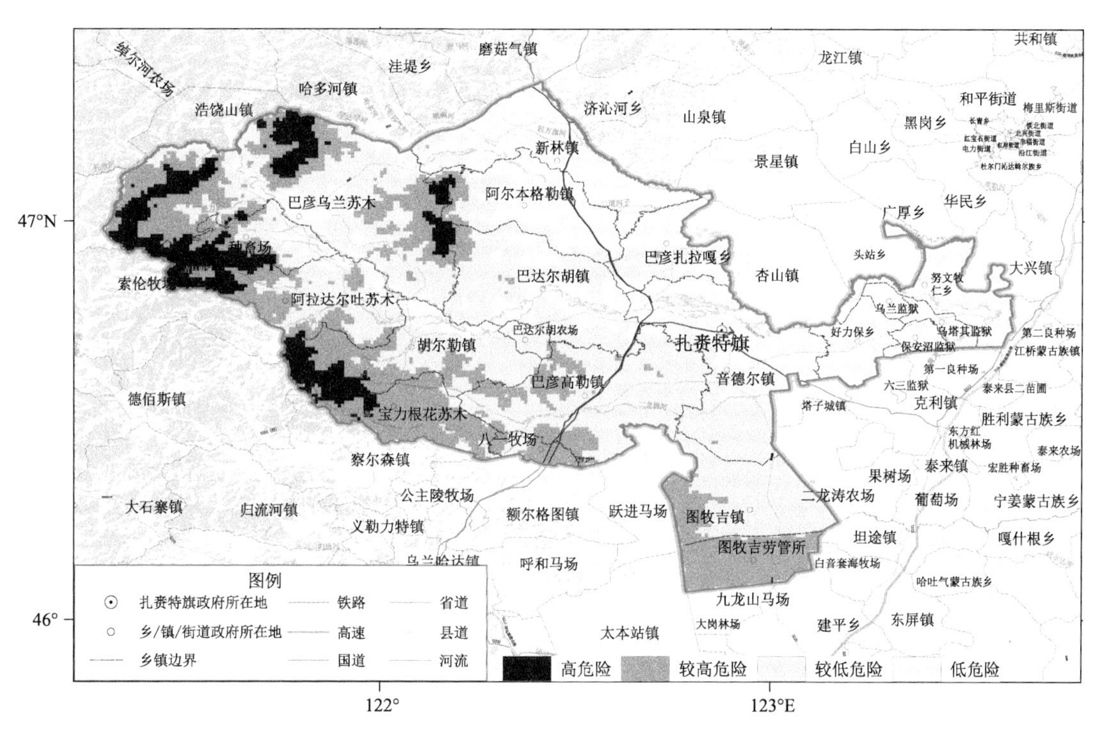

图 4.9　扎赉特旗大风灾害致灾危险性等级分布

4.5.2　大风灾害孕灾环境敏感性评估

孕灾环境敏感性区划结果见图 4.10,扎赉特旗的孕灾环境敏感性大致和地形分布较一致。

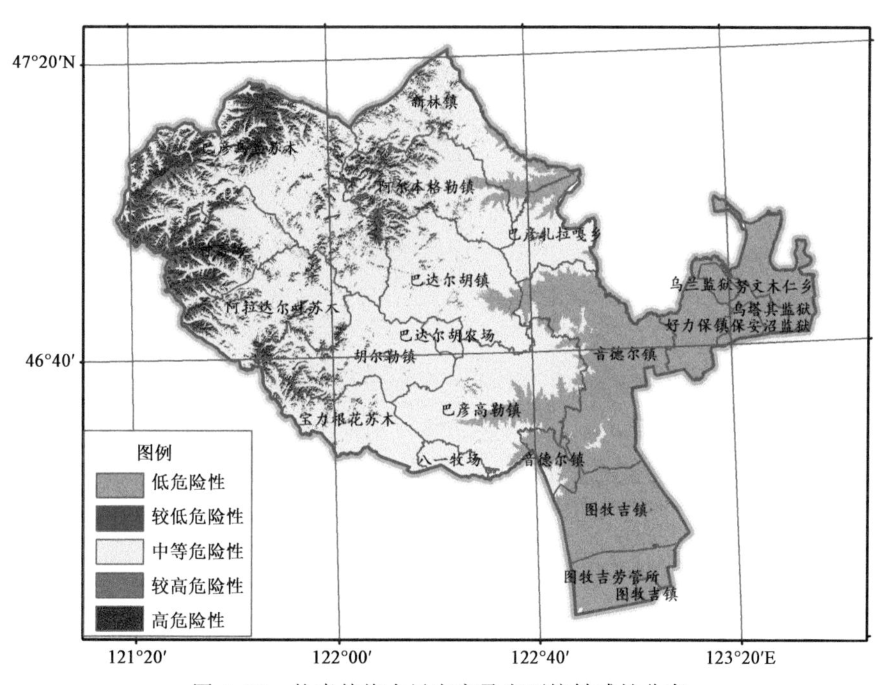

图 4.10　扎赉特旗大风灾害孕灾环境敏感性分布

4.6 灾害风险评估与区划

4.6.1 人口风险评估与区划

大风灾害对人员安全影响的风险分为5(低风险)、4(较低风险)、3(中风险)、2(较高风险)、1(高风险)5个等级(表4.4),大风灾害对人员安全影响的风险区划分布如图4.11所示。扎赉特旗大风灾害人口风险等级较高的地方主要分布在扎赉特旗东北部地区,在扎赉特旗西北部虽然大风灾害致灾因子等级较高,但人口密度小,暴露度低,因此灾害风险等级也较低,在人口密度大的地区虽然危险性等级较低,但是由于位于人口相对集中的非城镇地区,人口暴露度较大,因此风险相对较高。

表4.4 扎赉特旗大风灾害人口风险等级

风险等级	分区	指标
5	低风险	0.001～0.074
4	较低风险	0.074～0.167
3	中风险	0.167～0.314
2	较高风险	0.314～0.517
1	高风险	0.517～0.941

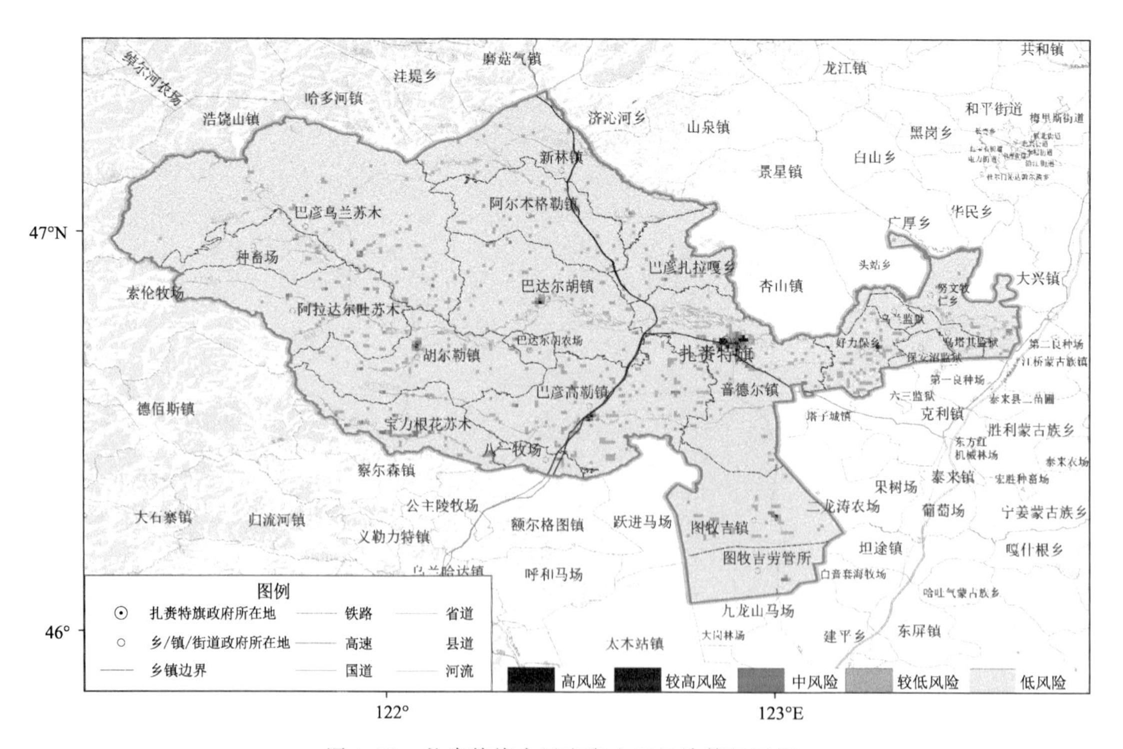

图4.11 扎赉特旗大风灾害人口风险等级区划

4.6.2 GDP风险评估与区划

大风灾害对GDP影响的风险分为5(低风险)、4(较低风险)、3(中风险)、2(较高风险)、1(高风险)5个等级(表4.5),大风灾害对GDP影响的风险分布如图4.12所示。扎赉特旗大风灾害GDP风险等级较高的地方主要分布在扎赉特旗东北部地区,在扎赉特旗西北部虽然大风灾害致灾因子等级较高,但经济水平较低,因此灾害风险等级也较低,经济较发达的地区主要位于扎赉特旗东北部,GDP风险等级也相对较高。

表4.5 扎赉特旗大风灾害GDP风险等级

风险等级	含义	指标
5	低风险	0～0.007
4	较低风险	0.007～0.015
3	中风险	0.015～0.031
2	较高风险	0.031～0.070
1	高风险	0.070～0.136

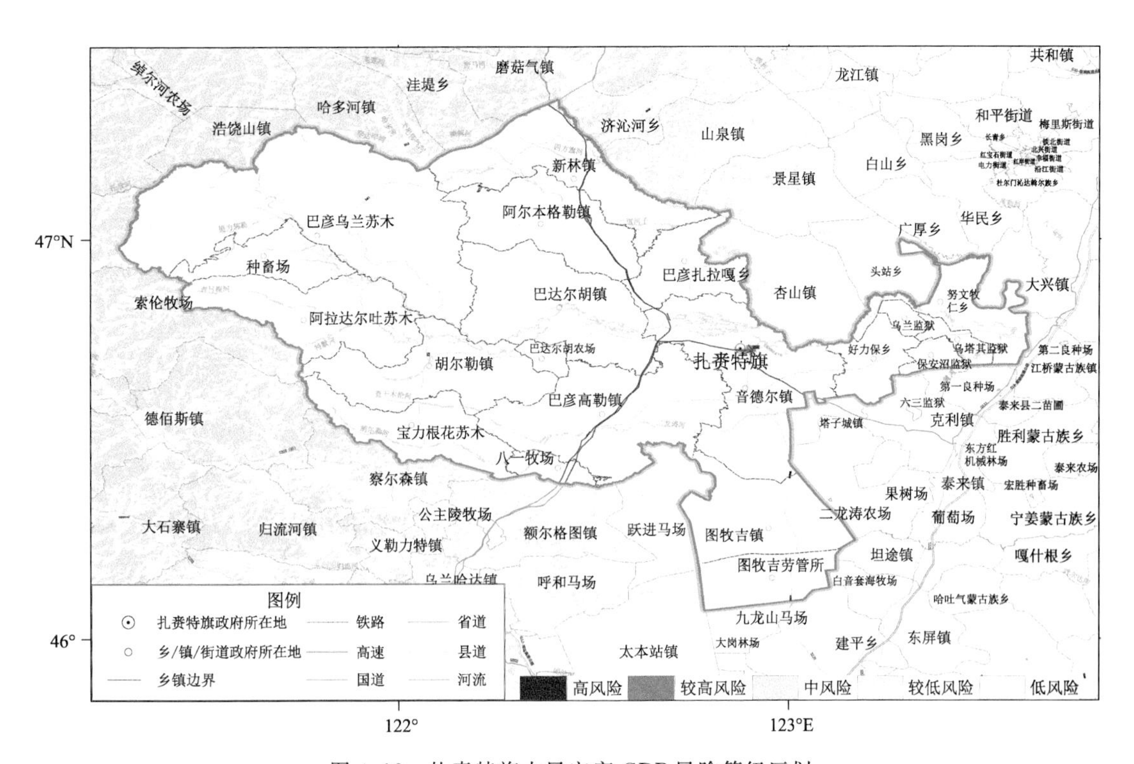

图4.12 扎赉特旗大风灾害GDP风险等级区划

4.6.3 玉米风险评估与区划

大风灾害对玉米种植影响的风险分为5(低风险)、4(较低风险)、3(中风险)、2(较高风险)、1(高风险)5个等级(表4.6),扎赉特旗大风灾害玉米风险等级分布如图4.13所示。扎赉特旗玉米种植范围较广,玉米播种面积较大的乡(镇)为阿拉达尔吐苏木、胡尔勒镇、宝力根花苏木、巴彦高勒镇、音德尔镇北部、图牧吉镇、巴达胡镇地区和新林镇东北地区，在大风灾害危险性等级较高的地方，由于玉米种植面积大，大风灾害对玉米影响的风险等级较高，其中宝利根花苏木局部地区大风灾害对玉米影响的风险等级高。

表 4.6 扎赉特旗大风灾害玉米风险等级

风险等级	含义	指标
5	低风险	0～0.017
4	较低风险	0.017～0.0328
3	中风险	0.0328～0.0556
2	较高风险	0.0556～0.0925
1	高风险	0.0925～0.171

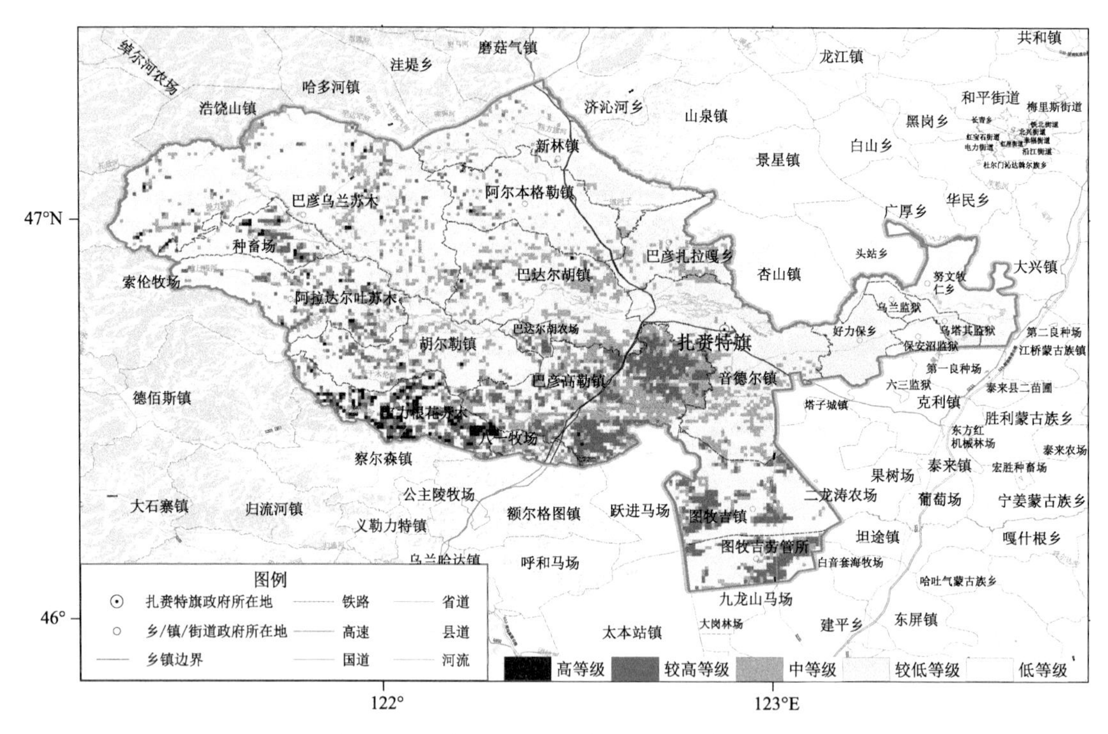

图 4.13 扎赉特旗大风灾害玉米风险等级区划

4.6.4 水稻风险评估与区划

大风灾害对水稻种植影响的风险分为 5(低风险)、4(较低风险)、3(中风险)、2(较高风险)、1(高风险)5 个等级(表 4.7)，扎赉特旗大风灾害水稻风险等级分布如图 4.14 所示。扎赉特旗水稻主要种植在大兴安岭南麓山地向松嫩平原过渡地带，围绕嫩江流域和境内绰尔河、罕达罕河、二龙涛河三条主要河流分布，主要种植水稻的乡(镇)为胡尔勒镇、巴彦高勒镇、音德尔镇北部、好力保乡和努文牧仁乡，这些地区大风灾害危险性等级较低，并且从扎赉特旗大风灾害水稻风险分区(区划)图可以看出，在未种植水稻的地区，大风灾害对水稻的影响为低风险，大风灾害对于水稻种植影响风险较低和中等的区域主要分布在胡尔勒镇，由于水稻播种面积相对较小,大风灾害危险性等级也较低,巴彦高勒镇、音德尔镇北部、好力保乡和努文牧仁乡,因其水稻播种面积较高,因此其大风灾害对水稻的影响风险等级也较高。

表 4.7 扎赉特旗大风灾害水稻风险等级

风险等级	含义	指标
5	低风险	0～0.007
4	较低风险	0.007～0.015
3	中风险	0.015～0.031
2	较高风险	0.031～0.070
1	高风险	0.070～0.136

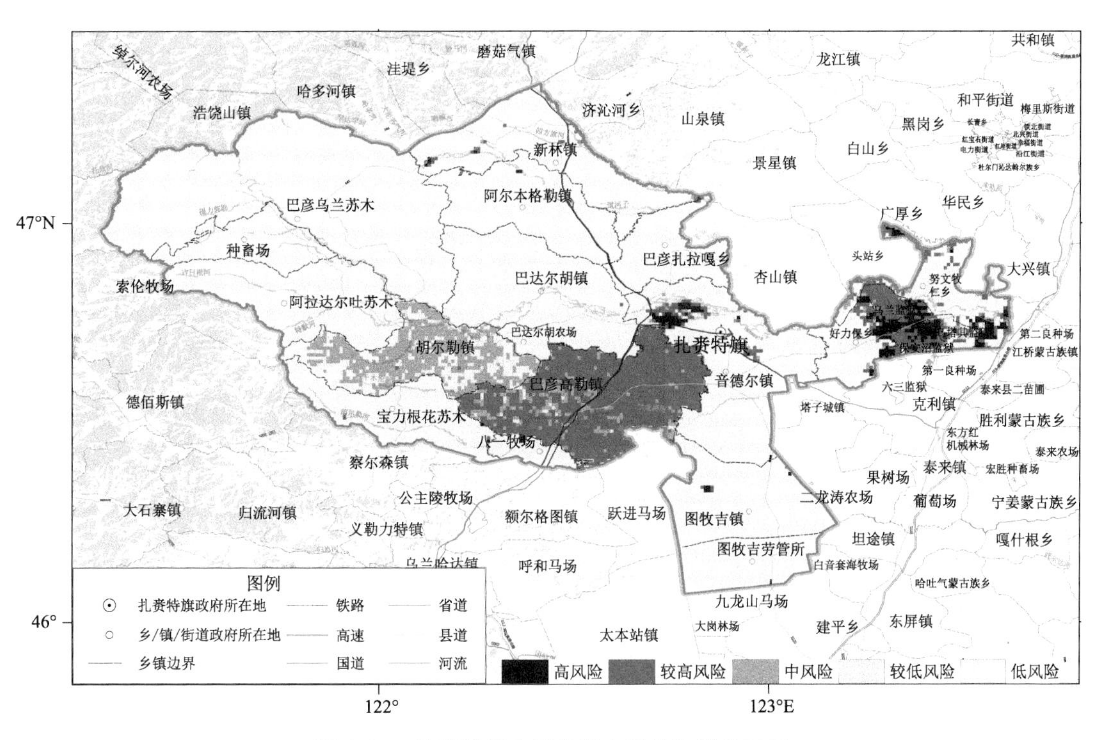

图 4.14 扎赉特旗大风灾害水稻风险等级区划

4.7 小结

扎赉特旗西北部地区大风灾害致灾危险性等级较高,且致灾因子危险性等级随着地形高度自西向东的降低而呈现出逐渐降低的趋势。在人口密集、经济发达、玉米和水稻种植面积较大的地区,受到大风灾害影响的风险等级也相对较高。

第5章 冰 雹

5.1 数据

5.1.1 气象数据

冰雹观测数据使用扎赉特旗范围内2个国家级地面气象观测站1978—2020年的地面观测数据中冰雹相关记录，并调查扎赉特旗区域内信息员上报的降雹记录，结合旗(县)级搜集整理的当地人工影响天气作业点、气象灾害年鉴、气象志、地方志以及相关文献中的冰雹记录。

冰雹观测数据集包括经度、纬度、海拔高度、降雹日期、降雹频次、降雹开始时间、降雹结束时间、降雹持续时间、降雹最大直径、降雹时极大风速、降雹时最大风速、当日最大风速、当日极大风速等数据。

5.1.2 地理信息数据

行政区划数据为国务院普查办提供的扎赉特旗行政边界。数字高程模型(DEM)数据为空间分辨率90 m的SRTM(Shuttle Radar Topography Mission)数据。

5.1.3 社会经济数据

使用国务院普查办下发的内蒙古兴安盟扎赉特旗的人口、GDP格网数据。

5.1.4 农作物数据

使用国务院普查办下发的内蒙古兴安盟扎赉特旗小麦、玉米、水稻农作物格网数据。

5.1.5 历史灾情数据

历史灾情数据为扎赉特旗气象局通过冰雹灾害风险普查收集到的资料，主要来源于灾情直报系统、灾害大典、旗(县)统计局、旗(县)地方志，以及地方民政局等。

5.2 技术路线及方法

内蒙古冰雹灾害风险评估与区划基于冰雹致灾因子危险性、承灾体暴露度和脆弱性指标综合建立的风险评估模型。内蒙古冰雹灾害风险评估与区划主要技术路线如图5.1所示。

5.2.1 致灾过程确定

冰雹灾害过程的确定以国家气象观测站观测数据为基础，并计算降雹持续时间，形成基于

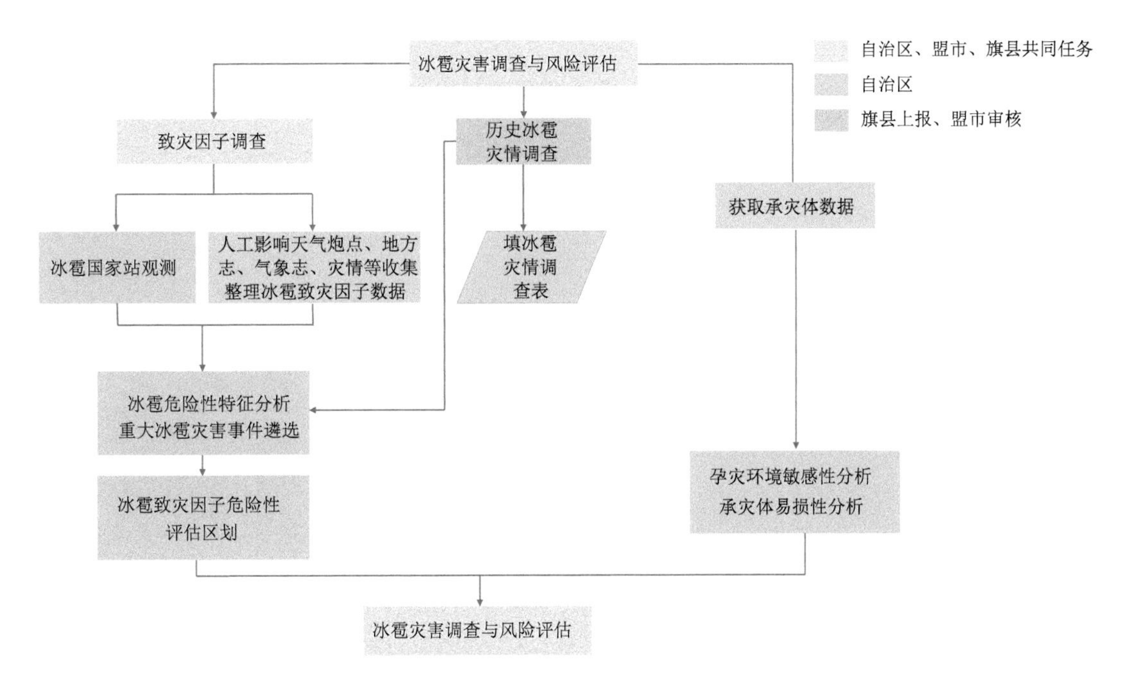

图 5.1 内蒙古冰雹灾害风险评估与区划技术路线图

国家气象观测站的冰雹灾害过程数据。在此数据基础上，利用本辖区地面观测、人工影响天气作业点、气象灾害年鉴、气象志、地方志以及相关文献中的冰雹记录，对基于国家气象观测站的冰雹灾害过程数据进行核实、补充。最后对冰雹灾害致灾因子数据进行审核。

5.2.2 致灾因子危险性评估

5.2.2.1 冰雹危险性指数

参考《全国气象灾害综合风险普查技术规范——冰雹》及相关方案，主要考虑冰雹致灾因子调查中获取到能够反映冰雹强度的参数进行计算和评估。选用最大冰雹直径、降雹持续时间、雹日(或降雹频次)进行加权求和，得到致灾因子危险性指数(VE)，即

$$VE = W_D X_D + W_T X_T + W_R X_R$$

式中，X_D 为最大冰雹直径样本平均值，X_T 为降雹持续时间样本平均值，X_R 为雹日(或降雹频次)样本累计值，W_D、W_T、W_R 分别为三个因子的权重，推荐权重比为 3∶2∶5，各权重系数之和为 1。最大冰雹直径样本平均值、降雹持续时间样本平均值、雹日(或降雹频次)样本累计值应先做归一化处理，前两者在时间序列样本中归一化，后者在空间样本中归一化。

将有量纲的致灾因子数值经过归一化变化，化为无量纲的数值，进而消除各指标的量纲差异。

归一化方法采用线性函数归一化方法，其计算公式为

$$x' = \frac{x - x_{min}}{x_{max} - x_{min}}$$

式中，x'为归一化后的数据，x 为样本数据，x_{min}为样本数据中的最小值，x_{max}为样本数据中的最大值。

用雹日计算危险性指数时，对于一个雹日有多次降雹的情况，致灾因子取一个雹日当中的最大值；用降雹频次计算危险性指数时，各致灾因子取过程最大值。

5.2.2.2 冰雹危险性评估

基于计算的评估区域内冰雹危险性指数，结合周边旗(县)的危险性指数值，计算评估区域及周边区域的危险性指数平均值。根据表 5.1 的划分原则将冰雹灾害危险性划分为 4 个等级，绘制评估区域的冰雹灾害危险性等级空间分布图。

表 5.1 冰雹灾害危险性评估等级划分标准

危险性等级	含义	指标
1 级	高危险性	$[2.5\,\overline{VE},+\infty)$
2 级	较高危险性	$[1.5\,\overline{VE},2.5\,\overline{VE})$
3 级	较低危险性	$[\overline{VE},1.5\,\overline{VE})$
4 级	低危险性	$[0,\overline{VE})$

5.2.3 孕灾环境敏感性

统计计算内蒙古自治区范围内 119 个国家级气象站通过普查得到的雹日与该站海拔高度的相关性，并计算雹日与地形坡度的相关性，经对比分析得出，内蒙古范围内雹日与坡度相关性更好。因此，将坡度划分为不同的等级，对每个等级进行 0～1 的赋值来表征孕灾环境敏感性指数(VH)。

5.2.4 风险评估与区划

将气象资料、社会经济资料和地理信息资料处理成相同空间分辨率和空间投影坐标系统。综合考虑评估区域冰雹致灾因子危险性、孕灾环境敏感性、承灾体易损性，开展冰雹灾害风险评估。根据评估结果，按照行政空间单元对风险评估结果进行空间划分。

结合致灾因子危险性指数(VE)、孕灾环境敏感性指数(VH)、承灾体易损性指数(VS)采用加权求积，得到评估区域内的冰雹灾害风险评估指数：

$$(V)= VE^{WE}\cdot VH^{WH}\cdot VS^{WS}$$

式中，WE、WH、WS 分别为各指数权重，计算前各因子进行归一化处理，利用熵权法、专家打分法等确定权重，也可以采用推荐权重比为 5∶2∶3，各权重系数之和为 1，各地可结合当地实际情况进行调整。此处 VE、VH、VS 均为 0～1 之间的值，当权重越大时各指数影响反而越小。

5.2.5 对不同承灾体的风险评估

以经济为承灾体进行风险评估时，以地均 GDP 表征暴露度，冰雹灾害直接经济损失占 GDP 的比重表征脆弱性。

以人口为承灾体进行风险评估时，以人口密度表征暴露度，冰雹灾害造成人员伤亡数占人口比重表征脆弱性。

以农业为承灾体进行风险评估时，以小麦、玉米、水稻等农作物播种面积表征暴露度，以农业受灾面积占播种面积比重表征脆弱性。

当无法获取冰雹造成的直接经济损失、人员伤亡、农作物受灾面积等数据时，则直接用承灾体暴露度表征其易损性。

5.2.5.1 风险区划技术方法

计算评估区域内冰雹风险指数的平均值 $\overline{V}$，根据表 5.2 的划分原则将冰雹灾害风险划分为 5 个等级，绘制评估区域的冰雹灾害风险等级空间分布图。

表 5.2 冰雹灾害风险评估等级划分标准

风险等级	含义	指标
1 级	高风险	$[2.5\overline{V},+\infty)$
2 级	较高风险	$[1.5\overline{V},2.5\overline{V})$
3 级	中等风险	$[\overline{V},1.5\overline{V})$
4 级	较低风险	$[0.5\overline{V},\overline{V})$
5 级	低风险	$[0,0.5\overline{V})$

5.2.5.2 风险区划制图

根据中国气象局全国气象灾害综合风险普查工作领导小组办公室《关于印发气象灾害综合风险普查图件类成果格式要求的通知》(气普领发〔2021〕9 号)中气象灾害受灾人口、GDP、农作物综合风险图色彩样式要求(表 5.3—表 5.5)，绘制风险区划图。

表 5.3 气象灾害受灾人口综合风险图色彩样式

风险等级	色带	色值(CMYK 值)
高风险		0,100,100,25
较高风险		15,100,85,0
中风险		5,50,60,0
较低风险		5,35,40,0
低风险		0,15,15,0

表 5.4 气象灾害 GDP 综合风险图色彩样式

风险等级	色带	色值(CMYK 值)
高风险		15,100,85,0
较高风险		7,50,60,0
中风险		0,5,55,0
较低风险		0,2,25,0
低风险		0,0,10,0

表 5.5 气象灾害农作物综合风险图色彩样式

风险等级	色带	色值(CMYK 值)
高风险		0,40,100,45
较高风险		0,0,100,45
中风险		0,0,100,25
较低风险		0,0,60,0
低风险		0,5,15,0

5.3 致灾因子特征分析

根据内蒙古冰雹灾害调查与风险评估技术细则，基于扎赉特旗范围内2个国家级地面气象观测站1978—2020年冰雹数据，完成了扎赉特旗冰雹时空特征分析制图，包括雹日年际变化、降雹持续时间年际变化、雹日年内变化、降雹持续时间年内变化、最大冰雹直径年内变化、降雹日变化以及冰雹日数空间分布图（图5.2—图5.8）。其中，图5.3、图5.5和图5.6中，实心圆点代表平均值，星号点代表最大值与最小值，无星号点的年份表示该年份只有1个值。

扎赉特旗冰雹日数每年在2 d左右，最多年降雹日数为6 d，最少时年内无降雹（图5.2）。降雹持续时间在15 min以内，平均降雹持续时间普遍在3～15 min之间（图5.3）。

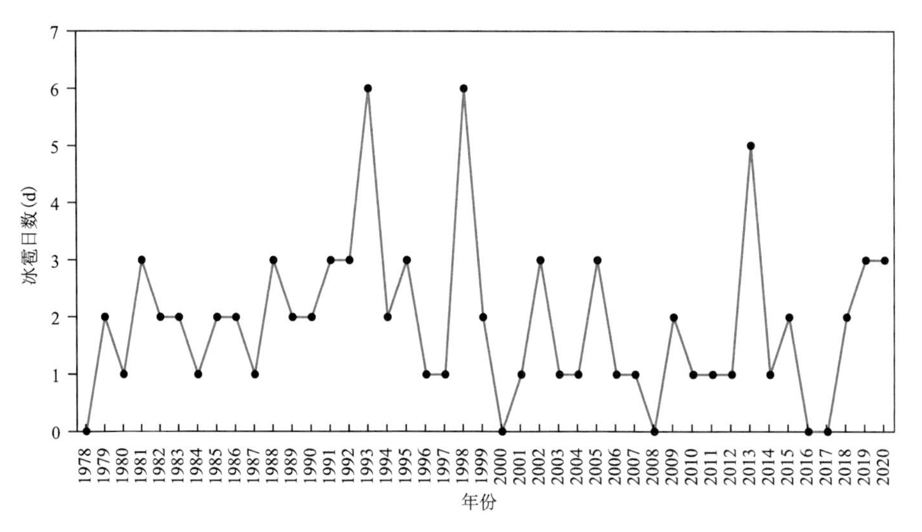

图5.2 1978—2020年扎赉特旗雹日年际变化

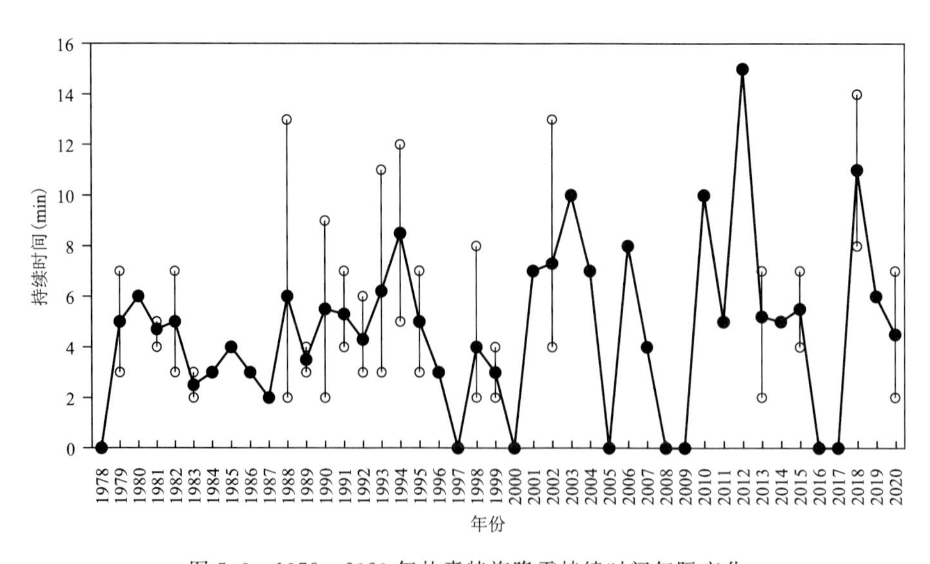

图5.3 1978—2020年扎赉特旗降雹持续时间年际变化

扎赉特旗冰雹主要集中在5—10月，6月为雹日最多的月份，达27 d，其次是7月，为22 d，8月降雹日数锐减，9月降雹日数与5月相当，约为10 d(图5.4)。

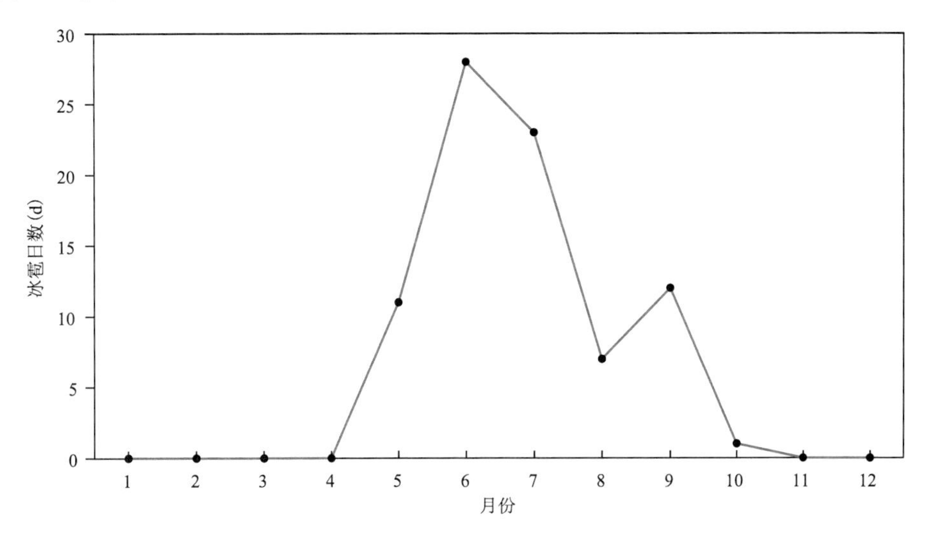

图5.4 1978—2020年扎赉特旗雹日年内变化

扎赉特旗冰雹平均降雹持续时间6月、7月最大，平均降雹持续时间为5 min，最长持续降雹时间可达15 min，5月、8月和9月降雹持续时间几乎相当，平均降雹持续时间在10 min以内(图5.5)。

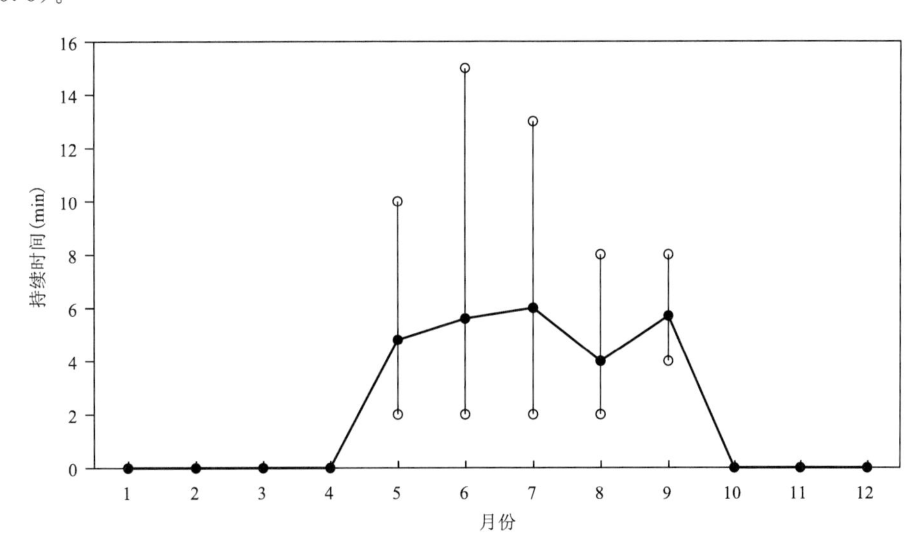

图5.5 1978—2020年扎赉特旗降雹持续时间年内变化

扎赉特旗最大冰雹直径仅在6月、7月有观测资料，平均最大冰雹直径约为4 cm，6月最大冰雹直径可达8 cm(图5.6)。

扎赉特旗降雹主要出现在每日11—20时和00时，每日下午至傍晚是冰雹的高发时段，以15时最多，1978—2020年共有15次发生在15时(图5.7)。

扎赉特旗冰雹日数空间分布整体呈西北和北部高、中部南部低的特征。扎赉特旗西北部

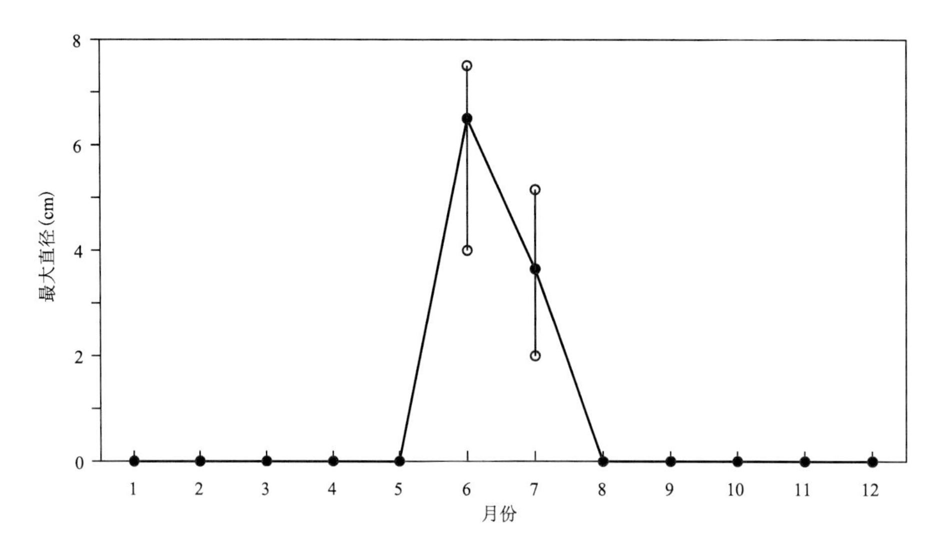

图 5.6 1978—2020 年扎赉特旗最大冰雹直径年内变化

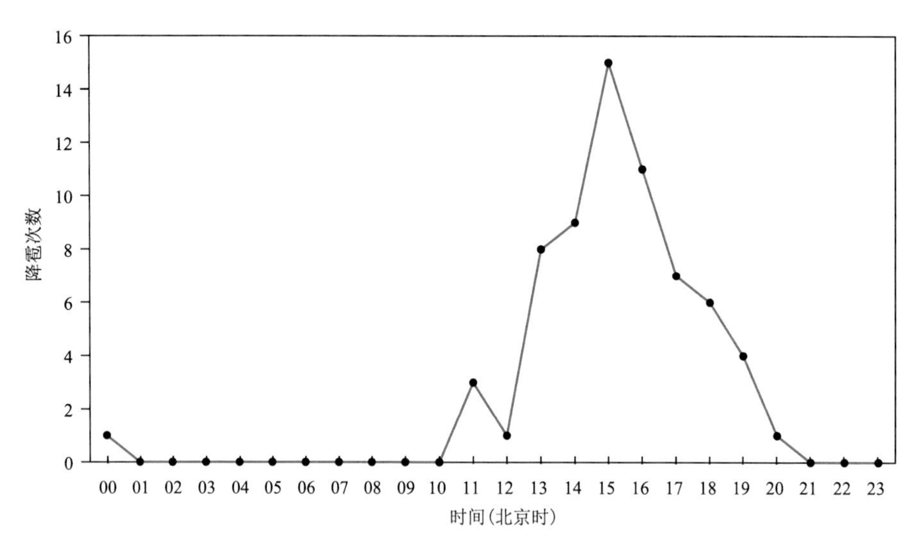

图 5.7 1978—2020 年扎赉特旗降雹日变化

山区为冰雹高发区,中部偏西的胡尔勒镇和南部的图牧吉镇为冰雹少发区。

扎赉特旗的雹日重现期分析见图 5.9。

5.4 典型过程分析

2018 年 6 月 19 日,扎赉特旗阿尔本格勒镇出现雹灾,冰雹持续时间 10 min 左右,冰雹直径 10～15 mm。受灾农作物为玉米、大豆。据统计,受灾人口 11508 人,农作物受灾面积 7402.8 hm^2,农业经济损失 555.24 万元。

2020 年 7 月 6 日,扎赉特旗新林镇营林村、阿拉达尔吐苏木巴雅嘎查、巴达尔胡镇乌兰格日勒嘎查、巴彦扎拉嘎乡宏发村出现雹灾。农作物受灾面积 16500 亩,成灾面积 16500 亩,其

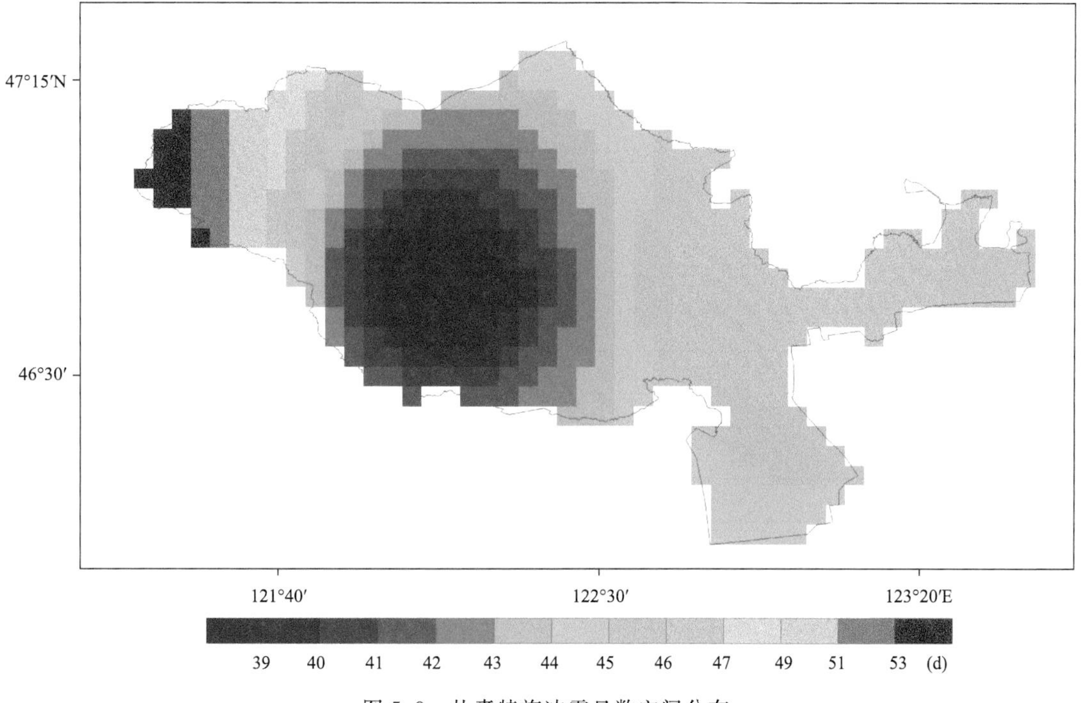

图5.8 扎赉特旗冰雹日数空间分布

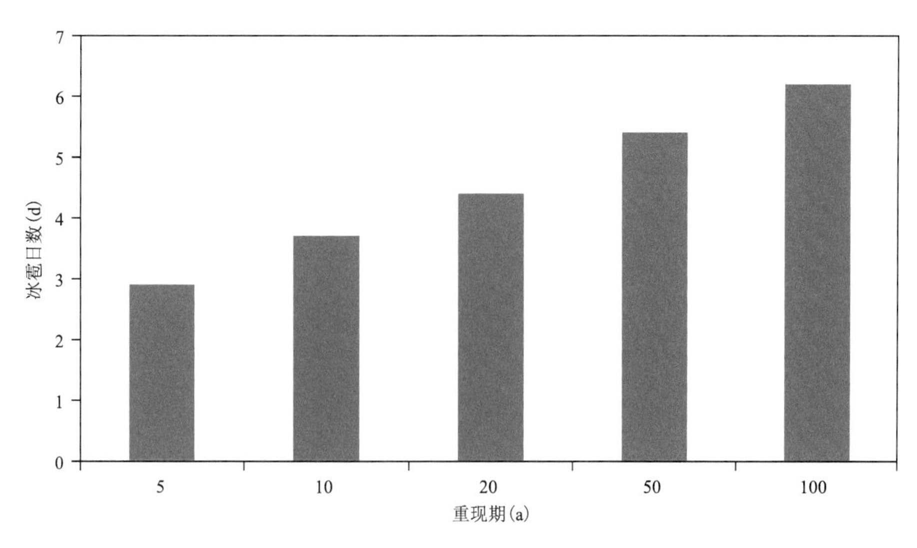

图5.9 扎赉特旗雹日重现期

中新林镇营林村受灾面积2000亩,成灾面积2000亩,阿拉达尔吐苏木巴雅嘎查受灾面积4000亩,成灾面积4000亩,巴彦扎拉嘎乡宏发村受灾面积5000亩,成灾面积5000亩,巴达尔胡镇乌兰格日勒嘎查受灾面积5500亩,成灾面积5500亩;受灾人口996人;直接经济损失165余万元(玉米每亩地直接经济损失约100元,16500亩合计约165余万元)。

5.5 致灾危险性评估

基于扎赉特旗冰雹致灾危险性指数，综合考虑行政区划，采用自然断点法将冰雹致灾危险性进行空间单元的划分，共划分为 4 个等级（表 5.6），分别为高危险性区（1 级）、较高危险性区（2 级）、中等危险性区（3 级）和低危险性区（4 级），并绘制扎赉特旗冰雹致灾危险性等级图（图 5.10）。

表 5.6 扎赉特旗冰雹致灾危险性区划等级

危险性等级	分区	指标
4	低危险性	0～0.718
3	较低危险性	0.718～0.755
2	较高危险性	0.755～0.802
1	高危险性	0.802～0.956

由图 5.10 可知，冰雹灾害较高和高危险性区域主要集中在扎赉特旗西北部山区和中部以东平原地区，其中高危险性区域主要包括巴彦乌兰苏木、种畜场、阿拉达尔吐苏木西部，巴彦扎拉嘎乡、音德尔镇大部，巴彦高勒镇东北部；以胡尔勒镇为中心存在冰雹灾害低危险性区域。某种程度上与扎赉特旗 2 个国家气象站所在的位置有关，在观测站上冰雹的记录更全。

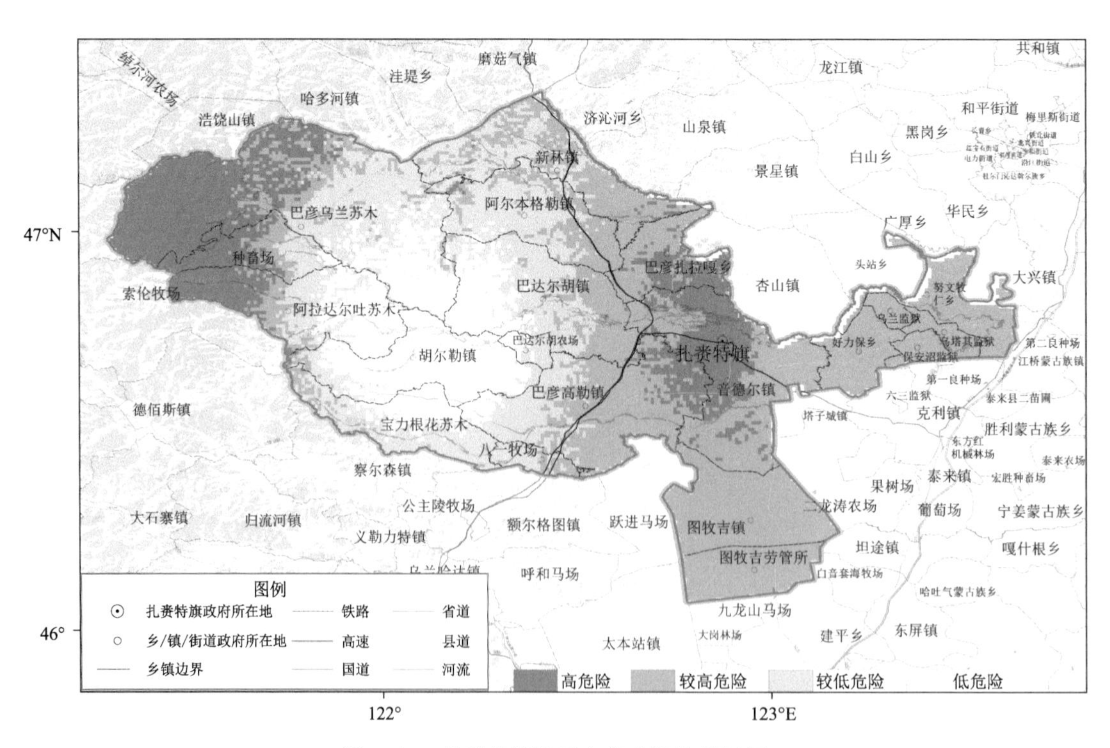

图 5.10 扎赉特旗冰雹灾害危险性等级图

5.6 灾害风险评估与区划

5.6.1 人口风险评估与区划

基于扎赉特旗冰雹灾害人口风险评估指数，结合行政单元进行空间划分，采用自然断点法将风险等级划分为 5 个等级（表 5.7），分别对应高风险区（1 级）、较高风险区（2 级）、中风险区（3 级）、较低风险区（4 级）和低风险区（5 级），并绘制扎赉特旗冰雹灾害人口风险区划图（图 5.11）。

表 5.7 扎赉特旗冰雹灾害人口风险等级

风险等级	分区	指标
5	低风险	0～0.007
4	较低风险	0.007～0.057
3	中风险	0.057～0.214
2	较高风险	0.214～0.536
1	高风险	0.536～0.818

扎赉特旗冰雹灾害人口风险空间分布总体呈西低东高的特征。较高和高风险区域主要集中在扎赉特旗政府所在地音德尔镇中北部地区，在胡尔勒镇、阿尔本格勒镇、好力保乡亦有零星出现；其他地区主要为较低和低风险区域。

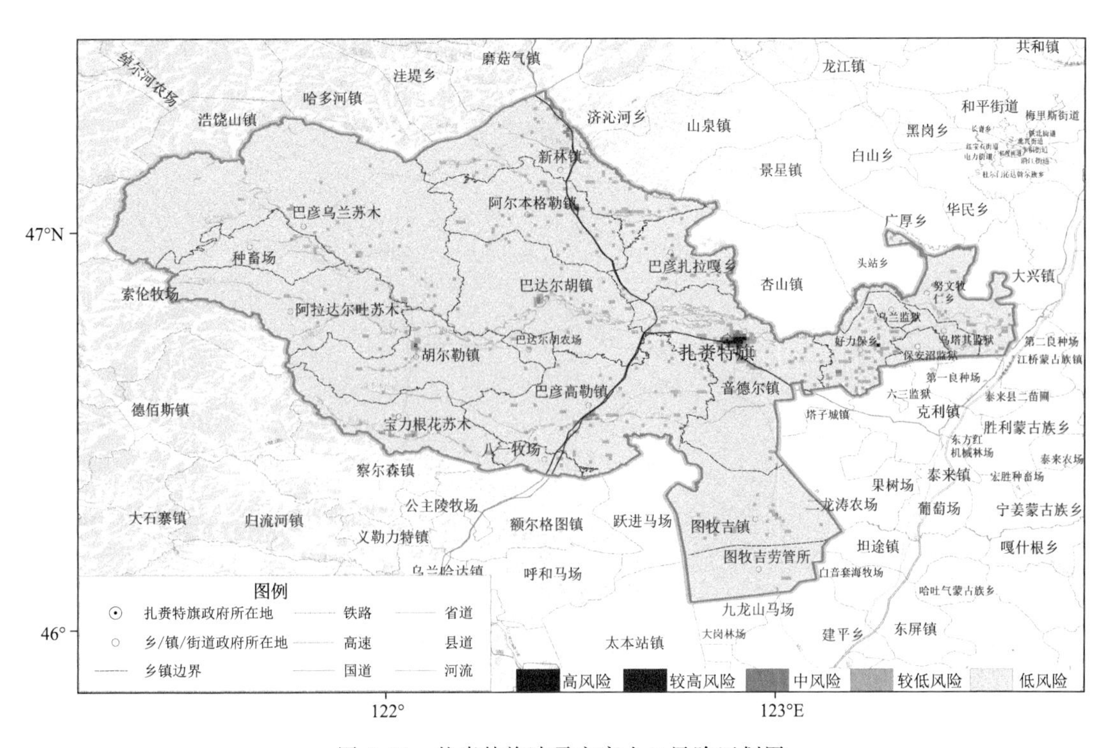

图 5.11 扎赉特旗冰雹灾害人口风险区划图

5.6.2 GDP 风险评估与区划

基于扎赉特旗冰雹灾害 GDP 风险评估指数，结合行政单元进行空间划分，采用自然断点法将风险等级划分为 5 个等级（表 5.8），分别对应高风险区（1 级）、较高风险区（2 级）、中风险区（3 级）、较低风险区（4 级）和低风险区（5 级），并绘制扎赉特旗冰雹灾害 GDP 风险区划图（图 5.12）。

表 5.8 扎赉特旗冰雹灾害 GDP 风险等级

等级	分区	指标
5	低风险	0～0.022
4	较低风险	0.022～0.078
3	中风险	0.078～0.203
2	较高风险	0.203～0.536
1	高风险	0.536～0.818

扎赉特旗冰雹灾害 GDP 风险空间分布与人口风险空间分布有一定相似性。扎赉特旗大部地区为冰雹灾害 GDP 低风险区；较高和高风险区主要集中在扎赉特旗政府所在地音德尔镇中北部地区，在胡尔勒镇亦有零星出现；中风险区集中在音德尔镇中北部，在阿尔本格勒镇、巴达尔胡镇、好力保乡亦有零星出现；其他地区为低风险和较低风险区。

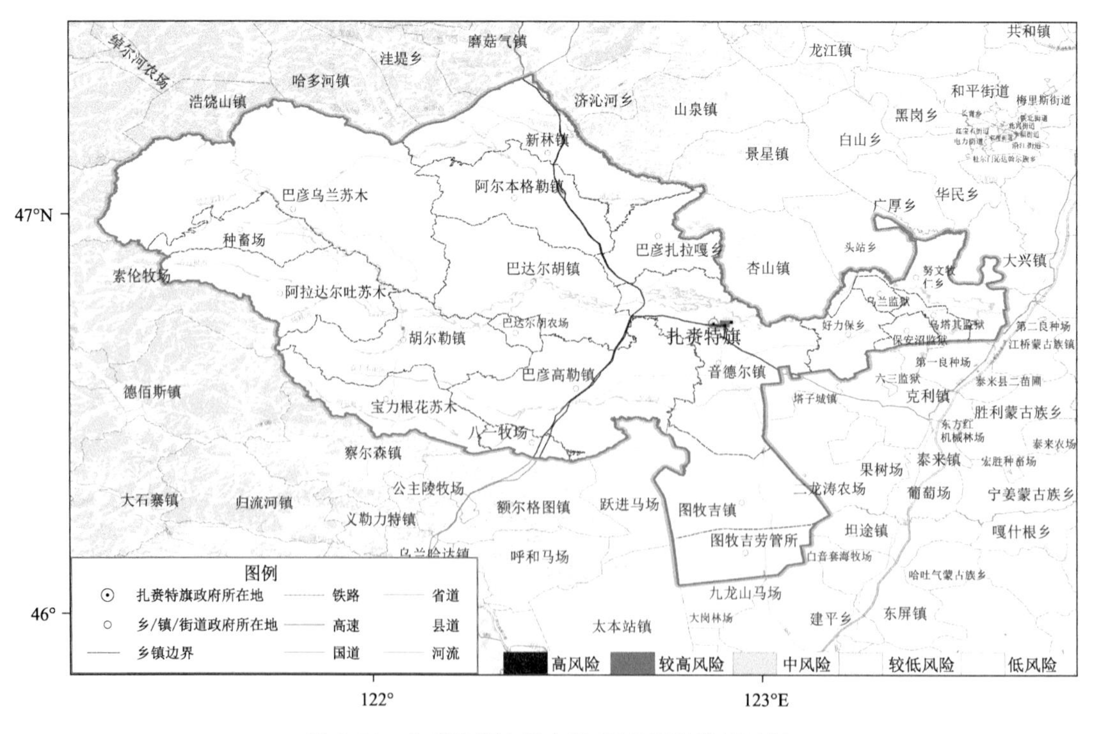

图 5.12 扎赉特旗冰雹灾害 GDP 风险等级区划

5.6.3 小麦风险评估与区划

基于扎赉特旗冰雹灾害小麦风险评估指数，结合行政单元进行空间划分，采用自然断点法将风险等级划分为5个等级(表5.9)，分别对应高风险区(1级)、较高风险区(2级)、中风险区(3级)、较低风险区(4级)和低风险区(5级)，并绘制扎赉特旗冰雹灾害小麦风险区划图(图5.13)。

表5.9 扎赉特旗冰雹灾害小麦风险等级

风险等级	分区	指标
5	低风险	0～0.102
4	较低风险	0.102～0.316
3	中风险	0.316～0.499
2	较高风险	0.499～0.674
1	高风险	0.674～0.825

由扎赉特旗冰雹灾害小麦风险分布图(图5.13)可知，扎赉特旗大部地区为冰雹灾害小麦受灾低风险区；较高风险和高风险区主要集中在中部偏南的巴彦高勒镇东部地区，在该镇西部亦有分散出现；中风险和较低风险区在该镇间杂出现。

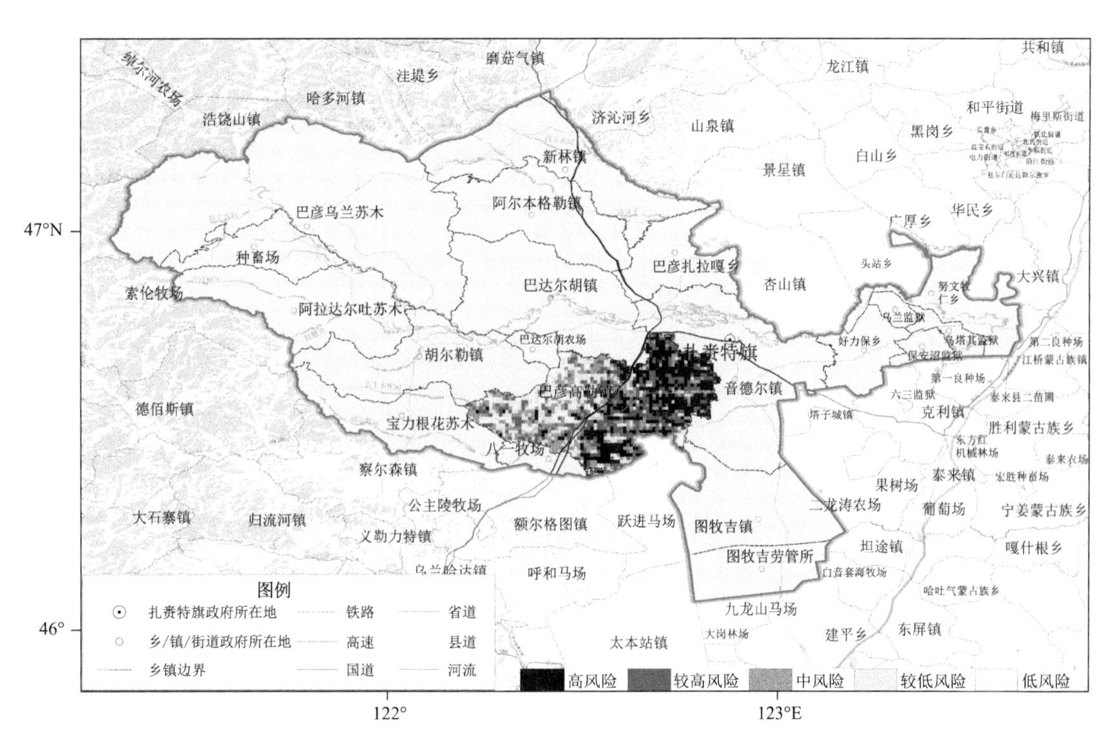

图5.13 扎赉特旗冰雹灾害小麦风险等级区划

5.6.4 玉米风险评估与区划

基于扎赉特旗冰雹灾害玉米风险评估指数，结合行政单元进行空间划分，采用自然断点法将风险等级划分为 5 个等级（表 5.10），分别对应高风险区（1 级）、较高风险区（2 级）、中风险区（3 级）、较低风险区（4 级）和低风险区（5 级），并绘制扎赉特旗冰雹灾害玉米风险区划图（图 5.14）。

表 5.10　扎赉特旗冰雹灾害玉米风险等级

风险等级	分区	指标
5	低风险	0～0.059
4	较低风险	0.059～0.154
3	中风险	0.154～0.261
2	较高风险	0.261～0.386
1	高风险	0.386～0.851

由扎赉特旗冰雹灾害玉米风险分布图（图 5.14）可知，扎赉特旗大部分乡（镇）均存在冰雹灾害玉米受灾高风险或较高风险区，高风险区主要分布在中东部平原地区和西部山间平地；扎赉特旗西北部的巴彦乌兰苏木、东部好力保乡以东地区主要为中低风险区。

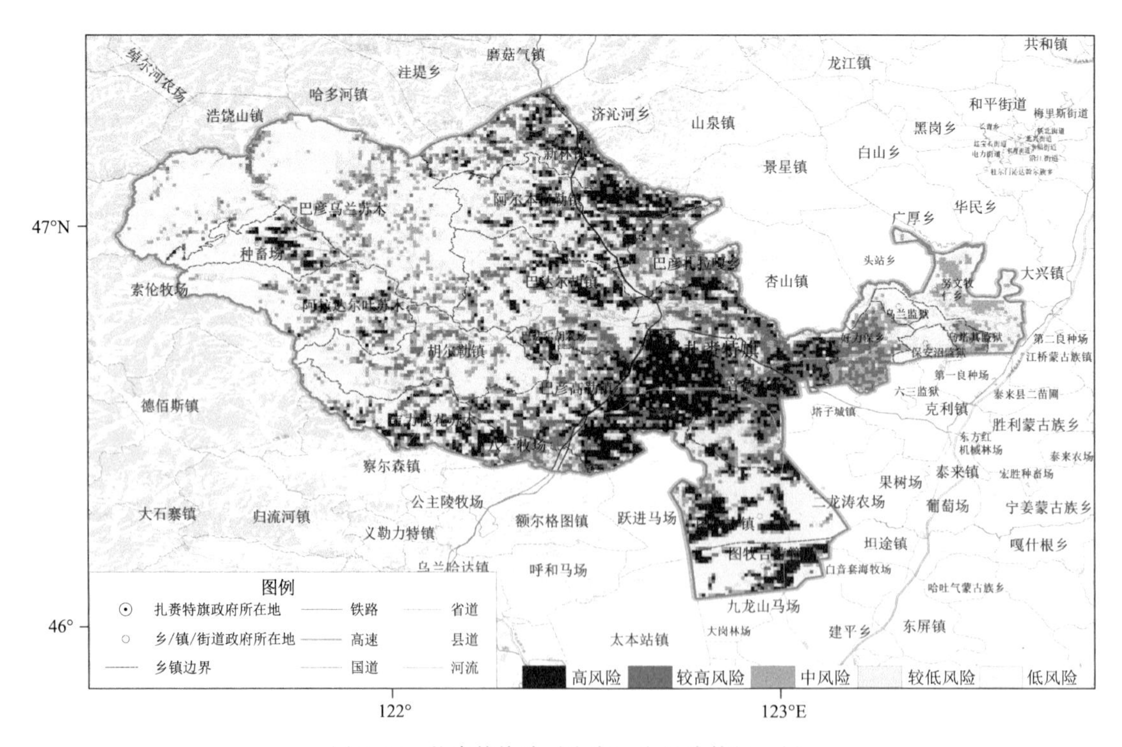

图 5.14　扎赉特旗冰雹灾害玉米风险等级区划

5.6.5 水稻风险评估与区划

基于扎赉特旗冰雹灾害水稻风险评估指数，结合行政单元进行空间划分，采用自然断点法将风险等级划分为5个等级(表5.11)，分别对应高风险区(1级)、较高风险区(2级)、中风险区(3级)、较低风险区(4级)和低风险区(5级)，并绘制扎赉特旗冰雹灾害水稻风险区划图(图5.15)。

表5.11 扎赉特旗冰雹灾害水稻风险等级

风险等级	分区	指标
5	低风险	0～0.030
4	较低风险	0.030～0.086
3	中风险	0.086～0.166
2	较高风险	0.166～0.285
1	高风险	0.285～0.543

由扎赉特旗冰雹灾害水稻风险等级区划图(图5.15)可知，扎赉特旗大部地区为低风险区；高风险、较高风险、中风险区主要位于音德尔镇西北部、好力保乡及其以东地区，在扎赉特旗北部和南部乡镇亦有零星出现。

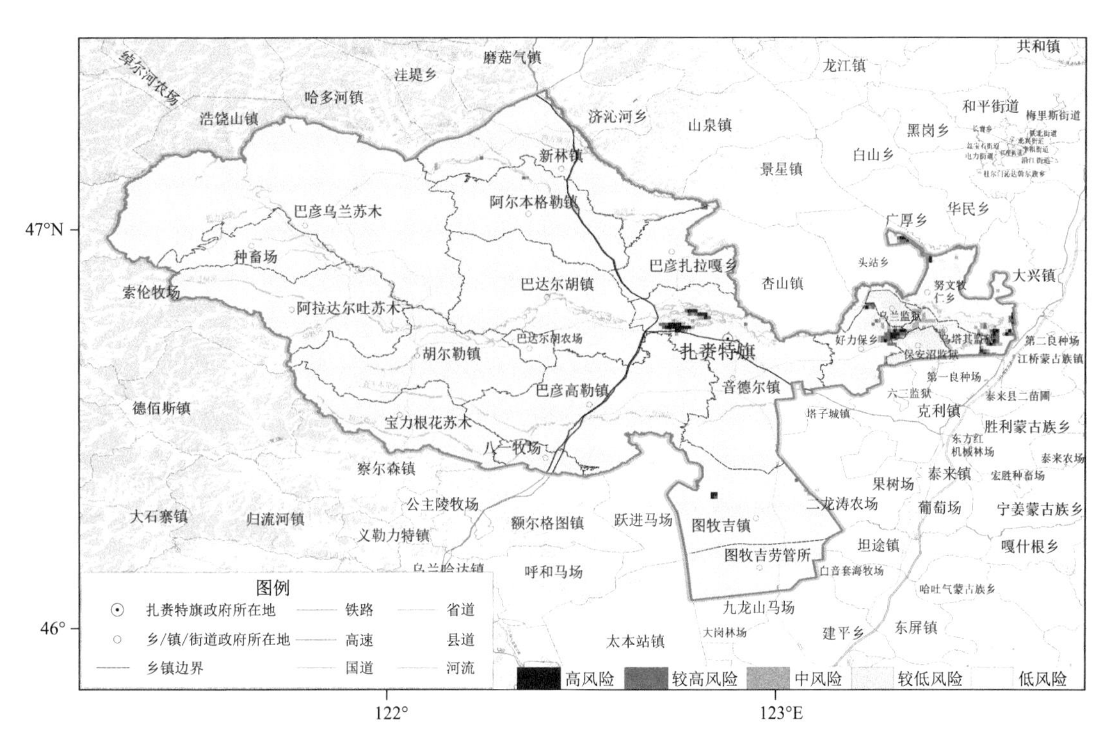

图5.15 扎赉特旗冰雹灾害水稻风险等级区划

5.7 小结

扎赉特旗冰雹日数每年均在 6 d 以内,降雹持续时间在 15 min 以内,平均降雹持续时间普遍在 3～15 min 之间,冰雹灾害 6 月最多,雹日可达 27 d,其次是 7 月;6 月和 7 月降雹持续时间也最长,每日下午至傍晚是冰雹的高发时段,以 15 时最多,1978—2020 年共有 15 次发生在 15 时。扎赉特旗冰雹灾害人口和 GDP 风险区划空间分布特征基本一致,风险主要集中在旗政府所在地音德尔镇附近,该区域受灾人口风险等级和直接经济损失风险等级最高。扎赉特旗冰雹灾害小麦受灾中高风险区较小,且集中出现在扎赉特旗中部偏南的巴彦高勒镇;水稻受灾中高风险区同样较小,中高风险区主要位于音德尔镇西北部、好力保乡及其以东地区,在北部和南部乡镇亦有零星分布。而玉米的高和较高风险区范围较大,扎赉特旗大部分乡(镇)均存在冰雹灾害玉米受灾等级高风险或较高风险区,高风险或较高风险区集中分布在中东部平原地区和西部山间平地。

第6章 高 温

6.1 数据

6.1.1 气象数据

气象数据使用内蒙古自治区气象信息中心提供的扎赉特旗范围内扎赉特站和胡尔勒站2个国家级地面气象观测站自建站至2020年逐日气温数据(平均气温、最高气温、最低气温)以及11个骨干区域自动气象站2016—2020年逐日气温数据。

6.1.2 地理信息数据

行政区划数据来源于国务院普查办下发的旗(县)、乡(镇)行政边界。平面坐标系采用2000国家大地坐标系,坐标单位为度(°)。

扎赉特旗数字高程模型(DEM)数据为空间分辨率为90 m的SRTM (Shuttle Radar Topography Mission)数据。

同时收集扎赉特旗各乡(镇)政府所在地的经度、纬度、海拔高度等数据。

6.1.3 承灾体数据

承灾体数据来源于国务院普查办共享的扎赉特旗人口、GDP和三大农作物(小麦、玉米、水稻)种植面积的标准格网数据(.tif),空间分辨率为30″×30″。人口单位为人,GDP单位为万元,农作物种植面积单位为公顷(hm^2)。

6.2 技术路线及方法

扎赉特旗高温灾害风险评估与区划技术路线如图6.1所示。

6.2.1 致灾过程确定

6.2.1.1 高温过程的确定及过程强度的判别

以单个国家级气象观测站日最高气温≥35 ℃的高温日为单站高温日。将连续3 d及以上最高气温≥35 ℃作为一个高温过程。高温过程首个/最后一个高温日是高温过程开始日/结束日。

根据高温过程持续时间、过程日最高气温,将高温过程强度分为弱、中等、强三个强度等级,判别标准见表6.1。

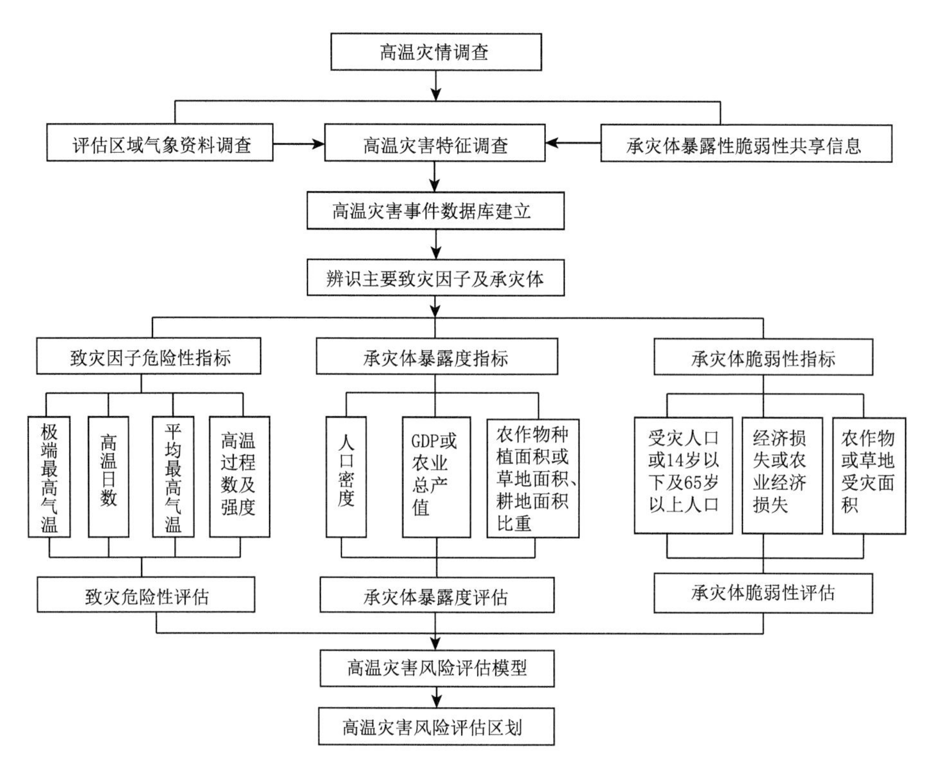

图 6.1 扎赉特旗高温灾害风险评估与区划技术路线图

表 6.1 高温过程强度判别标准

强度	统计标准
弱	连续 3～4 d 出现日最高气温≥35 ℃，且未超过 38 ℃
中等	连续 5～7 d 出现日最高气温≥35 ℃，且未超过 38 ℃
强	连续 8 d 以上出现日最高气温≥35 ℃，或连续 3 d≥38 ℃高温

6.2.1.2 致灾因子危险性调查

主要调查扎赉特旗自建站以来高温过程开始时间、高温过程结束时间、影响范围、过程平均最高气温、日较差、单日最大范围、单日最大范围出现日期、单日最高气温、单日平均气温、单日最高气温出现日期。

6.2.1.3 高温灾害承灾体社会经济调查

主要调查 1978 年以来扎赉特旗及其各乡(镇)的总人口数、14 岁以下及 65 岁以上人口数，地区生产总值、土地面积，以及小麦、玉米、水稻种植面积。

6.2.1.4 高温灾害灾情信息调查

主要调查 1978 年以来扎赉特旗及其各乡(镇)的受灾人口，小麦、玉米、水稻受灾面积，农业受灾损失或直接经济损失。

6.2.1.5　骨干区域站数据处理及重构

因扎赉特旗仅有 2 个国家级气象观测站，为解决旗(县)级国家站少、空间分辨率不高的问题，选用骨干区域站数据序列重构方法增加站点密度，提高空间分辨率。对扎赉特旗 11 个骨干区域站与国家站分别进行相关分析，拟合相关系数均达到 0.99 以上，各区域站的线性回归方程参数如表 6.2。重构出 1961—2020 年骨干区域站的逐日气温时间序列数据。

表 6.2　扎赉特旗各骨干区域站回归方程的参数

区域站	回归系数项	常数项	拟合相关系数
新林	1.0006	−0.1076	0.9953
好力保	1.0079	−0.2052	0.9970
巴彦高勒	1.0103	0.8016	0.9962
巴彦乌兰	1.0031	−0.5114	0.9943
巴达尔胡	0.9982	0.5277	0.9969
阿尔本格勒	1.0059	0.2924	0.9959
宝力根花	0.9966	−0.3506	0.9947
图牧吉	1.0075	0.4374	0.9961
阿拉达尔吐	0.9955	−0.0465	0.9941
巴彦扎拉嘎	1.0007	−0.2172	0.9971
努文木仁	1.0200	−0.5543	0.9960

6.2.2　致灾因子危险性评估

根据评估区域高温灾害特点，基于高温事件的发生强度、发生频率、持续时间、影响范围等，根据高温致灾机理，确定高温致灾因子。通过归一化处理、权重系数的确定，构建致灾危险性评估模型，计算危险性指数，对高温灾害危险性进行基于空间单元的危险性等级划分。

高温灾害致灾危险性评估技术路线如图 6.2 所示。

6.2.2.1　致灾因子定义与识别

高温灾害致灾因子包括高温过程持续时间和高温强度。高温强度可选取高温过程的极端最高气温、过程平均最高气温等，亦可根据评估区域的高温灾害气候特点、资料收集情况等识别或选取不同高温灾害致灾因子，如极端最高气温、平均最高气温、≥35 ℃高温日数、≥32 ℃高温日数等。基于高温灾害的影响和危害程度，结合评估区域高温灾害气候特点，确定高温灾害致灾因子。

6.2.2.2　归一化处理

将有量纲的致灾因子数值经过归一化处理转化为无量纲的数值，进而消除各指标的量纲差异。

归一化方法采用线性函数归一化方法，其计算公式为

$$x' = \frac{x - x_{\min}}{x_{\max} - x_{\min}}$$

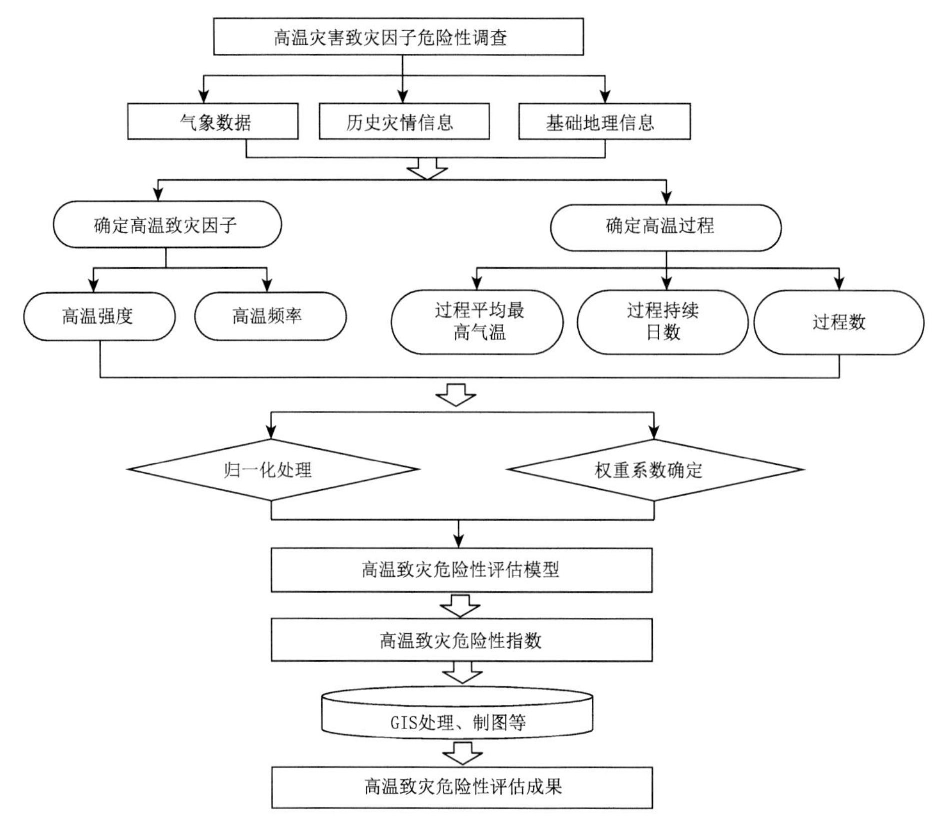

图 6.2 扎赉特旗高温灾害致灾危险性评估技术路线图

式中，x'为归一化后的数据，x 为样本数据，x_{min}为样本数据中的最小值，x_{max}为样本数据中的最大值。

6.2.2.3 高温灾害危险性指数计算

当高温气象过程异常或超常变化达到某个临界值时，有给经济社会系统造成破坏的可能性。综合考虑高温过程的强度、持续时间和发生频率等特征，定义一个综合高温指数对高温过程危险性进行评价分级，该综合指数包括了能较好表征高温过程特征的关键性指标，综合高温指数通过多个过程指标的加权综合得到。

高温灾害致灾因子危险性指数计算如下：

$$H = \sum_{i=1}^{N} a_i \times x_i$$

式中，H 为高温灾害致灾因子危险性指数，x_i 为第 i 种致灾因子归一化值，a_i 为第 i 种致灾因子权重系数，各评价指标对应的权重系数总和为 1。

危险性评估的权重系数可采用熵权法或专家打分法等确定。熵权法的计算可由以下公式实现。

设评价体系是由 m 个指标 n 个对象构成的系统，首先计算第 i 项指标下第 j 个对象的指标值 r_{ij} 所占指标比重 P_{ij}：

$$P_{ij}=\frac{r_{ij}}{\sum_{j=1}^{n}r_{ij}}\quad(i=1,2\cdots,m;j=1,2\cdots,n)$$

由熵权法计算第 i 个指标的熵值 S_i：

$$S_i=-\frac{1}{\ln}\sum_{j=1}^{n}P_{ij}\ln P_{ij}\quad(i=1,2,\cdots,m;j=1,2\cdots,n)$$

计算第 i 个指标的熵权，确定该指标的客观权重 W_i：

$$W_i=\frac{1-S_i}{\sum_{i=1}^{m}(1-S_i)}\quad(i=1,2,\cdots,m)$$

根据扎赉特旗高温灾害事件的发生强度、持续时间、影响范围、发生频率等，选取扎赉特旗年极端最高气温、平均最高气温、高温日数作为高温灾害的致灾因子。根据专家打分法确定各致灾因子的权重系数，其中极端最高气温权重系数为0.4、平均最高气温权重系数为0.3、高温日数权重系数为0.3。采用加权求和法构建危险性指数计算模型，计算高温灾害危险性指数：

高温灾害危险性指数＝0.4×极端最高气温＋0.3×平均最高气温＋0.3×高温日数(均一化后的数据)

6.2.2.4 高温灾害危险性指数空间推算

利用小网格推算法建立危险性指数空间推算模型。以海拔高度、经度、纬度为自变量，危险性指数为因变量，进行多元回归分析，确定回归方程参数，建立多元回归模型。基于海拔高度、经度、纬度格点数据，通过GIS空间分析法得到危险性指数格点数据，从而绘制出更为精细的高温灾害危险性指数空间分布图。

扎赉特旗高温灾害危险性指数空间推算的多元回归方程为

危险性指数＝0.979369－0.00244×经度－0.00534×纬度－0.000079×海拔高度

6.2.2.5 危险性等级划分

根据高温致灾危险性指数值分布特征，可使用标准差等方法，将高温灾害危险性划分为高(1级)、较高(2级)、较低(3级)、低(4级)四个等级。

具体分级标准如下：

1级：危险性值≥平均值＋1σ；

2级：平均值≤危险性值＜平均值＋1σ；

3级：平均值－1σ≤危险性值＜平均值；

4级：危险性值＜平均值－1σ。

其中，危险性值为危险性指数值，平均值为区域内非0危险性指数值均值，σ 为区域内非0危险性指数值标准差。

6.2.2.6 高温灾害危险性制图

基于高温灾害危险性评估结果，运用自然断点法或最优分割法，对高温灾害危险性进行基于空间单元的划分，绘制高温灾害危险性等级区划图。高温灾害危险性4个等级含义及色值见表6.3。

表 6.3 高温灾害危险性等级含义和色值

危险性等级	含义	色值(CMYK 值)
1 级	高危险性	20,90,65,20
2 级	较高危险性	20,85,100,0
3 级	较低危险性	0,55,80,0
4 级	低危险性	0,30,85,0

6.2.3 风险评估与区划

6.2.3.1 高温灾害承灾体暴露度评估

承灾体暴露度指人员、生计、环境服务和各种资源、基础设施,以及经济、社会或文化资产处在有可能受不利影响的位置,是受灾害影响的最大范围。

暴露度评估工作视承灾体信息项做遴选后开展。

暴露度评估可采用评估范围内各旗(县)或各乡(镇)人口密度、地区生产总值(GDP)、农作物种植面积占土地面积比重等数据,经过标准化处理后作为高温暴露度的评价指标,开展承灾体暴露度评估。暴露度指数计算方法如下:

$$I_{vs} = \frac{S_E}{S}$$

式中,I_{vs}为承灾体暴露度指标,S_E为各旗(县)或各乡(镇)人口、地区生产总值(GDP)或主要农作物种植面积,S 为区域总面积(参照《农业气象灾害风险区划技术导则》(QX/T 527—2019))。

对评价指标进行归一化处理,得到不同承灾体的暴露度指数。暴露度评估可根据承灾体数据调整。

根据扎赉特旗承灾体共享资料获取情况,遴选地均人口密度、地均生产总值、农作物地均种植面积格网数据作为高温灾害人口、GDP 及农作物暴露度评价指标,采用线性函数归一化法对地均人口密度、地均 GDP 及地均农作物种植面积格网数据进行归一化处理,开展高温灾害人口、GDP、农作物暴露度评估。

6.2.3.2 高温灾害承灾体脆弱性评估

承灾体脆弱性指受到不利影响的倾向或趋势。一是承受灾害的程度,即灾损敏感性(承灾体本身的属性);二是可恢复的能力和弹性(应对能力)。

脆弱性评估工作视灾情信息项做遴选后开展。

高温灾害脆弱性评估可采用评估范围内各旗(县)或各乡(镇)受灾人口、直接经济损失、农作物受灾面积比例、14 岁以下及 65 岁以上人口数比例等数据,经过标准化后作为高温脆弱性评价指标,开展承灾体脆弱性评估。脆弱性指数计算方法如下:

$$V_i = \frac{S_v}{S}$$

式中,V_i为第 i 类承灾体脆弱性指数,S_v为各旗(县)或乡(镇)受灾人口、直接经济损失或主要农作物受灾面积,S 为各旗(县)或乡(镇)总人口、地区生产总值或农作物种植总面积(参照《农业气象灾害风险区划技术导则》(QX/T 527—2019))。

对各评价指标进行归一化处理，得到不同承灾体的脆弱性指数。脆弱性评估可根据灾情信息处理结果做出调整。

由于扎赉特旗高温灾害受灾人口、直接经济损失、农作物受灾面积数据获取不理想，灾情信息共享资料未获取到，无法满足计算承灾体脆弱性的数据要求，因此扎赉特旗高温灾害暂未开展灾害人口、GDP、农作物脆弱性评估。

6.2.3.3 高温灾害风险评估

根据高温灾害的成灾特征和风险评估的目的、用途，将致灾危险性指数、承灾体暴露度指数、承灾体脆弱性指数进行加权求积，建立风险评估模型。权重确定方法采用熵权法或专家打分法。加权求积评估模型如下：

$$I_{HRI}=I_{VH}\times I_{VSI}\times I_{VE}$$

式中，I_{HRI}为特定承灾体高温灾害风险评价指数，I_{VH}为致灾因子危险性指数，I_{VSI}为承灾体暴露度指数，I_{VE}为承灾体脆弱性指数。当脆弱性数据获取不到时，直接将I_{VH}和I_{VSI}进行加权求积计算高温灾害风险。

扎赉特旗高温灾害人口风险评估、GDP风险评估及农作物(小麦、玉米、水稻)风险评估计算方法如下：

人口风险＝致灾因子危险性×人口暴露度(均一化后数据)

GDP风险＝致灾因子危险性×GDP暴露度(均一化后数据)

农作物风险＝致灾因子危险性×农作物暴露度(均一化后数据)

6.2.3.4 高温灾害风险等级划分

根据高温灾害风险评估模型评估结果和评价指数的分布特征，可使用标准差或自然断点分级法，定义风险等级区间，将高温灾害风险划分为高(1级)、较高(2级)、中等(3级)、较低(4级)、低(5级)5个等级(表6.4)。

表6.4 高温灾害风险分区等级

等级	1	2	3	4	5
风险	高	较高	中等	较低	低

标准差方法具体分级标准如下：

1级：风险值≥平均值＋1σ；

2级：平均值＋0.5σ≤风险值＜平均值＋1σ；

3级：平均值－0.5σ≤风险值＜平均值＋0.5σ；

4级：平均值－1σ≤风险值＜平均值－0.5σ；

5级：风险值＜平均值－1σ。

其中，风险值为风险评估结果指数，平均值为区域内非0风险指数均值，σ为区域内非0风险值标准差。

评估区域亦可根据实际数据分布特征，对风险值最大值或最小值的分级标准进行适当调整。

6.2.3.5 高温灾害风险区划

根据高温灾害风险评估结果，综合考虑地形地貌、区域性特征等，对高温灾害风险进行基于空间单元的划分。按照不同的色值(表 6.5、表 6.6、表 6.7)绘制风险区划(分区)图,完成高温灾害人口、GDP 及农作物风险区划。

表 6.5 高温灾害人口风险等级及色值

风险等级	含义	色值(CMYK 值)
1 级	高	0,100,100,25
2 级	较高	15,100,85,0
3 级	中等	5,50,60,0
4 级	较低	5,35,40,0
5 级	低	0,15,15,0

表 6.6 高温灾害 GDP 风险等级及色值

风险等级	含义	色值(CMYK 值)
1 级	高	15,100,85,0
2 级	较高	7,50,60,0
3 级	中等	0,5,55,0
4 级	较低	0,2,25,0
5 级	低	0,0,10,0

表 6.7 高温灾害农作物风险等级及色值

风险等级	含义	色值(CMYK 值)
1 级	高	0,40,100,45
2 级	较高	0,0,100,45
3 级	中等	0,0,100,25
4 级	较低	0,0,60,0
5 级	低	10,5,15,0

6.3 致灾因子特征分析

6.3.1 年际变化特征

6.3.1.1 平均最高气温

1959—2020 年扎赉特站年平均最高气温整体上呈波动升高的趋势(图 6.3),线性升高速率为 0.15 ℃/10a;年际波动较大,极大值出现在 2007 年,为 13.1 ℃,极小值出现在 1969 年,为 5.9 ℃,相差 7.2 ℃。与常年(1981—2010 年)平均值相比,大部分年份偏低,尤其是 1988 年之前偏低频率较高。

1961—2020 年胡尔勒站年平均最高气温整体上呈波动升高的趋势(图 6.4),线性升高速率为 0.21 ℃/10a;年际波动较大,极大值出现在 2007 年,为 12.7 ℃,极小值出现在 1969 年,为 7.5 ℃。与常年(1981—2010 年)平均值相比,1988 年前偏低频率较高。

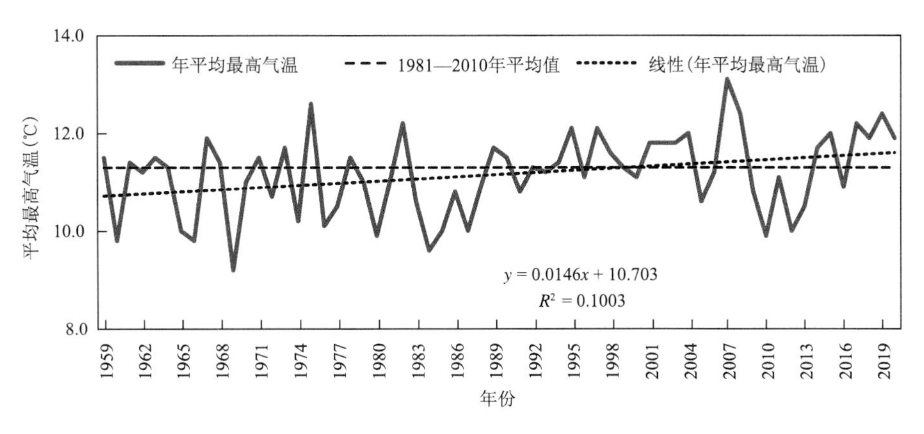

图 6.3 1959—2020 年扎赉特站年平均最高气温变化

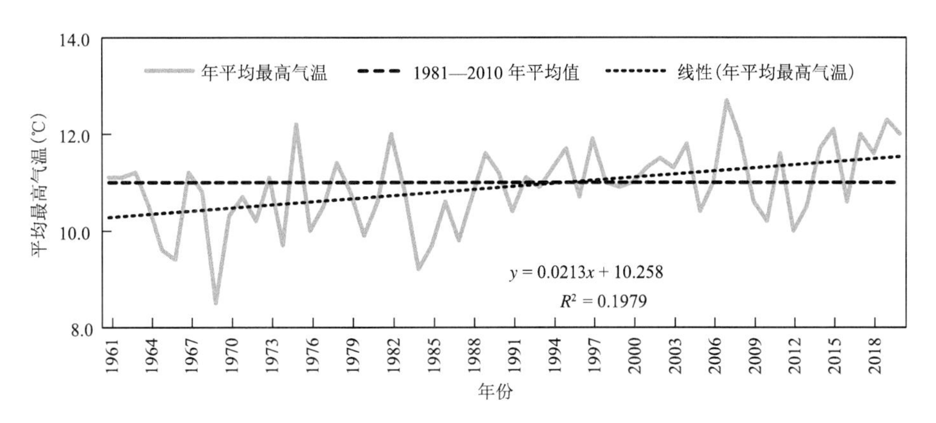

图 6.4 1961—2020 年胡尔勒站年平均最高气温变化

6.3.1.2 极端最高气温

1959—2020 年扎赉特站年极端最高气温整体上呈波动升高的趋势(图 6.5),线性升高速率为 0.35 ℃/10a;年际波动较大,极大值出现在 2017 年,为 41.3 ℃,极小值出现在 1960 年,为 32.5 ℃。与常年(1981—2010 年)平均值相比,1991 年之后极端高温事件明显偏多。

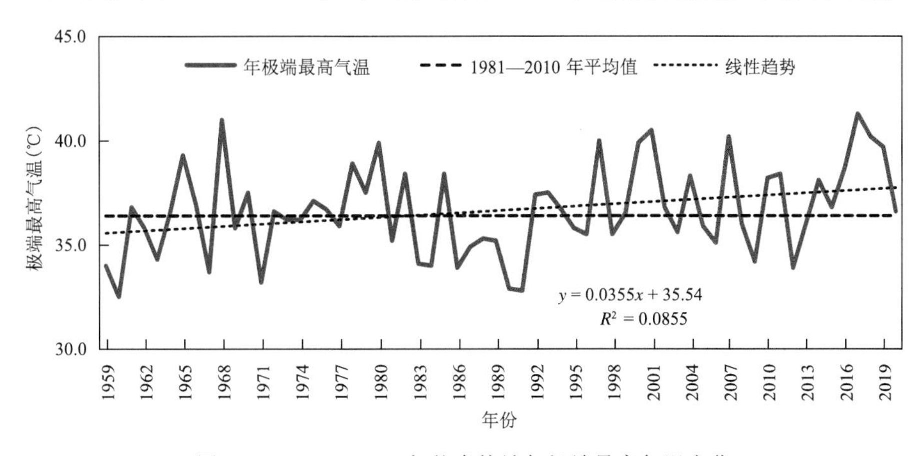

图 6.5 1959—2020 年扎赉特站年极端最高气温变化

1961—2020 年胡尔勒站年极端最高气温整体上呈波动升高的趋势(图 6.6),线性升高速率为 0.41 ℃/10a;年际波动较大,极大值出现在 2017 年,为 41.2 ℃,极小值出现在 1971 年,为 31.2 ℃。1992 年之后,较常年(1981—2010 年)平均值偏高的年份明显增多。

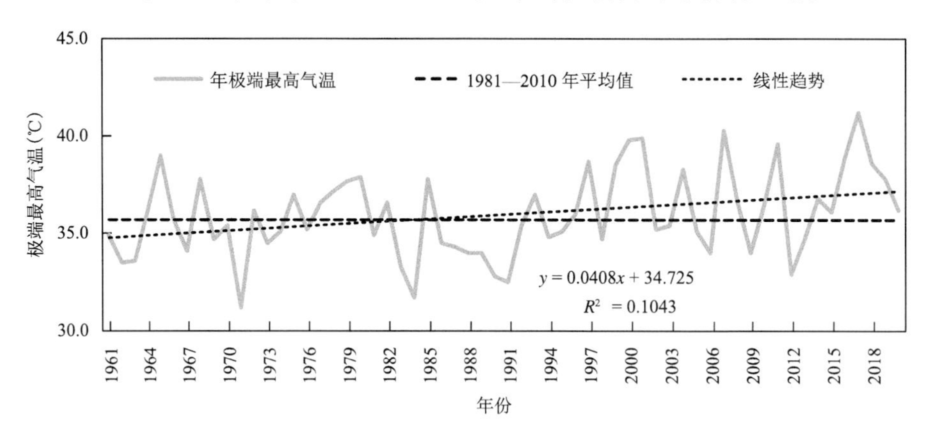

图 6.6 1961—2020 年胡尔勒站年极端最高气温变化

6.3.1.3 高温日数

1959—2020 年扎赉特站年高温日数整体上呈增多的趋势(图 6.7),线性增加速率为 0.35 d/10a;年高温日数年际波动较大,极大值出现在 2007 年,为 12 d,极小值为 0 d。与常年(1981—2010 年)平均值相比,1983—1991 年年高温日数明显偏少。

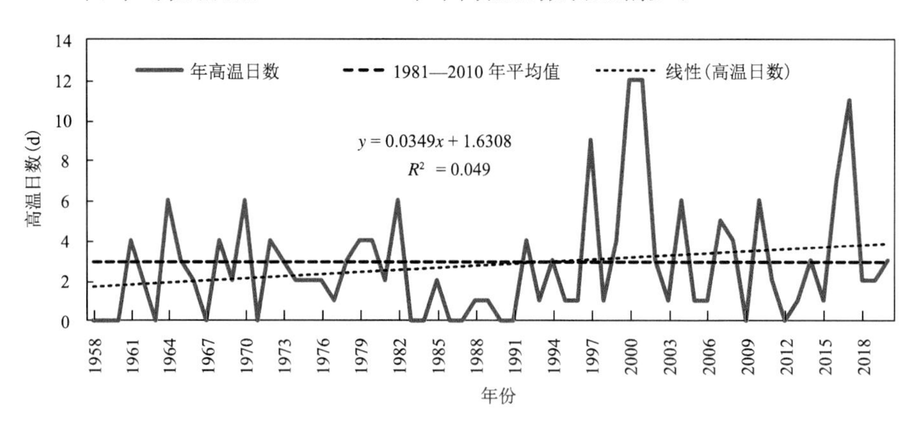

图 6.7 1959—2020 年扎赉特站年高温日数变化

1961—2020 年胡尔勒站年高温日数整体上呈增多的趋势(图 6.8),线性增多速率为 0.65 d/10a;年高温日数年际波动较大,极大值出现在 2000 年和 2001 年,为 11 d,极小值为 0 d。1997 年开始,高温日数明显增多,较常年(1981—2010 年)平均值偏多的年份明显增加。

6.3.1.4 高温过程

1959—2020 年,扎赉特站共出现高温过程 11 次,1961—2020 年胡尔勒站共出现高温过程 7 次,年高温过程次数均呈略上升趋势。1959—1996 年扎赉特站共出现 4 次高温过程(1970 年、1978 年、1980 年和 1982 年各 1 次),胡尔勒站未出现高温过程。1997—2020 年高温过程有所增加,两个站点均出现 7 次(图 6.9)。根据高温过程强度判别标准,扎赉特站高温过程强

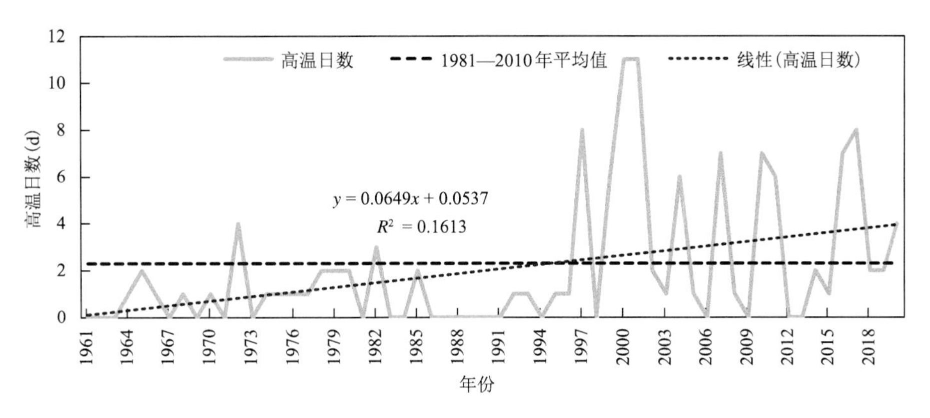

图 6.8 1961—2020 年胡尔勒站年高温日数变化

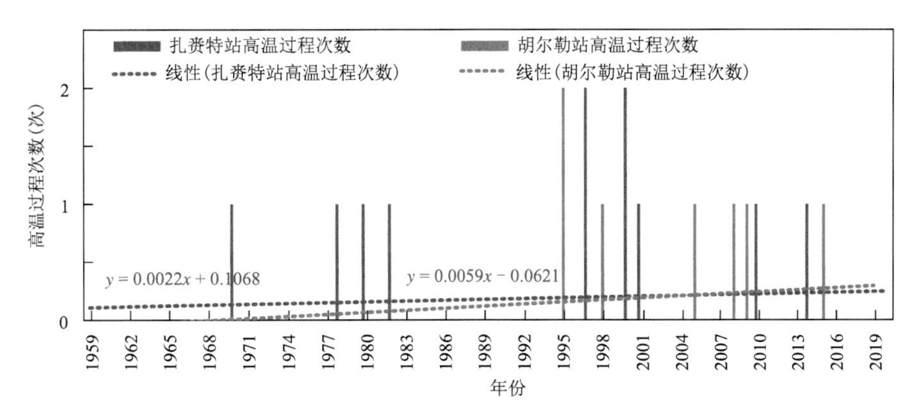

图 6.9 建站以来扎赉特站、胡尔勒站高温过程次数变化

度为弱过程的有 9 次，强高温过程有 1 次，出现在 1997 年，中等强度过程 1 次，出现在 2000 年。胡尔勒站 7 次高温过程强度均为弱(图 6.10、图 6.11、表 6.8、表 6.9)。

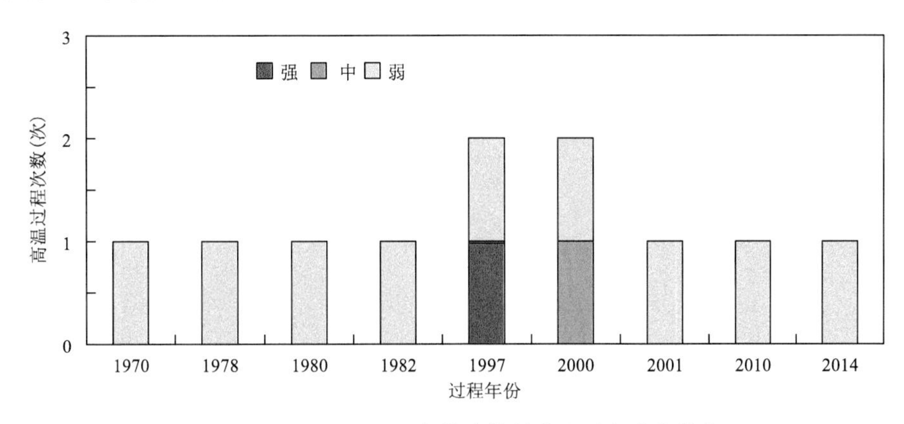

图 6.10 1959—2020 年扎赉特站高温过程强度分布

1959—2020 年扎赉特站的 11 次高温过程平均最高气温为 36.2 ℃，平均极端最高气温为 37.7 ℃，均呈上升趋势(图 6.12、图 6.13)。

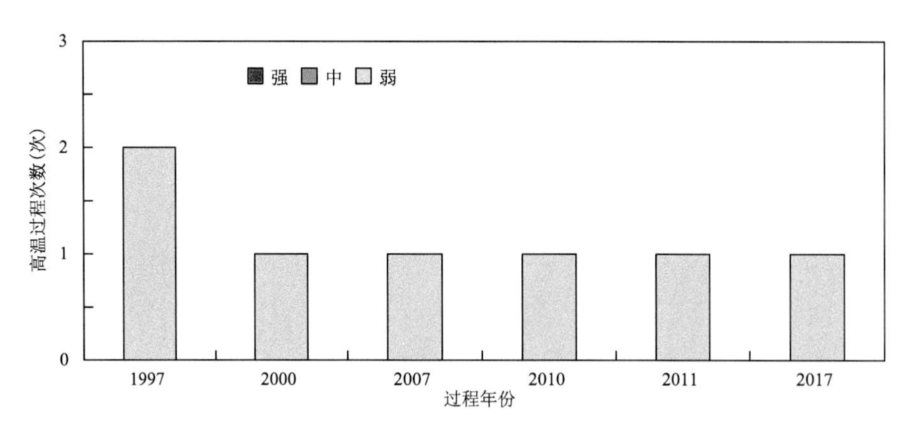

图 6.11 1961—2020 年胡尔勒站高温过程强度分布

表 6.8 扎赉特站高温过程次数及强度分布表

年份	高温过程持续日数(d)	高温过程次数(次)	弱(次)	中(次)	强(次)	平均高温强度	过程平均最高气温(℃)	过程极端最高气温(℃)
1970	3	1	1	0	0	弱	34.4	34.7
1978	3	1	1	0	0	弱	36.1	37.9
1980	4	1	1	0	0	弱	37.2	38.9
1982	3	1	1	0	0	弱	35.8	37.0
1997	6	2	1	0	1	中	37.3	40.0
2000	9	2	1	1	0	弱	35.6	38.9
2001	3	1	1	0	0	弱	37.1	38.9
2010	4	1	1	0	0	弱	36.4	37.2
2014	3	1	1	0	0	弱	36.1	37.1
总计	38	11	9	1	1	弱	36.2	37.7

表 6.9 胡尔勒站高温过程次数及强度分布表

年份	高温过程持续日数(d)	高温过程次数(次)	弱(次)	中(次)	强(次)	平均高温强度	过程平均最高气温(℃)	过程极端最高气温(℃)
1997	6	2	2	0	0	弱	36.2	37.7
2000	4	1	1	0	0	弱	36.9	38.8
2007	3	1	1	0	0	弱	35.2	36.3
2010	4	1	1	0	0	弱	35.1	35.5
2011	3	1	1	0	0	弱	36.4	38.6
2017	3	1	1	0	0	弱	35.2	35.2
总计	23	7	7	0	0	弱	35.8	37.0

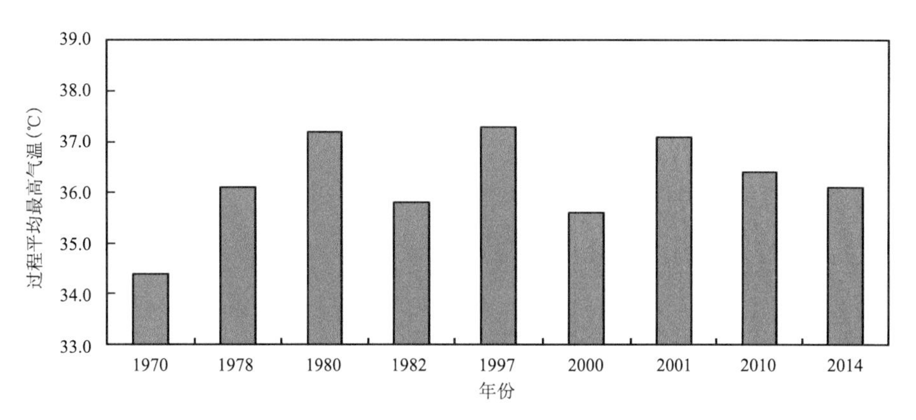

图 6.12 扎赉特站高温过程平均最高气温变化

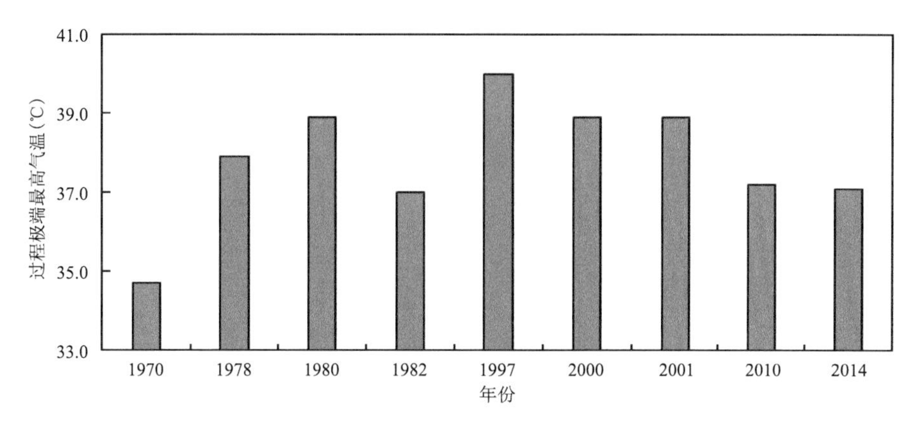

图 6.13 扎赉特站高温过程极端最高气温变化

1961—2020 年胡尔勒站的 7 次高温过程平均最高气温为 35.8 ℃,平均极端最高气温为 37.0 ℃(图 6.14、图 6.15)。

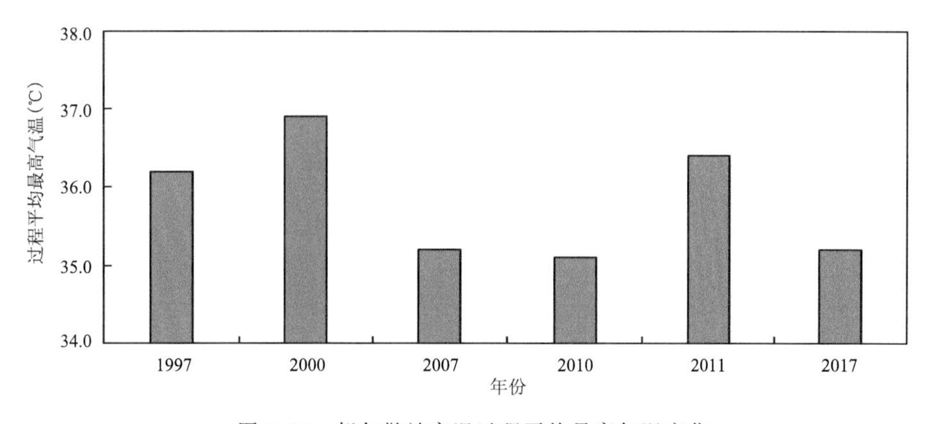

图 6.14 胡尔勒站高温过程平均最高气温变化

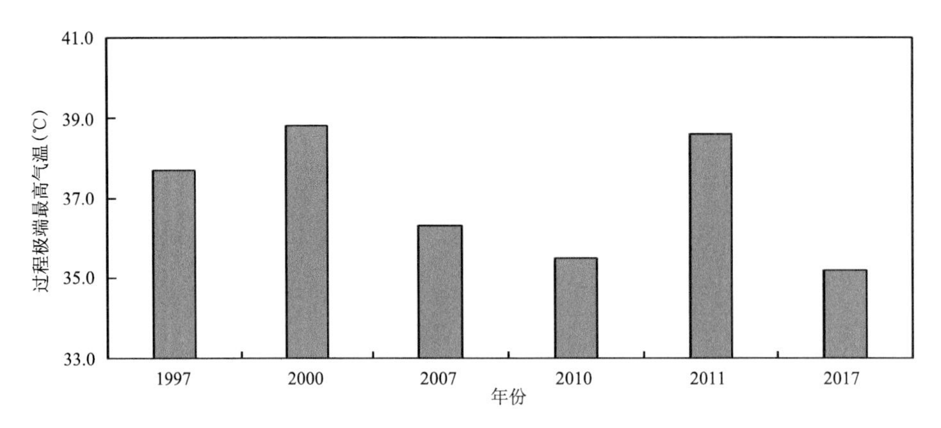

图 6.15 胡尔勒站高温过程极端最高气温变化

6.3.2 月变化特征

6.3.2.1 最高气温

1959—2020 年,扎赉特站平均最高气温夏季最高,为 26.4 ℃,春季、秋季次之,分别为 13.4 ℃和 11.4 ℃,冬季最低,为−6.8 ℃。春季极端最高气温出现在 5 月,为 41.3 ℃,夏季出现在 7 月,为 41.0 ℃,秋季出现在 9 月,为 34.3 ℃,冬季出现在 2 月,为 14.5 ℃(图 6.16)。

1961—2020 年,胡尔勒站平均最高气温夏季最高,为 25.5 ℃,春季、秋季次之,分别为 12.9 ℃和 11.2 ℃,冬季最低,为−6.3 ℃。春季极端最高气温出现在 5 月,为 41.2 ℃,夏季出现在 6 月,为 40.3 ℃,秋季出现在 9 月,为 37.9 ℃,冬季出现在 2 月,为 13.1 ℃(图 6.16)。

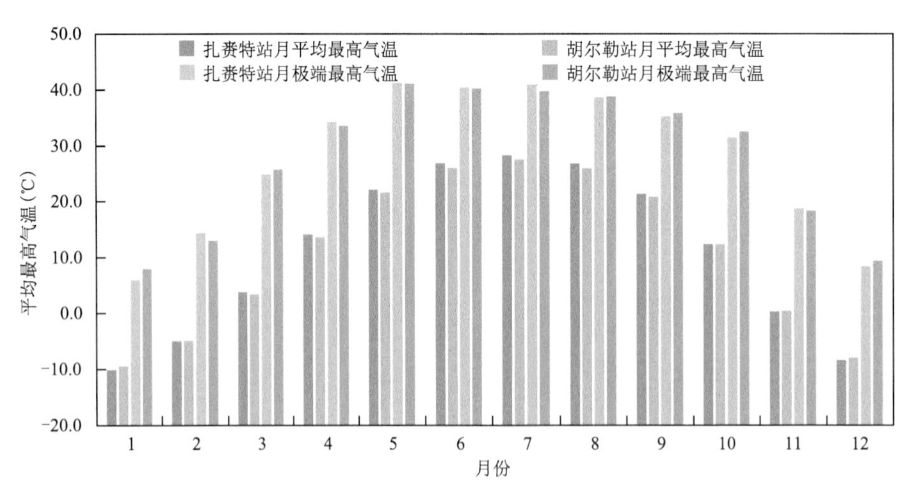

图 6.16 扎赉特站和胡尔勒站平均最高气温月变化

6.3.2.2 高温日数

1959—2020 年,扎赉特站高温日出现在 5—9 月,其中主要分布在 6 月,为 71 d,占全年高温日的 41%;7 月高温日数仅次于 6 月,为 68 d,5 月、8 月和 9 月高温日较少,分别为 19 d、14 d、1 d(图 6.17)。

1961—2020年，胡尔勒站高温日出现在5—9月，其中主要分布在7月，为49 d，占全年高温日的40%；6月高温日数仅次于7月，为48 d，5月、8月和9月高温日较少，分别为15 d、9 d、1 d(图6.17)。

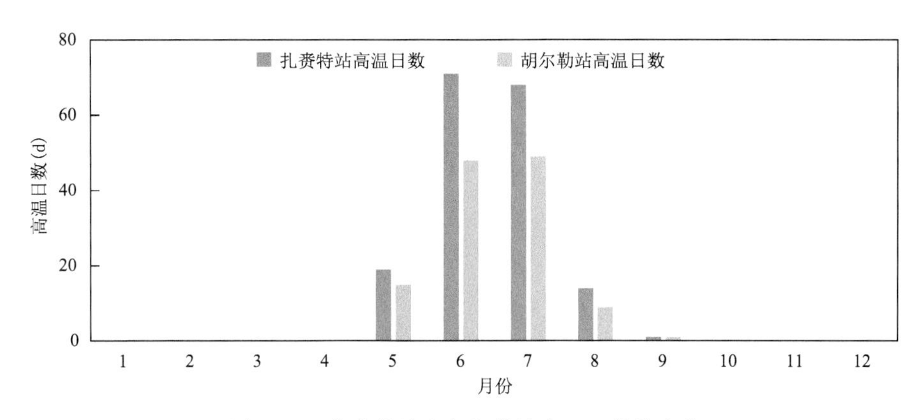

图6.17 扎赉特站和胡尔勒站高温日数月变化

6.3.2.3 高温过程

扎赉特站高温过程出现时间集中在5月底至8月初，持续时间3～6 d，最大极端最高气温为40.0 ℃，出现在1997年6月14日。

胡尔勒站高温过程出现时间集中在6月中旬至7月，持续时间3～4 d，最大极端最高气温为38.8 ℃，出现在2000年7月11日。

6.3.3 致灾因子空间分布特征

6.3.3.1 平均最高气温

从扎赉特旗平均最高气温空间分布来看，自西北向东南逐步升高(图6.18)。平均最高气温在9.7～12.1 ℃之间，低值区出现在巴彦乌兰苏木、种畜场、阿拉达尔吐苏木、宝力根花苏木、胡尔勒镇西部、巴彦扎拉嘎乡、努文木仁乡、乌塔其监狱、保安沼监狱，高值区主要分布在巴彦高勒镇。

6.3.3.2 极端最高气温

扎赉特旗极端最高气温空间分布自西向东南逐步升高(图6.19)，极端最高气温在35.0～36.9 ℃之间。低值区出现在巴彦乌兰苏木南部、种畜场、阿拉达尔吐苏木、宝力根花苏木、胡尔勒镇西部、巴彦扎拉嘎乡，高值区分布在巴彦高勒镇和图牧吉镇。

6.3.3.3 高温日数

扎赉特旗高温日数空间分布也呈自西向东南逐步升高的分布(图6.20)。极端最高气温在2～5 d之间，高值区分布在巴彦高勒镇和图牧吉镇。

6.4 典型过程分析

1997年6月13—15日，扎赉特站出现连续三天最高气温超过38 ℃以上的高温过程，过

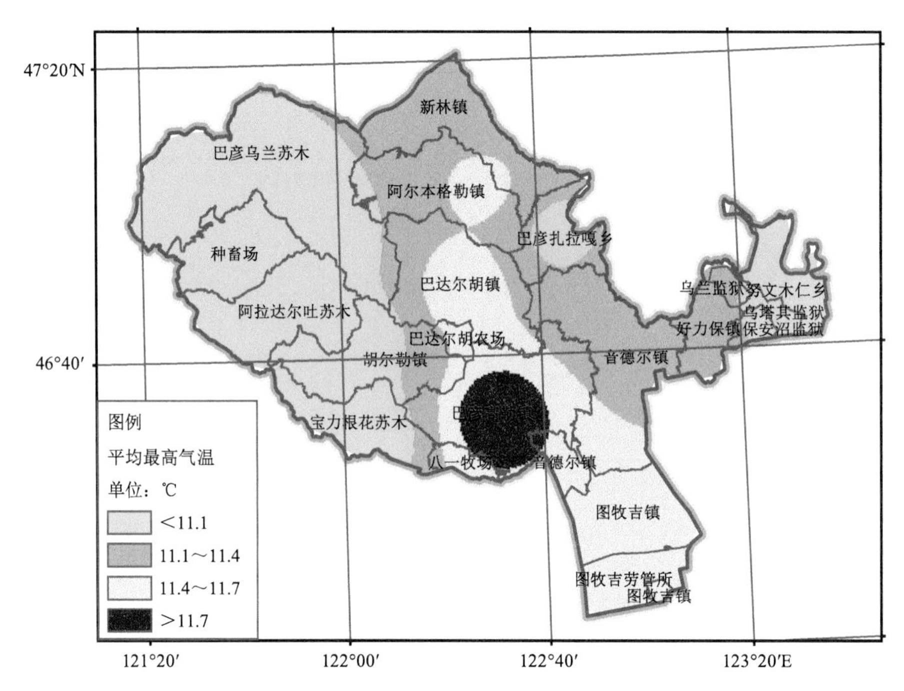

图 6.18　1959—2020 年扎赉特旗平均最高气温空间分布

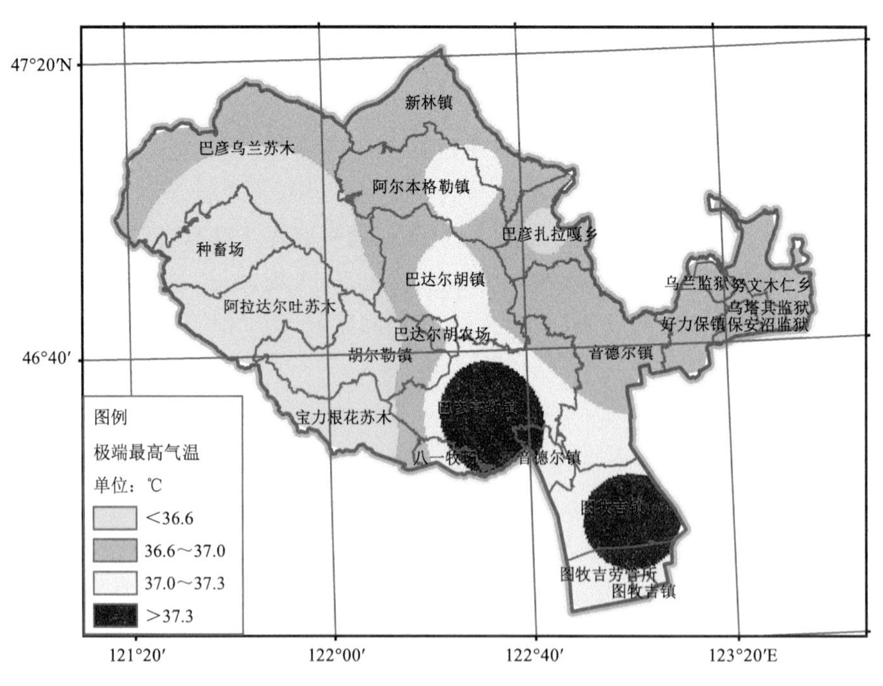

图 6.19　1959—2020 年扎赉特旗极端最高气温空间分布

程平均最高气温为 37.9 ℃，日较差为 18.8 ℃，其中 6 月 14 日最高气温达 40.0 ℃，过程日平均气温在 27.7～30.8 ℃之间。本次高温过程影响新林镇、阿尔本格勒镇、宝力根花苏木、努文木仁乡、图牧吉强制隔离戒毒所、种畜场。

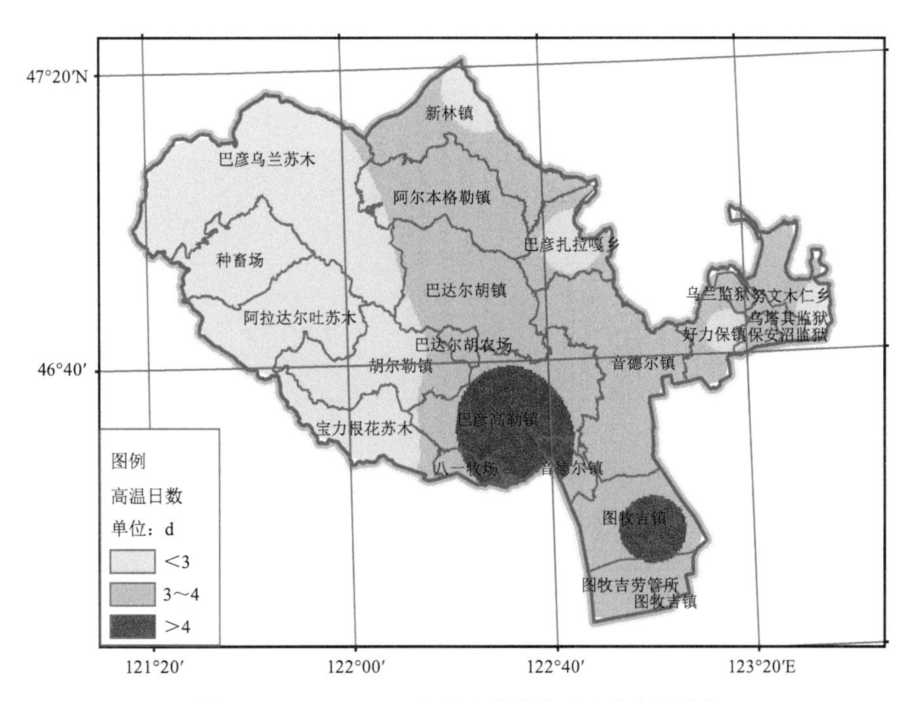

图 6.20　1959—2020 年扎赉特旗高温日数空间分布

2000 年 6 月 3—5 日，扎赉特站出现连续三天最高气温超过 35 ℃以上的高温过程，过程平均最高气温为 35.3 ℃，日较差为 17.4 ℃，其中 6 月 4 日最高气温达 37.6 ℃，过程日平均气温在 24.9～30.2 ℃之间。2000 年 7 月 8—13 日，扎赉特站最高气温再次超过 35 ℃以上，持续时间达 6 d，过程平均最高气温为 35.9 ℃，日较差为 16.0 ℃，其中 7 月 11 日最高气温达 38.9 ℃，过程日平均气温在 25.6～31.0 ℃之间。2000 年 7 月 8—11 日，胡尔勒站最高气温也超过 35 ℃以上，过程平均最高气温为 36.9 ℃，日较差为 18.6 ℃，其中 7 月 11 日最高气温达 38.8 ℃，过程日平均气温在 26.6～28.5 ℃之间。根据《扎赉特旗志》记载，2000 年 5 月 1 日至 8 月 28 日，气温较历史同期偏高 2.8 ℃，日气温超过 30 ℃日数达 42 d，最高气温达 38.9 ℃。降水量为 162 mm，与历史同期相比减少 47%。由于干旱少雨，扎赉特旗 22 个苏木、乡、镇(场)370 万亩耕地普遍受灾，成灾面积 340 万亩，绝产面积 120 万亩。

6.5　致灾危险性评估

扎赉特旗高温灾害危险性指数如表 6.10 所示，其中巴彦高勒站危险性指数最高，为 0.428，巴彦乌兰站危险性指数最低为 0.392，扎赉特旗平均危险性指数为 0.411。扎赉特旗高温灾害危险性等级如表 6.11 所示，扎赉特旗高温灾害危险性水平空间分布如图 6.21 所示，高、较高危险区主要分布在乌兰监狱、努文木仁乡、乌塔其监狱、好力保镇、保安沼监狱、音德尔镇、图牧吉镇、图牧吉劳管所、巴彦扎拉嘎乡、巴彦高勒镇、八一牧场、新林镇东部、阿尔本格勒镇东部、巴达尔胡镇东部、巴达尔胡农场、胡尔勒镇东部、宝力根花苏木东部；低危险区主要分布在巴彦乌兰苏木西部和北部、种畜场西部、阿拉达尔吐苏木西部、阿尔本格勒镇西部；其余为较低危险区。整体上自西北向东南逐渐升高，西北部海拔较高的地区也是危险性低值区。

表 6.10 扎赉特旗高温灾害危险性指数

站名	危险性指数
扎赉特	0.417
胡尔勒	0.413
新林	0.407
好力保	0.410
巴彦高勒	0.428
巴彦乌兰	0.392
巴达尔胡	0.414
阿尔本格勒	0.423
宝力根花	0.394
图木吉	0.423
阿拉达尔吐	0.404
巴彦扎拉嘎	0.408
努文木仁	0.407
全旗平均	0.411

表 6.11 扎赉特旗高温灾害危险性等级

危险性等级	含义	指标
4	低危险性	0.344～0.391
3	较低危险性	0.391～0.403
2	较高危险性	0.403～0.416
1	高危险性	0.416～0.422

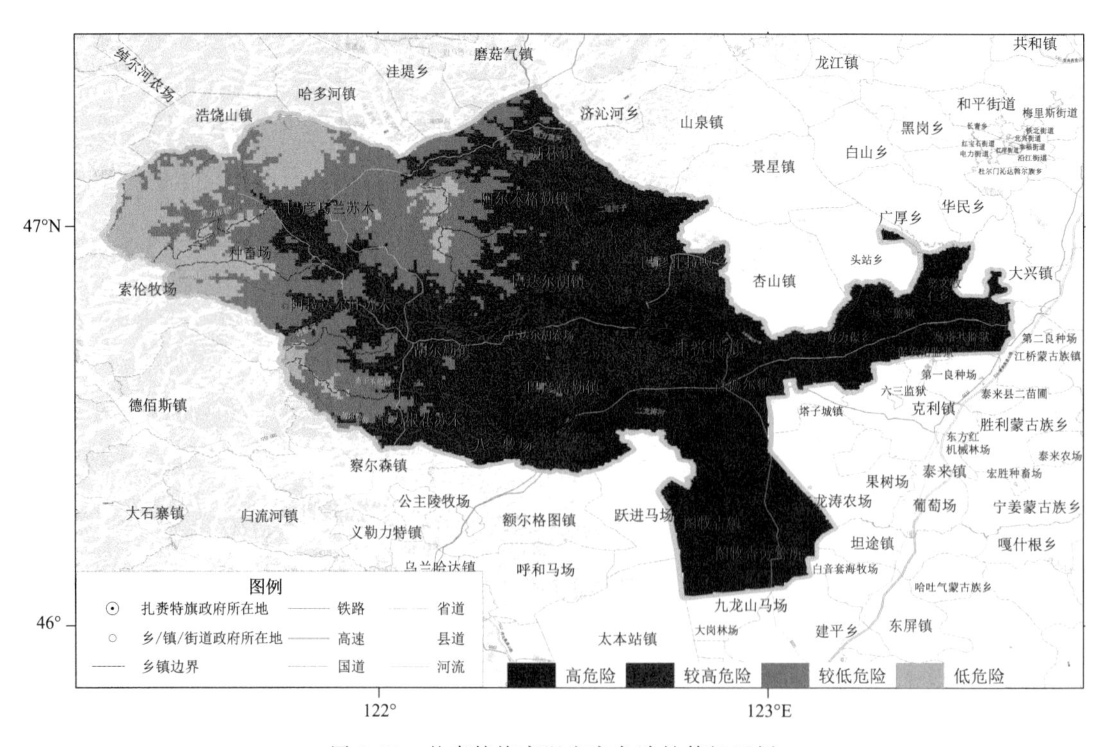

图 6.21 扎赉特旗高温灾害危险性等级区划

6.6　灾害风险评估与区划

6.6.1　人口风险评估与区划

基于扎赉特旗高温灾害人口风险评估指数，结合行政单元进行空间划分，采用自然断点法将风险等级划分为 5 个等级（表 6.12），分别对应高风险（1 级）、较高风险（2 级）、中等风险（3 级）、较低风险（4 级）和低风险（5 级），并绘制扎赉特旗高温灾害人口风险等级区划图（图 6.22）。

由图 6.22 可知，扎赉特旗高温灾害人口风险主要取决于本地人口分布，即人口越集中的地区，其受灾人口风险越高。人口密集的音德尔镇各苏木（镇）、村居民点属于高温灾害人口高风险区，其他地区风险相对较低。

表 6.12　扎赉特旗高温灾害人口风险等级

风险等级	含义	指标
5	低风险	0.172～0.198
4	较低风险	0.198～0.214
3	中风险	0.241～0.288
2	较高风险	0.288～0.470
1	高风险	0.470～0.622

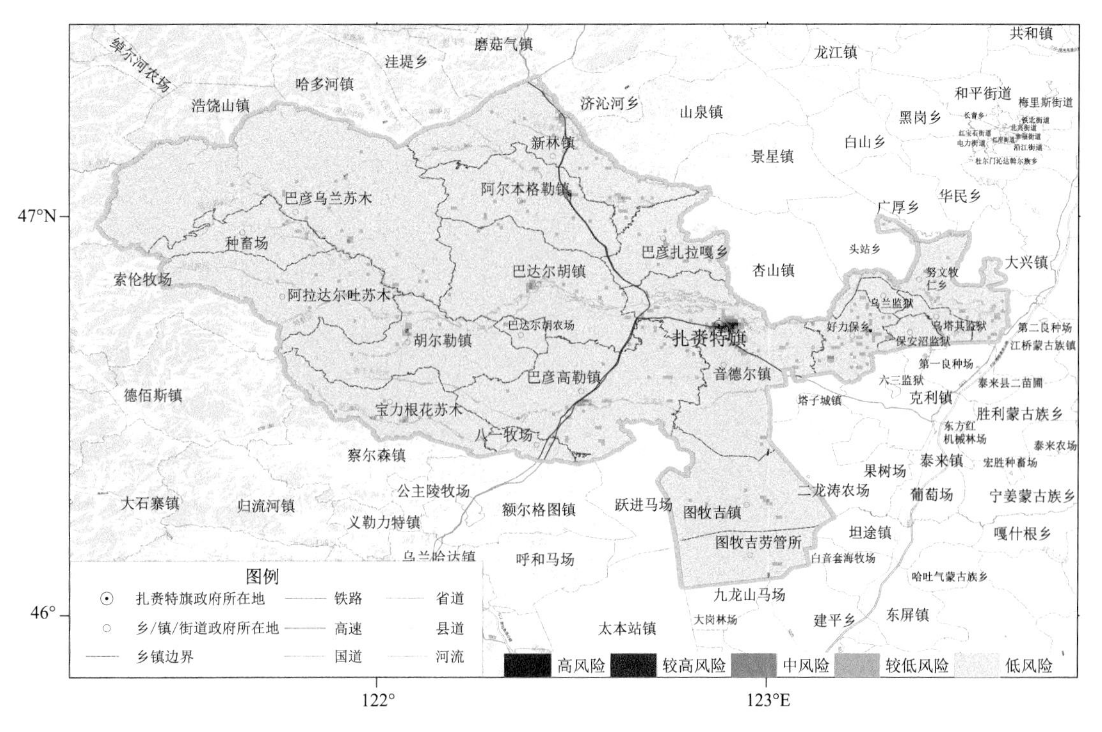

图 6.22　扎赉特旗高温灾害人口风险等级区划

6.6.2 GDP 风险评估与区划

基于扎赉特旗高温灾害 GDP 风险评估指数，结合行政单元进行空间划分，采用自然断点法将风险等级划分为 5 个等级(表 6.13)，分别对应高风险(1 级)、较高风险(2 级)、中等风险(3 级)、较低风险(4 级)和低风险(5 级)，并绘制扎赉特旗高温灾害 GDP 风险等级区划图(图 6.23)。

由图 6.23 可知，扎赉特旗高温灾害 GDP 风险受危险性和经济暴露度影响，音德尔镇地区属于高温灾害经济高风险区，其他地区相对较低。

表 6.13 扎赉特旗高温灾害 GDP 风险等级

风险等级	含义	指标
5	低风险	0.172～0.203
4	较低风险	0.203～0.212
3	中风险	0.212～0.243
2	较高风险	0.243～0.336
1	高风险	0.336～0.622

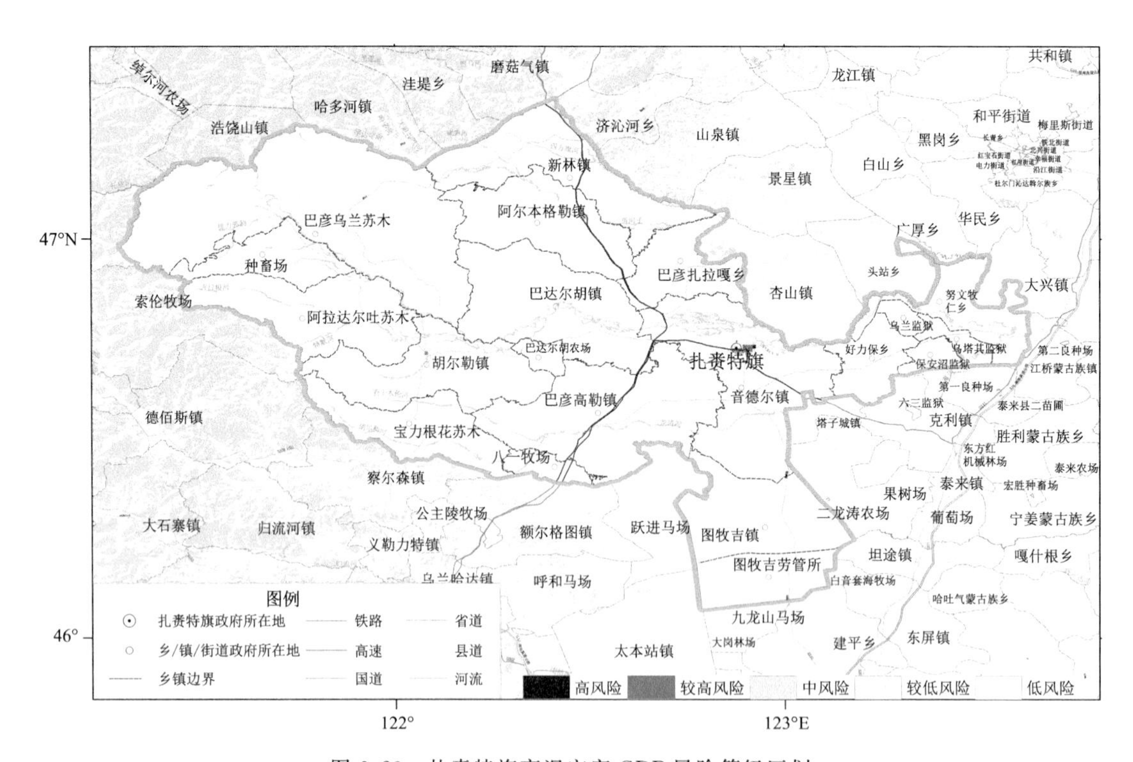

图 6.23 扎赉特旗高温灾害 GDP 风险等级区划

6.6.3 小麦风险评估与区划

扎赉特旗高温灾害小麦风险等级划分为 5 个等级(表 6.14)。扎赉特旗高温灾害小麦风险受高温灾害危险性和小麦暴露度影响，如图 6.24，大部分地区高温灾害小麦风险水平较低，高、次高风险区主要位于音德尔镇中部偏北、好力保镇中部、努文木仁乡南部等地。

表 6.14 扎赉特旗高温灾害小麦风险等级

风险等级	含义	指标
5	低风险	0～0.021
4	较低风险	0.021～0.075
3	中风险	0.075～0.164
2	较高风险	0.164～0.267
1	高风险	0.267～0.418

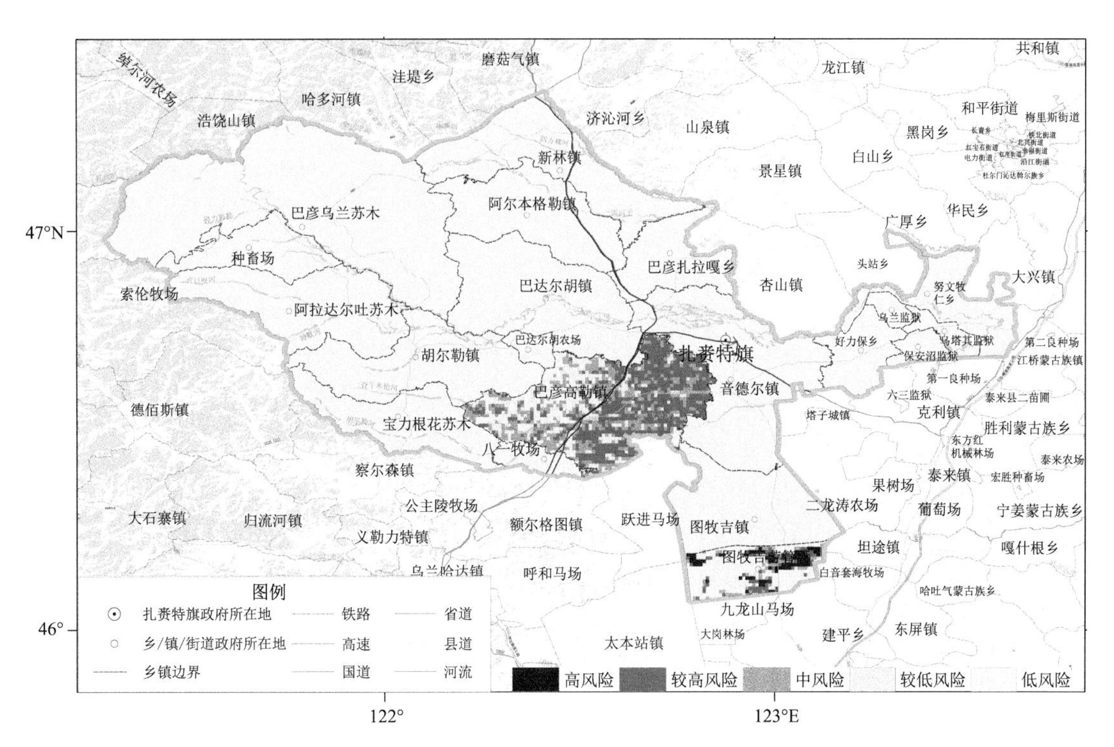

图 6.24 扎赉特旗高温灾害小麦风险等级区划

6.6.4 玉米风险评估与区划

扎赉特旗高温灾害玉米风险受高温灾害危险性和玉米暴露度影响(表 6.15,图 6.25),西部大部为低、较低等级,东部大部为高、较高等级,高、较高风险区主要位于巴达尔胡镇中部、音德尔镇北部、好力保镇等地。

表 6.15 扎赉特旗高温灾害玉米风险等级

风险等级	含义	指标
5	低风险	0～0.038
4	较低风险	0.038～0.085
3	中风险	0.085～0.185
2	较高风险	0.185～0.278
1	高风险	0.278～0.417

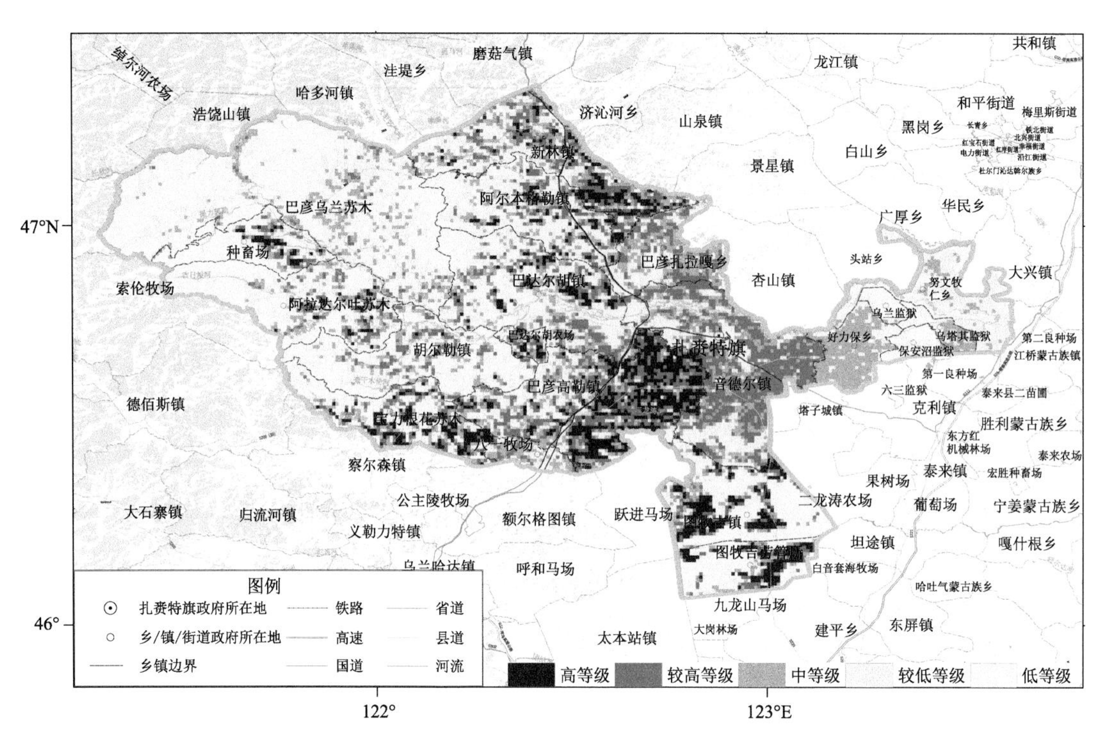

图 6.25 扎赉特旗高温灾害玉米风险等级区划

6.6.5 水稻风险评估与区划

扎赉特旗高温灾害水稻风险受高温灾害危险性和水稻暴露度影响(表 6.16,图 6.26),大部地区高温灾害水稻风险水平较低,高、较高风险区主要位于扎赉特旗音德尔镇北部、努文木仁乡、好力保镇等地。

表 6.16 扎赉特旗高温灾害水稻风险等级

风险等级	含义	指标
5	低风险	0～0.015
4	较低风险	0.015～0.052
3	中风险	0.052～0.083
2	较高风险	0.083～0.206
1	高风险	0.206～0.418

6.7 小结

扎赉特旗高温过程较少,强度较弱,高温灾害影响较小,灾情数据条数较少。扎赉特旗高温灾害致灾危险性整体上自西北向东南逐渐升高,西北部海拔较高的地区也是危险性低值区。高温灾害人口风险、GDP 风险的高、次高风险区主要集中于人口、经济密集区。扎赉特旗高温灾害小麦、玉米、水稻风险与作物种植区域有关,小麦高、较高风险区主要位于音德尔镇中部偏

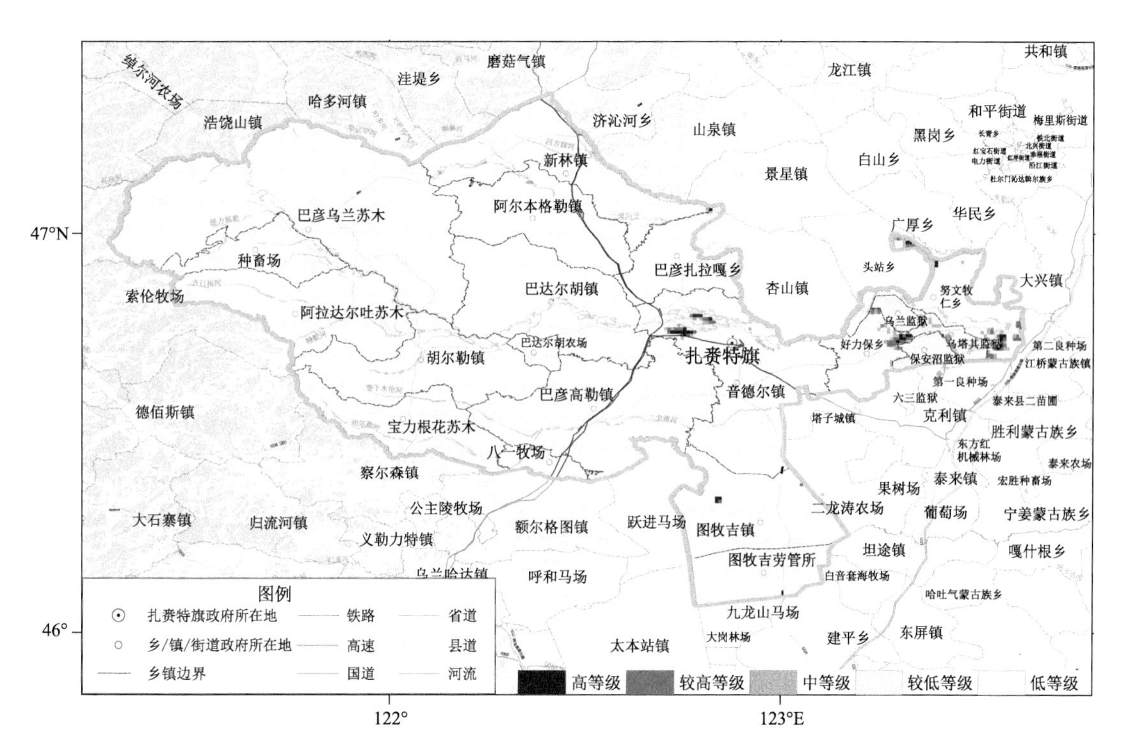

图 6.26　扎赉特旗高温灾害水稻风险等级区划

北、好力保镇中部、努文木仁乡南部等地;玉米高、较高风险区主要位于巴达尔胡镇中部、音德尔镇北部、好力保镇等地;水稻高、较高风险区主要位于扎赉特旗音德尔镇北部、努文木仁乡、好力保镇等地。

第7章　低　温

7.1　数据

7.1.1　气象数据

整理扎赉特旗1961—2020年国家级地面气象站逐日气温(平均气温、最低气温)、地面最低温度、降水(雪)、风速等气象观测数据,以及扎赉特旗境内11个骨干区域站2016—2020年逐日气温(平均气温、最低气温)数据。

利用扎赉特旗国家级地面气象站1961—2020年逐日平均气温、逐日最低气温数据,对所在旗(县)区域站2016—2020年逐日气温资料进行延长,最终获得1961—2020年扎赉特旗11个区域站逐日平均气温和逐日最低气温数据。数据延长的拟合方程以及相关系数如表7.1所示。

表7.1　区域站数据延长拟合方程及相关系数

站点	项目	趋势线方程	相关系数
新林	平均气温	$y=0.9685x+1.627$	0.9924
	最低气温	$y=1.0206x-2.285$	0.9793
好力保	平均气温	$y=1.0302x-0.7045$	0.9952
	最低气温	$y=1.0429x-0.7239$	0.9816
巴彦高勒	平均气温	$y=1.0238x-0.4221$	0.9929
	最低气温	$y=1.027x-1.4329$	0.9846
巴彦乌兰	平均气温	$y=0.9532x+1.7624$	0.8728
	最低气温	$y=0.9586x-3.4415$	0.8698
巴达尔胡	平均气温	$y=1.007x-0.6693$	0.9945
	最低气温	$y=0.992x-1.1434$	0.9825
阿尔本格勒	平均气温	$y=1.0457x-1.8184$	0.9915
	最低气温	$y=1.563x-2.9056$	0.9825
宝力根花	平均气温	$y=0.993x-0.9992$	0.9713
	最低气温	$y=0.9685x-1.6389$	0.9493
图牧吉	平均气温	$y=1.0282x-0.8171$	0.9949
	最低气温	$y=1.0319x-1.6597$	0.9845
阿拉达尔吐	平均气温	$y=1.0019x-6.0118$	0.9567
	最低气温	$y=0.9761x-2.1669$	0.9787

续表

站点	项目	趋势线方程	相关系数
巴彦扎拉嘎	平均气温	$y=0.98445x-0.541$	0.9927
	最低气温	$y=0.9764x-0.4412$	0.9744
努文木仁	平均气温	$y=1.0334x-0.9481$	0.995
	最低气温	$y=1.0501x-0.8886$	0.984

7.1.2 地理信息数据

行政区划数据为国务院普查办提供的扎赉特旗行政边界，大地基准为2000国家大地坐标系。数字高程模型(DEM)数据为空间分辨率为90 m的SRTM (Shuttle Radar Topography Mission)数据。

7.1.3 社会经济数据

数据来源于国务院普查办共享的人口、GDP、三大农作物(小麦、玉米、水稻)标准格网数据。同时收集了历年扎赉特旗耕地面积，农作物种植面积、总产量，草场面积等数据。

7.1.4 历史灾情数据

历史灾情数据为扎赉特旗气象局通过灾情风险普查收集到的资料，主要来源于灾情直报系统、灾害大典、旗(县)统计局、旗(县)地方志，以及地方民政局等。

7.2 技术路线及方法

收集扎赉特旗1961年以来国家级地面气象站和区域站的逐日气温(平均气温、最低气温)、地面最低温度、降水(雪)、风速等气象观测数据，霜冻等特殊天气观测数据。收集扎赉特旗低温历史灾害信息、承灾体、基础地理、社会经济现状和社会发展规划等相关资料。选取冷空气(寒潮)、霜冻害、低温冷害等低温灾害的频次、强度或持续时间等致灾因子确定灾害过程评估指标。通过危险性评估方法评估各低温灾害危险性等级，综合考虑该区域对低温灾害的暴露度特性，对低温灾害危险性进行基于空间单元的划分(图7.1)。

7.2.1 致灾过程确定

7.2.1.1 冷空气(寒潮)致灾过程确定

单站冷空气判定：

依据《冷空气过程监测指标》(QX/T 393—2017)，冷空气强度分中等强度冷空气、强冷空气和寒潮：

(1)中等强度冷空气：单站48 h降温幅度≥6 ℃且<8 ℃的冷空气。

(2)强冷空气：单站48 h降温幅度≥8 ℃的冷空气。

(3)寒潮：单站24 h降温幅度≥8 ℃或单站48 h降温幅度≥10 ℃或单站72 h降温幅度≥12 ℃，且日最低气温≤4 ℃的冷空气。

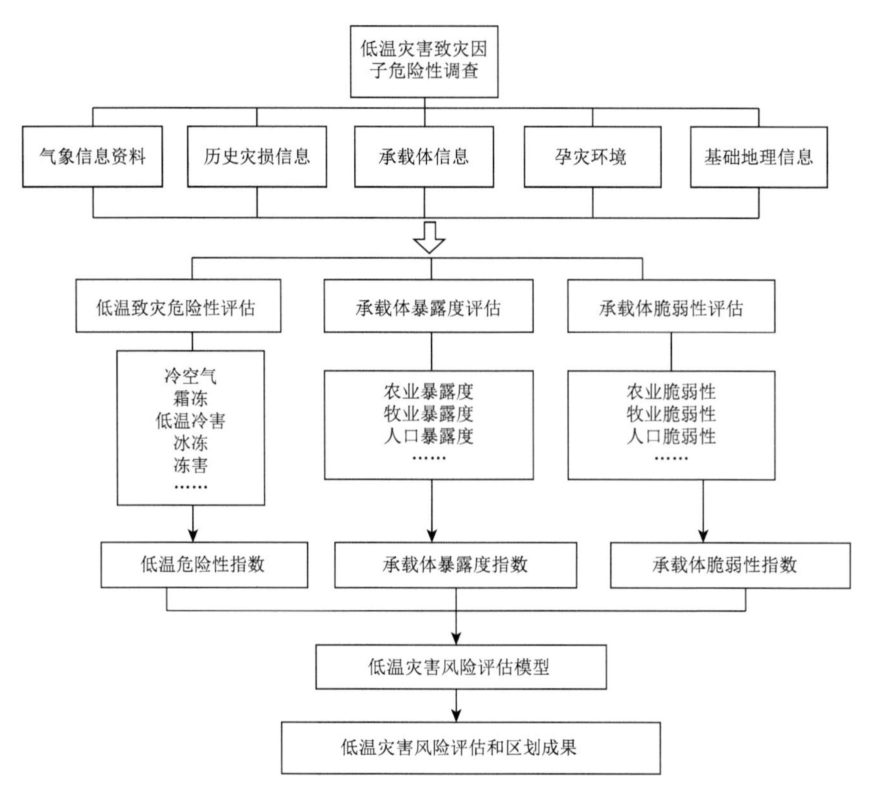

图 7.1 低温灾害风险评估与区划技术路线图

冷空气持续 2 d 及以上，判定为出现一次冷空气过程。

区域性冷空气过程判定：

在同一次过程中，凡盟(市)所选气象站有 50%及以上的监测站点达到中等以上强度冷空气则为一次全盟(市)性冷空气过程；凡东部、中部、西部各地区中有 50%及以上的盟(市)出现中等以上强度冷空气过程，定为该地区性冷空气过程；凡全区东中西部有 2 个或 3 个地区出现中等以上强度冷空气过程时，定为全区性冷空气过程。

当各地区中有 50%及以上盟(市)达强冷空气标准[可包括 1 个盟(市)达寒潮标准]，定为该地区强冷空气；3 个地区达强冷空气标准(可包括 1 个地区达寒潮标准)定为全区性强冷空气。当各地区中有 50%及以上盟(市)达中等强度冷空气标准[可包括 1 个盟(市)达强冷空气标准]，定为该地区中等强度冷空气；3 个地区达中等强度冷空气标准(可包括 1 个地区达强冷空气标准)定为全区性中等强度冷空气。

其中，东部地区包括呼伦贝尔市、兴安盟、通辽市、赤峰市，中部地区包括锡林郭勒盟、乌兰察布市、呼和浩特市，西部地区包括包头市、鄂尔多斯市、巴彦淖尔市、乌海市、阿拉善盟。

7.2.1.2 霜冻害致灾过程确定

单站霜冻灾害判定：

参照内蒙古自治区地方标准《霜冻灾害等级》(DB15/T 1008—2016)，采用地面最低温度低于或等于 0 ℃的温度和出现日期的早晚作为划分霜冻灾害等级的主要依据。气象站夏末秋初地面最低温度低于或等于 0 ℃时的第一日定为初霜日，春末夏初地面最低温度低于等于

0 ℃时的最后一日定为终霜日。没有地面最低温度的站点可参照《中国灾害性天气气候图集》,采用日最低气温≤2 ℃作为霜冻指标。

单站霜冻灾害等级划分采用温度等级和初终霜日期出现早(提前)晚(推后)天数或正常(气候平均日期)的综合等级指标。

(1)温度等级划分

当气象站某年出现霜冻后,依据当日地面最低温度(T),将霜冻划分为3个等级,即$-1<T\leqslant 0$ ℃、$-3<T\leqslant -1$ ℃、$T\leqslant -3$ ℃。

(2)日期早晚等级划分指标

以单站当年的初、终霜日比其气候平均日期早或晚的天数,将霜冻划分为4个等级,即初霜日期比气候平均日期正常或晚1~5 d、早1~5 d、早6~10 d、早10 d以上;终霜日期比其气候平均日期正常或早1~5 d、晚1~5 d、晚6~10 d、晚10 d以上。

(3)单站霜冻灾害划分指标

依据温度等级和日期早晚等级划分指标,将霜冻灾害等级划分为3级,即轻度霜冻、中度霜冻和重度霜冻。具体划分标准如表7.2、表7.3所示。

表7.2 单站初霜冻灾害等级划分指标

霜冻日期(早、晚)	灾害等级		
	−1~0 ℃	−3~−1 ℃	≤−3 ℃
正常或晚1~5 d	无灾害	轻度灾害	轻度灾害
早1~5 d	轻度灾害	中度灾害	重度灾害
早6~10 d	中度灾害	中度灾害	重度灾害
早10 d以上	重度灾害	重度灾害	重度灾害

表7.3 单站终霜冻灾害等级划分指标

霜冻日期(早、晚)	灾害等级		
	−1~0 ℃	−3~−1 ℃	≤−3 ℃
正常或早1~5 d	无灾害	轻度灾害	轻度灾害
晚1~5 d	轻度灾害	中度灾害	重度灾害
晚6~10 d	中度灾害	中度灾害	重度灾害
晚10 d以上	重度灾害	重度灾害	重度灾害

区域霜冻灾害判定:

(1)若区域内有大于或等于50%的国家级气象站发生了霜冻灾害,且其中发生重度霜冻的站点占一半以上,则认为该区域发生了重度霜冻灾害。

(2)若区域内有大于或等于50%的国家级气象站发生了霜冻灾害,且其中发生中度以上霜冻的站点占一半以上,但未达到(1)条规定的条件时,则认为该区域发生了中度霜冻灾害。

(3)若区域内有大于或等于50%的国家级气象站发生了霜冻灾害,但未达到上述(1)和(2)条规定的条件时,则认为该区域发生了轻度霜冻灾害。

这里所指的区域,可以是一个盟(市)或多个盟(市)或者全区。

7.2.1.3 低温冷害致灾过程确定

低温冷害指在作物生长发育期间，尽管日最低气温在 0 ℃以上，天气比较温暖，但出现较长时间的持续性低温天气，或者在作物生殖生长期间出现短期的强低温天气过程，日平均气温低于作物生长发育适宜温度的下限指标，影响农作物的生长发育和结实而引起减产的农业自然灾害。不同作物的各个生育阶段要求的最适宜温度和能够耐受的临界低温有很大的差异，品种之间也不相同，因此低温对不同作物、不同品种及作物的不同生育阶段的影响有较大差异。

单站低温冷害的判定指标：

(1)5—9 月≥10 ℃积温距平＜－100 ℃·d(可根据实际进行调整)。

(2)5—9 月平均气温距平之和≤－3 ℃；作物生育期内月平均气温距平≤－1 ℃。

(3)作物生育期内日最低气温低于作物生育期下限温度并持续 5 d 以上。

低温冷害等级划分指标：

(1)轻度低温冷害。对植株正常生育有一定影响，造成产量轻度下降。

(2)中度低温冷害。低温冷害持续时间较长，作物生育期明显延迟，影响正常开花、授粉、灌浆、结实率低，千粒重下降。

(3)重度低温冷害。作物因长时间低温不能成熟，严重影响产量和质量。

区域低温冷害判定：

若区域内有大于或等于 50%的国家级气象站出现低温冷害，则为一次区域性低温冷害灾害事件。这里所指的区域，可以是一个盟(市)或多个盟(市)或者全区。

7.2.1.4 冷雨湿雪致灾过程确定

冷雨湿雪指在连续降雨或者雨夹雪的过程中(或之后)伴随着较强的降温或冷风。

单站冷雨湿雪判定：

同时满足以下任一条件为一个冷雨湿雪日：

(1)日降水量≥5 mm，5 ℃＜日平均气温≤10 ℃，24 h 日最低气温降温幅度≥6 ℃。

(2)日降水量≥5 mm，5 ℃＜日平均气温≤10 ℃，6 ℃≥24 h 日最低气温降温幅度＞4 ℃，风速≥4 m/s。

(3)日降水量≥5 mm，日平均气温≤5 ℃，24 h 日最低气温降温幅度≥4 ℃。

(4)日降水量≥5 mm，日平均气温≤5 ℃，4 ℃≥24 h 日最低气温降温幅度＞2 ℃，风速≥2 m/s。

区域冷雨湿雪判定：

若区域内有大于或等于 50%的国家级气象站出现冷雨湿雪灾害，则为一次区域性冷雨湿雪灾害事件。这里所指的区域，可以是一个盟(市)或多个盟(市)或者全区。

7.2.1.5 低温灾害致灾因子确定

基于上述识别的低温灾害事件，确定各类型低温灾害致灾因子，如过程持续时间(Duriation，简称 D)和强度，强度可选取过程平均气温(T_{ave})和过程极端最低气温(ET_{min})、过程平均最低气温(AT_{min})、过程最大降温幅度($\max\Delta T$)、过程平均日照时数(PAS)、过程累计降水量(PAP)等。针对不同低温灾害类型，具体见表 7.4。不同地区或盟(市)、旗(县)可根据灾情识别选取不同低温灾害致灾因子。

表 7.4 低温灾害致灾因子

低温灾害类型	危险性指标
冷空气(寒潮)	持续时间、过程最大降温幅度(maxΔT)、过程极端最低气温等
霜冻	霜冻日数、霜冻开始和结束日日最低气温、霜冻期平均气温、霜冻期平均最低气温等
低温冷害	生育期月平均气温距平、≥10 ℃积温距平、5—9 月平均气温距平、日最低气温低于作物生育期下限温度值、持续时间等
冷雨湿雪	持续时间、过程平均气温、过程累计降水量、过程平均风速等

7.2.2 致灾因子危险性评估

7.2.2.1 冷空气(寒潮)危险性指数

冷空气(寒潮)危险性指数计算公式如下：

$$H_{\mathrm{cold}}=A\times D_{\mathrm{cold}}+B\times \max\Delta T+C\times \mathrm{ET}_{\min}$$

式中，H_{cold}为冷空气(寒潮)危险性指数；D_{cold}、$\max\Delta T$、$\mathrm{ET}_{\min}$分别是归一化后的三个致灾因子指数；A、B、C为权重系数。

7.2.2.2 霜冻危险性指数

霜冻危险性指数计算公式如下：

$$H_{\mathrm{frost}}=A\times D_{\mathrm{frost}}+B\times T_{\mathrm{ave}}+C\times \mathrm{AT}_{\min}$$

式中，H_{frost}为霜冻危险性指数；D_{frost}、T_{ave}、$\mathrm{AT}_{\min}$分别是归一化后的三个致灾因子指数；A、B、C为权重系数。

7.2.2.3 低温冷害危险性指数

低温冷害危险性指数计算公式如下：

$$H_{\mathrm{dwlh}}=A\times \Delta T+B\times D_{\mathrm{dwlh}}$$

式中，H_{dwlh}为低温冷害危险性指数；ΔT、D_{dwlh}分别是归一化后的两个致灾因子指数，即低温冷害发生时间段的平均气温距平、持续时间；A、B为权重系数。

7.2.2.4 冷雨湿雪指数

冷雨湿雪指数计算公式如下：

$$H_{\mathrm{lysx}}=A\times D_{\mathrm{lysx}}+B\times \overline{T}+C\times P+D\times \max\overline{V}$$

式中，H_{lysx}为冷雨湿雪危险性指数；D_{lysx}、$\overline{T}$、P、$\max\overline{V}$分别是归一化后的四个致灾因子指数，即持续时间、过程平均气温、过程累计降水量、过程逐日风速的最大值；A、B、C、D为权重系数。

低温灾害涉及冷空气(寒潮)、霜冻、低温冷害、冷雨湿雪等灾害类型，结合扎赉特旗实际，选择了冷空气、霜冻和低温冷害作为主要低温灾害类型，分别计算各低温灾害危险性指数后，将各低温灾害危险性指数加权求和得到低温灾害危险性。低温灾害危险性计算公式如下：

$$H=\sum_{i=1}^{N}a_i\times X_i$$

式中，H为低温灾害危险性指数，X_i为第i种低温灾害(如冷空气、霜冻、低温冷害、冷雨湿雪等)危险性指数值，a_i为第i种低温灾害权重系数，可由熵权法、层次分析法、专家打分法或其他方法获得。利用小网格推算法，建立研究区境内气象站点低温致灾因子与海拔高度的回归方程，通过 GIS 空间分析法对危险性指数进行空间插值，制作各类低温灾害危险性评估图。

基于低温灾害危险性评估结果，综合考虑行政区划（或气候区、流域等），对低温灾害危险性进行基于空间单元的划分，并根据危险性评估结果制作成果图件。根据低温灾害危险性指标值分布特征，可使用标准差等方法，将低温灾害危险性分为 4 级（表 7.5）。

表 7.5 低温灾害危险性等级划分标准

危险性等级	指标
1	$\geq ave+\sigma$
2	$[ave, ave+\sigma)$
3	$[ave-\sigma, ave)$
4	$< ave-\sigma$

注：ave 和 σ 分别为区域内非 0 危险性指标值均值和标准差。

7.2.3 风险评估与区划

7.2.3.1 暴露度评估

暴露度评估可采用区划范围内人口密度、地均 GDP、农作物种植面积比例、畜牧业所占面积比例等作为评价指标来表征人口、经济、农作物和畜牧业等承灾体暴露度。

以区划范围内承灾体数量或种植面积与总面积之比作为承灾体暴露度指标为例，暴露度指数计算方法如下：

$$I_{vs} = \frac{S_E}{S}$$

式中，I_{vs} 为承灾体暴露度指标，S_E 为区域内承灾体数量或种植面积，S 为区域总面积或耕地面积（参照《农业气象灾害风险区划技术导则》（QX/T 527—2019））。对各评价指标进行归一化处理，得到不同承灾体的暴露度指数。

7.2.3.2 脆弱性评估

脆弱性评估可采用区域范围内低温灾害受灾人口、直接经济损失、受灾面积、灾损率等作为评价敏感性的指标来表征脆弱性。

以区域范围内受灾人口、直接经济损失、主要农作物受灾面积与总人口、国内生产总值、农作物总种植面积之比作为脆弱性指标为例，脆弱性指数计算方法如下：

$$V_i = \frac{S_V}{S}$$

式中，V_i 为第 i 类承灾体脆弱性指数，S_V 为受灾人口、直接经济损失或受灾面积，S 为总人口、国内生产总值或农作物种植总面积。对各评价指标进行归一化处理，得到不同承灾体的脆弱性指数。

7.2.3.3 风险评估

低温灾害涉及冷空气（寒潮）、霜冻、低温冷害、冷雨湿雪等灾害类型，结合扎赉特旗实际，选择了冷空气、霜冻和低温冷害作为主要低温灾害类型，结合对不同承灾体暴露度和脆弱性评估结果，基于低温灾害风险评估模型，分别对各类低温灾害开展风险评估工作。低温灾害风险评估模型如下：

$$R=H\times E\times V$$

式中，R 为特定承灾体低温灾害风险评价指数，H 为致灾因子危险性指数，E 为承灾体暴露度指数，V 为脆弱性指数。

依据风险评估结果，针对不同承灾体，使用标准差方法定义风险等级区间，可将低温灾害风险分为 5 级。风险等级划分标准见表 7.6。

表 7.6 低温灾害风险区划等级

风险等级	含义	指标
1	高风险	$\geqslant$ave$+\sigma$
2	较高风险	[ave$+0.5\sigma$，ave$+\sigma$)
3	中风险	[ave-0.5σ，ave$+0.5\sigma$)
4	较低风险	[ave$-\sigma$，ave-0.5σ)
5	低风险	$<$ave$-\sigma$

注：ave 和 σ 分别为区域内非 0 风险指标值均值和标准差。

7.3 致灾因子特征分析

7.3.1 冷空气致灾因子特征分析

7.3.1.1 冷空气时空特征

1961—2020 年，扎赉特旗平均每年出现 8.9 次冷空气过程，最多的年份出现 13 次，最少的年份出现 1 次。1961—2020 年扎赉特旗出现冷空气次数呈减少趋势，减少率为 0.6 次/10a。从空间分布上看，宝力根花苏木和巴彦乌兰苏木冷空气年平均发生次数最多，在 8 次以上，其余地区冷空气发生次数在 5～8 次(图 7.2，图 7.3)。

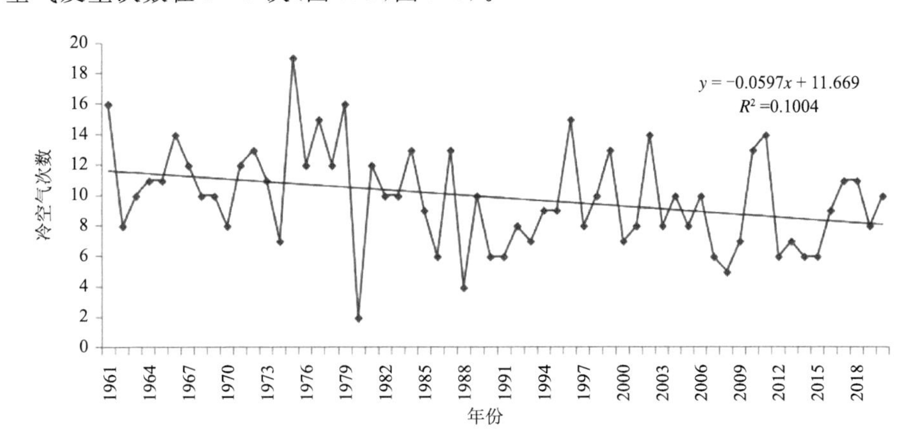

图 7.2 1961—2020 年扎赉特旗冷空气次数历年变化

扎赉特旗冷空气平均持续时间为 2.1 d。冷空气历年最大降温幅度达 14.3 ℃，出现在 1997 年。1961—2020 年，扎赉特旗冷空气历年最大降温幅度呈略上升趋势，说明在气候变暖背景下，扎赉特旗冷空气发生时的降温幅度有所减小，但是同时也发现，气候变暖以后极端降

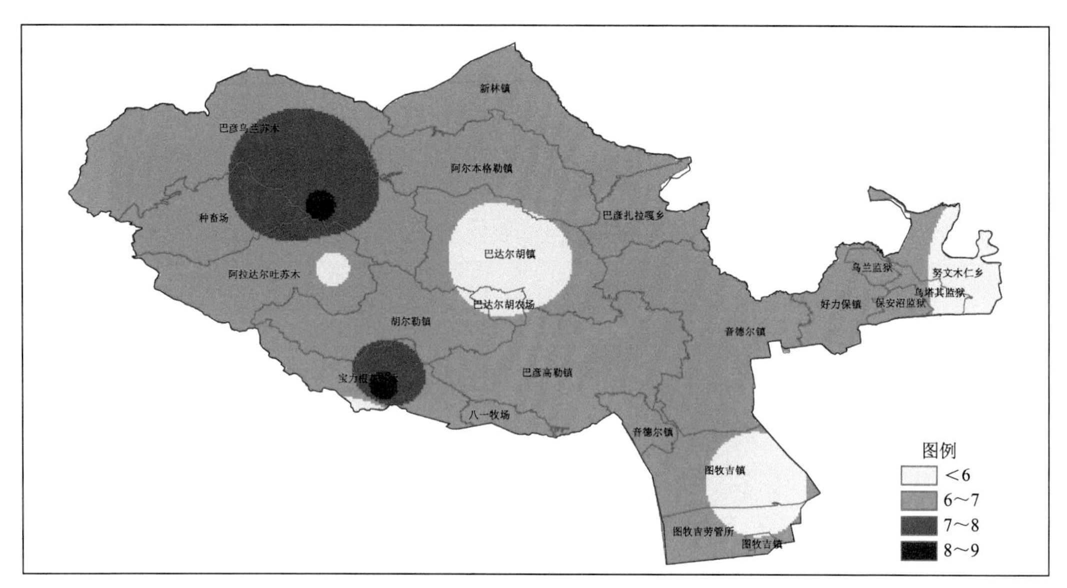

图 7.3 1961—2020 年扎赉特旗冷空气平均次数分布

温的情况仍时有发生。从空间分布上看，扎赉特旗巴彦扎拉嘎乡冷空气最大降温幅度最大，在15 ℃以下；西部大部降温幅度最小，在 11～12 ℃（图 7.4）。

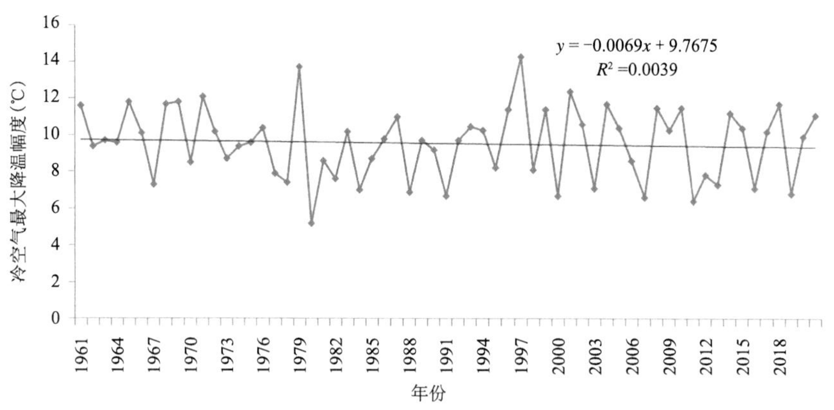

图 7.4 1961—2020 年扎赉特旗冷空气最大降温幅度历年变化

扎赉特旗冷空气极端最低气温年际变化大，气候变暖背景下，扎赉特旗冷空气极端最低气温呈上升趋势，但是极端最低气温的极端性仍然存在，2001 年扎赉特站冷空气过程极端最低气温达－37.9 ℃，为 1961 年以来第一低值（图 7.5）。从空间分布上看，冷空气极端最低气温的最低值出现在扎赉特旗东南部的巴彦高勒镇、图牧吉镇，达－41 ℃以下，西部大部冷空气极端最低气温高于－30 ℃（图 7.6）。

7.3.1.2 霜冻时空特征

分析 1961—2018 年扎赉特旗霜期平均气温和平均最低气温发现，气候变暖背景下，扎赉特旗霜期平均气温和平均最低气温均呈上升趋势，但近年来气温极端偏低的现象仍然存在。如 2000 年，扎赉特旗霜期平均气温和平均最低气温分别为－6.5 ℃和－13.4 ℃，均为 1961 年以来最低值（图 7.7，图 7.9）。

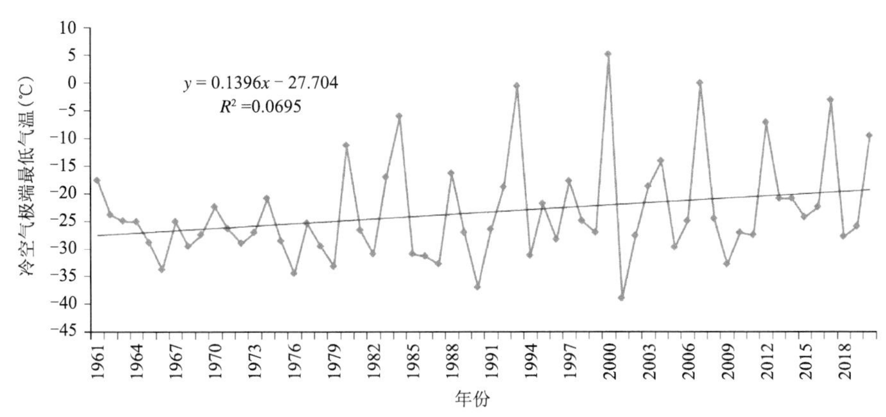

图 7.5　1961—2020 年扎赉特旗冷空气极端最低气温分布

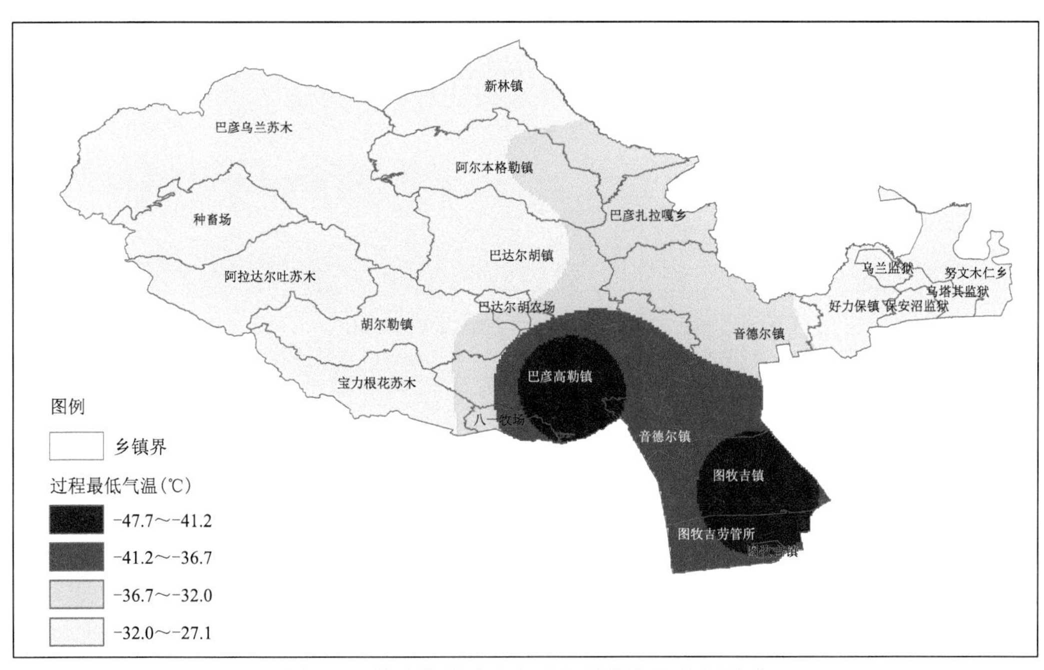

图 7.6　扎赉特旗冷空气过程最低气温空间分布

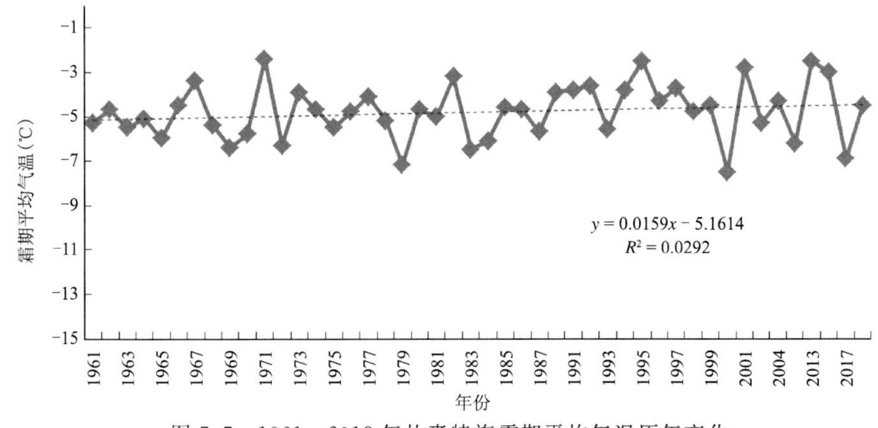

图 7.7　1961—2018 年扎赉特旗霜期平均气温历年变化

从空间分布上看，扎赉特旗霜期平均气温和平均最低气温均呈由西向东递增趋势，霜期平均气温最低值和平均最低气温最低值均出现在扎赉特旗的西南部（图 7.8，图 7.10）。

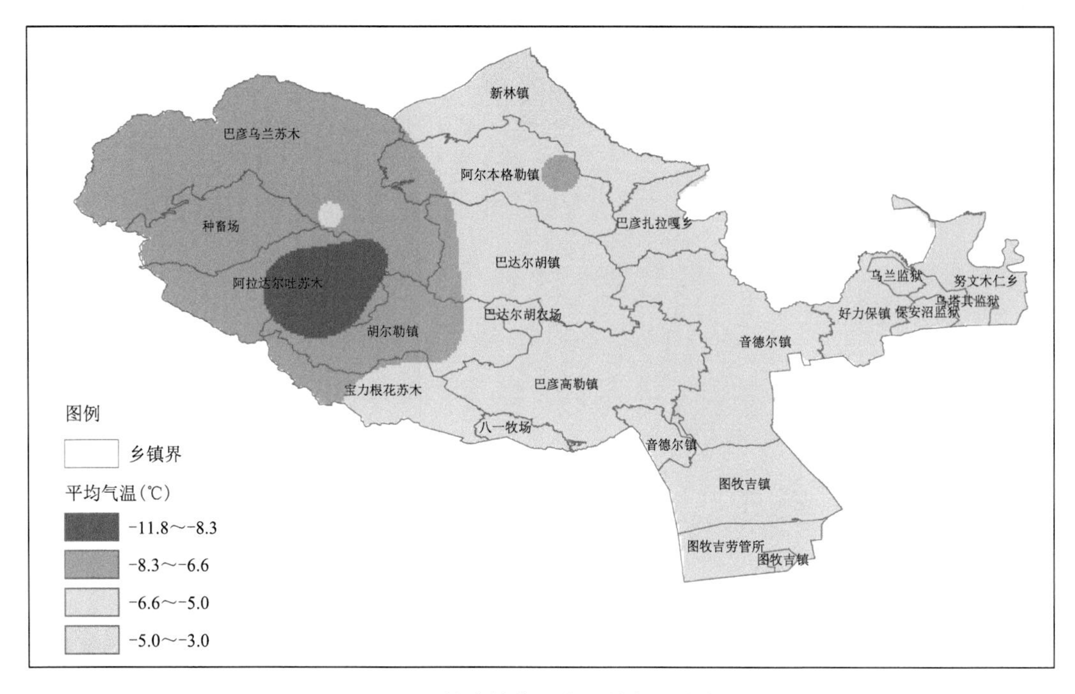

图 7.8　扎赉特旗霜期平均气温分布

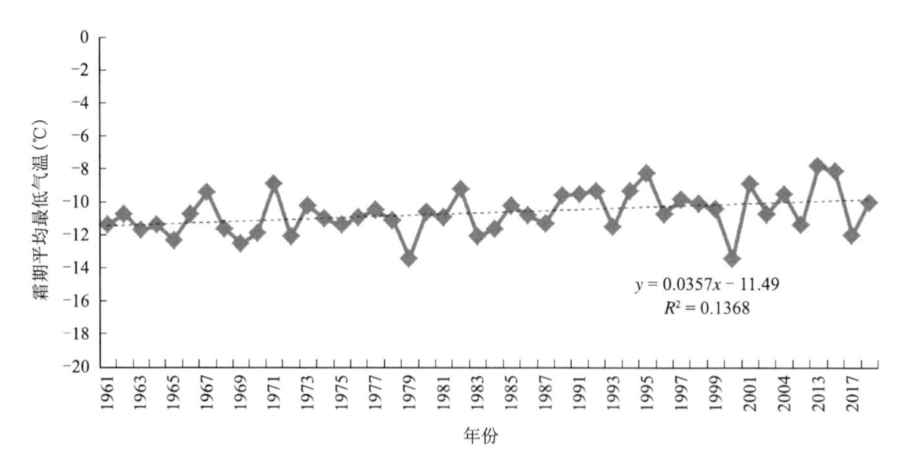

图 7.9　1961—2018 年扎赉特旗霜期平均最低气温历年变化

7.3.1.3　低温冷害时空特征

从扎赉特旗 1961 年以来作物生长季（5—9 月）≥10 ℃积温和平均气温距平和上看，该旗低温冷害的发生次数呈明显降低的趋势，尤其是 20 世纪 80 年代后期气候变暖以后，5—9 月≥10 ℃积温和平均距平和明显上升（图 7.11，图 7.12）。扎赉特旗作物生长季平均气温呈由西向东递增趋势。说明气候变暖背景下，扎赉特旗发生低温冷害的危险性呈降低趋势，且西部地区是低温冷害危险性较高的区域（图 7.13）。

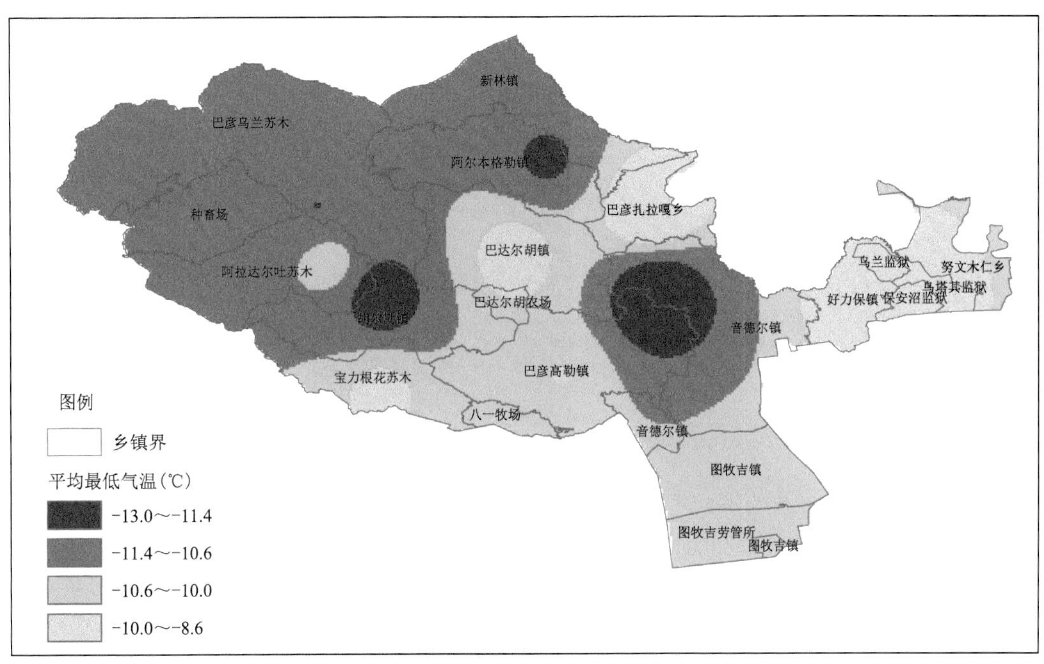

图 7.10　扎赉特旗霜期平均最低气温分布

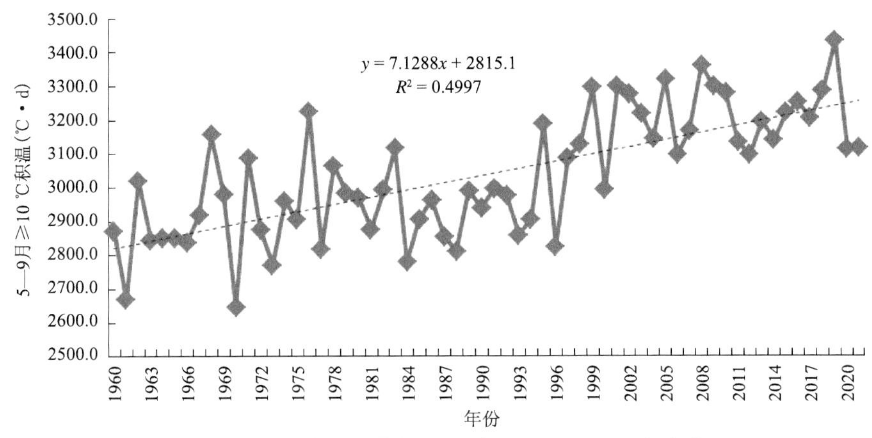

图 7.11　扎赉特旗作物生长季≥10 ℃积温历年变化

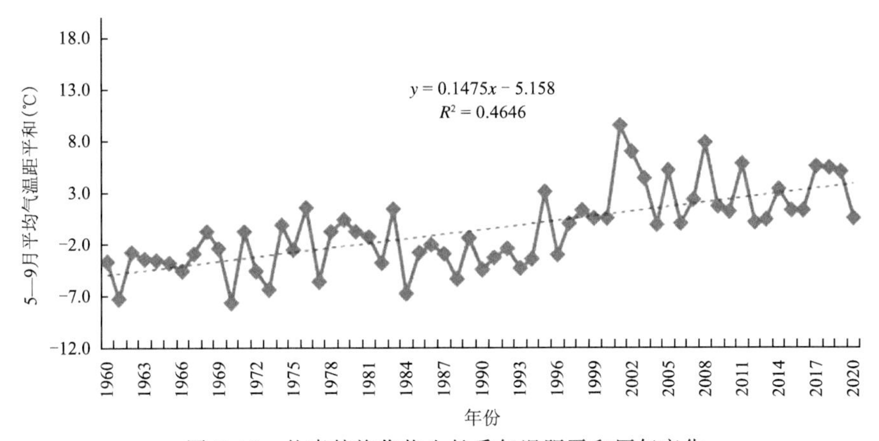

图 7.12　扎赉特旗作物生长季气温距平和历年变化

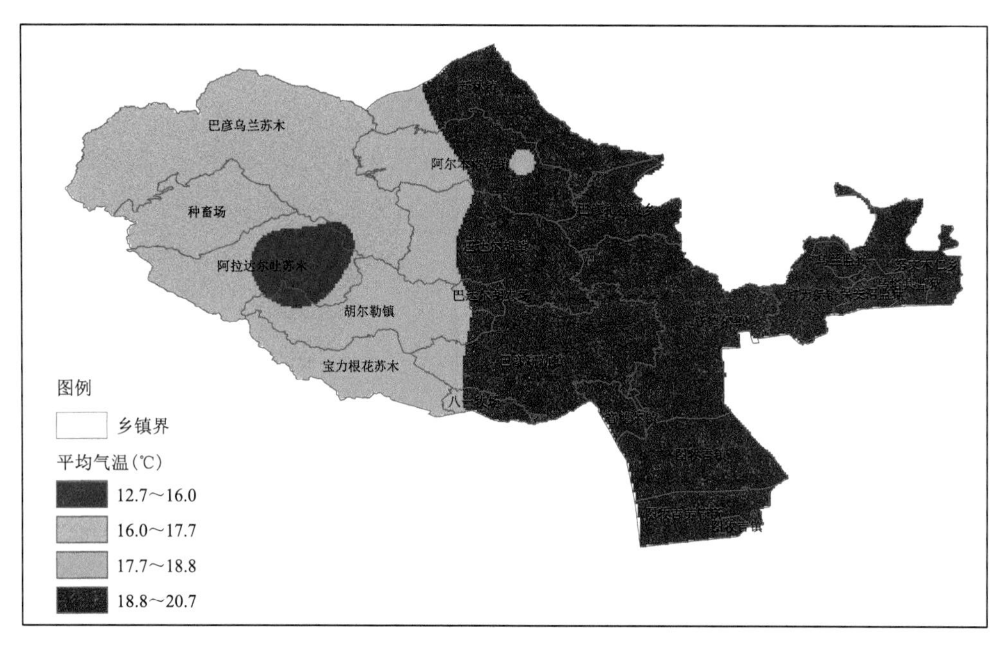

图 7.13　扎赉特旗作物生长季平均气温分布

7.4　致灾危险性评估

7.4.1　冷空气致灾危险性

利用冷空气危险性指数计算公式分别计算扎赉特旗 1961—2020 年以来所有冷空气(寒潮)过程,提取出每个过程的持续时间、过程最大降温幅度和过程极端最低气温。利用熵权法计算三个致灾因子的权重系数,得出扎赉特旗持续时间权重为 55%、过程最大降温幅度权重为 20%、过程极端最低气温权重为 25%。可以看出,扎赉特旗冷空气危险性呈自西向东递减趋势(图 7.14)。

由于冷空气多在极地与西伯利亚大陆上形成,其范围纵横长达数千千米,厚度达几到几十千米。强冷空气过程是冷气团从高纬度地区大规模向南侵袭的过程,影响范围较大,有的过程甚至影响整个内蒙古地区。而旗(县)的面积相对于冷空气影响面积较小,因此冷空气对其影响的空间差异不大。

7.4.2　霜冻致灾危险性

利用霜冻危险性指数计算公式计算扎赉特旗 1961—2020 年以来所有霜冻过程,提取出每个过程的持续时间、平均气温和过程平均最低气温。利用熵权法计算三个致灾因子的权重系数,得出扎赉特旗持续时间权重为 79%、过程最大降温幅度权重为 8%、过程极端最低气温权重为 13%。可以看出,扎赉特旗霜冻危险性较高的区域位于其西部,其余大部地区危险性较小(图 7.15)。

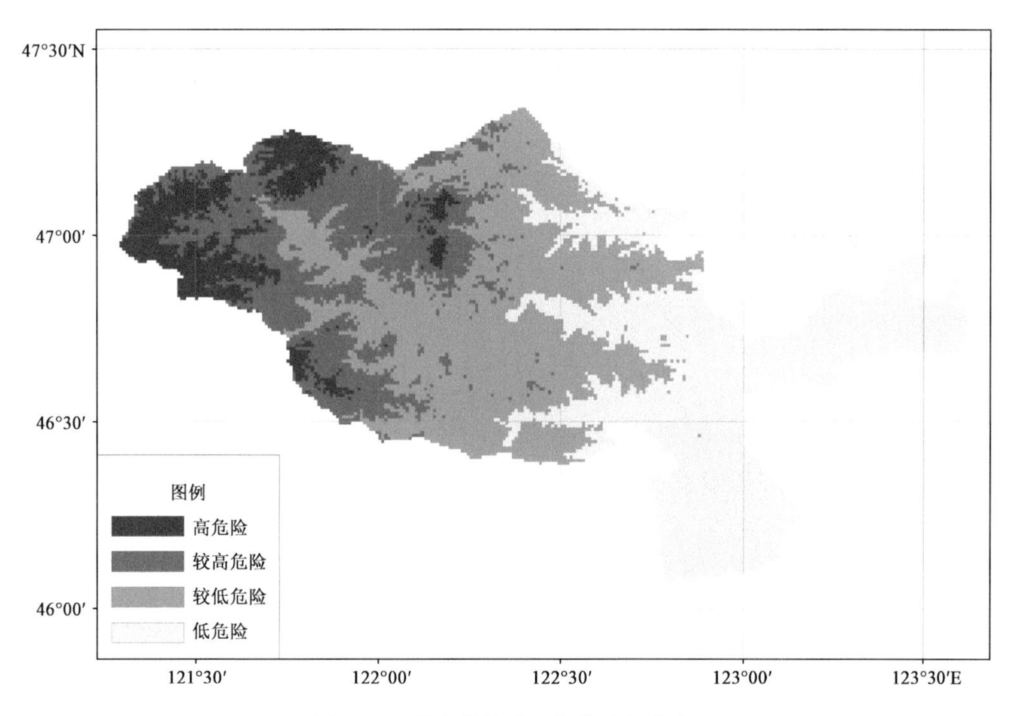

图 7.14 扎赉特旗冷空气危险性分布

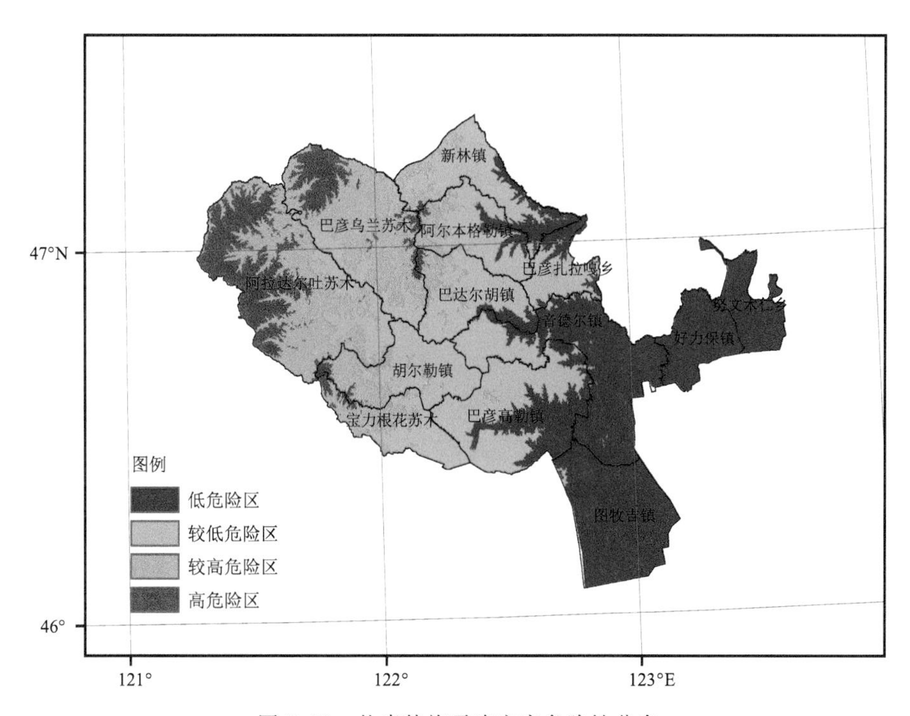

图 7.15 扎赉特旗霜冻灾害危险性分布

7.4.3 低温冷害致灾危险性

利用低温冷害危险性计算公式计算扎赉特旗1961—2020年以来所有低温冷害过程，提取出每个过程的平均气温和过程平均最低气温。利用熵权法计算两个致灾因子的权重系数，得出扎赉特旗平均气温权重为50%、平均最低气温权重为50%。利用以上方法计算扎赉特旗低温冷害危险性指数，可以看出，扎赉特旗低温冷害危险性较高的区域位于其西部，其余大部地区危险性较小（图7.16）。

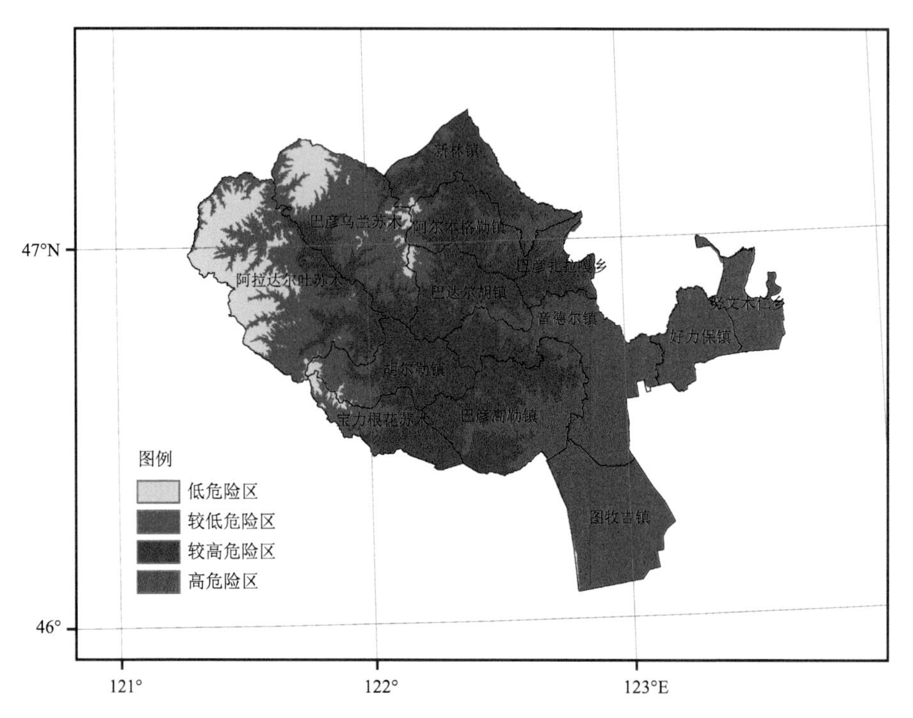

图7.16 扎赉特旗低温冷害危险性分布

7.4.4 低温灾害致灾危险性

计算1961—2020年影响扎赉特旗的三种低温致灾因子（冷空气、霜冻、低温冷害）的平均危险性指数，将其进行归一化，利用熵权法计算三个危险性指数的权重系数，得出扎赉特旗冷空气危险性权重为21.9%、霜冻危险性权重为33.6%，低温冷害危险性权重为44.5%。扎赉特旗低温灾害危险性与各类低温灾害的危险性分布一致，危险性较高的区域位于其西部，其余大部地区危险性较小（图7.17）。具体低温危险各等级指数见表7.7。

表7.7 扎赉特旗低温灾害危险性区划

危险性等级	含义	指标
4	低危险性	0.446～0.460
3	较低危险性	0.460～0.477
2	较高危险性	0.477～0.497
1	高危险性	0.497～0.555

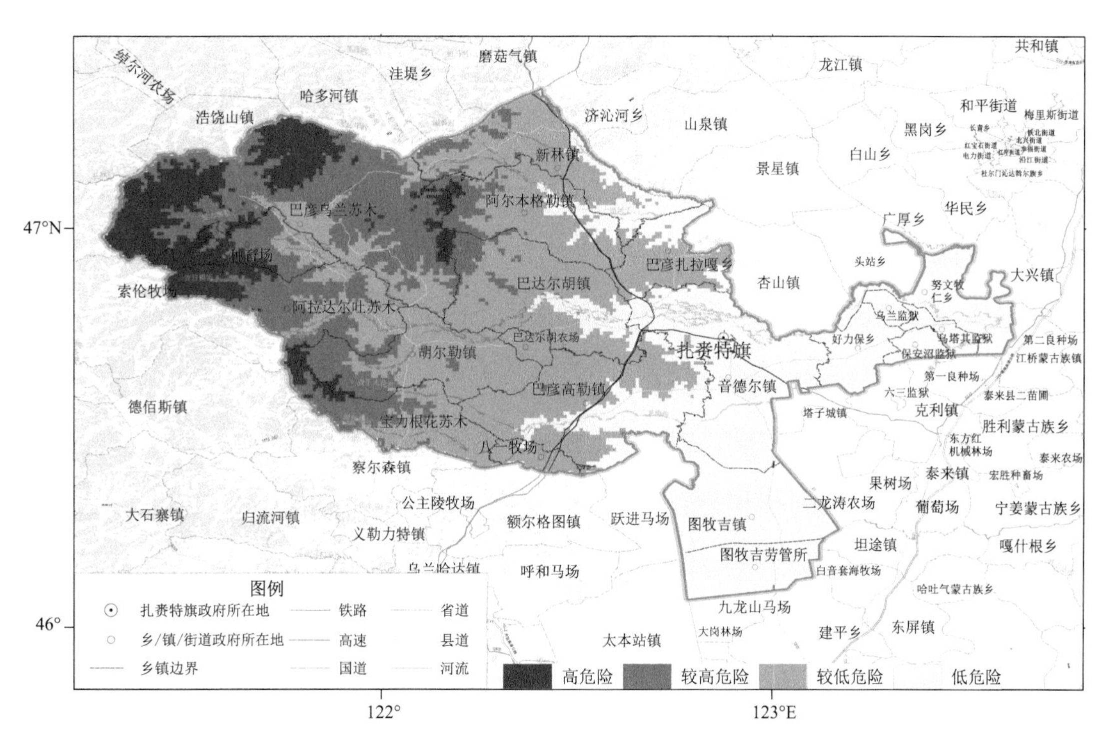

图 7.17 扎赉特旗低温灾害危险性分布

7.5 灾害风险评估与区划

7.5.1 人口风险评估与区划

根据扎赉特旗低温致灾危险性评估结果，结合人口暴露度评估结果，构建扎赉特旗低温灾害人口风险评估模型，计算低温人口风险指数，采用自然断点法将其划分为5级（表7.8），并绘制扎赉特旗低温灾害人口风险区划图（图7.18）。

从图上可以看出，扎赉特旗大部地区低温灾害人口风险均为低风险，全旗大部零星散布着较低风险的区域，个别地区有中风险区域，高风险和较高风险主要集中在扎赉特旗东部偏北地区，也是旗政府所在地音德尔镇。

表 7.8 扎赉特旗低温灾害人口风险等级

风险等级	含义	指标
5	低风险	0～0.002
4	较低风险	0.002～0.008
3	中风险	0.008～0.018
2	较高风险	0.018～0.043
1	高风险	0.043～0.099

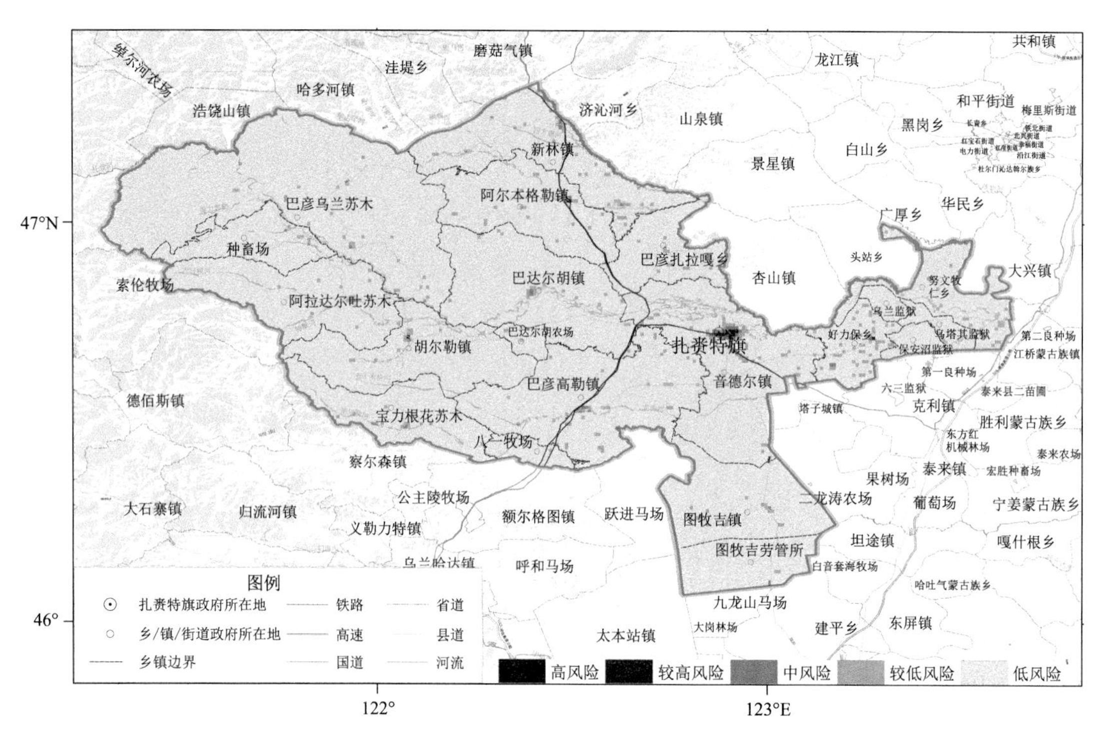

图 7.18　扎赉特旗低温灾害人口风险分布

7.5.2　GDP 风险评估与区划

根据扎赉特旗低温致灾危险性评估和当地 GDP 暴露度评估结果，构建扎赉特旗低温灾害 GDP 风险评估模型，计算低温 GDP 风险指数，采用自然断点法将其划分为 5 级(表 7.9)，并绘制扎赉特旗低温灾害 GDP 风险区划图(图 7.19)。

由于 GDP 的分布与人口分布一致，因此扎赉特旗大部地区低温灾害 GDP 风险空间分布与人口风险分布基本一致。从图 7.19 可以看出，扎赉特大部地区均为低风险，零星散布着较低风险的区域，个别地区有中风险区域，高风险和较高风险主要集中在扎赉特旗东部偏北地区，音德尔镇作为扎赉特旗政府所在地，是 GDP 最多的区域，其低温风险也是最高的地区。

表 7.9　扎赉特旗低温灾害 GDP 风险等级

风险等级	含义	指标
5	低风险	0～0.008
4	较低风险	0.008～0.024
3	中风险	0.024～0.047
2	较高风险	0.047～0.079
1	高风险	0.079～0.143

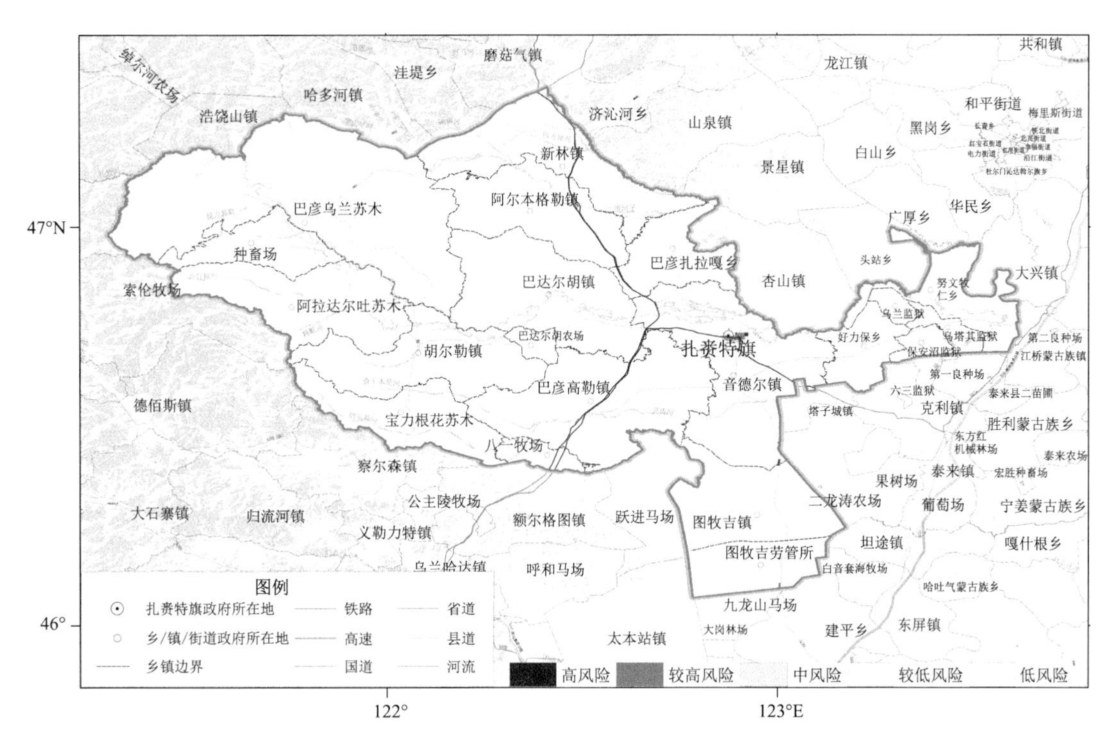

图 7.19　扎赉特旗低温灾害 GDP 风险分布

7.5.3　农作物风险评估与区划

扎赉特旗大部为水稻低温灾害低风险区，中等以上水稻低温风险只分布在扎赉特旗东北部的好力保镇和努文木仁乡，其余地区均为低风险和较低风险区（图 7.20）。扎赉特旗水稻低温风险各等级值见表 7.10。

表 7.10　扎赉特旗水稻低温灾害风险等级

风险等级	含义	指标
5	低风险	0～0.022
4	较低风险	0.022～0.082
3	中风险	0.082～0.128
2	较高风险	0.128～0.203
1	高风险	0.203～0.408

扎赉特旗大部为玉米低温灾害低风险区，全旗东北部和中部局部地区零星分布玉米低温中等以上风险，但所占区域面积均不大。其中，巴达尔胡镇南部、音德尔镇北部和东部、好力保镇大部以及努文木仁乡南部存在玉米较高风险和高风险（图 7.21）。扎赉特旗玉米低温灾害风险各等级值见表 7.11。

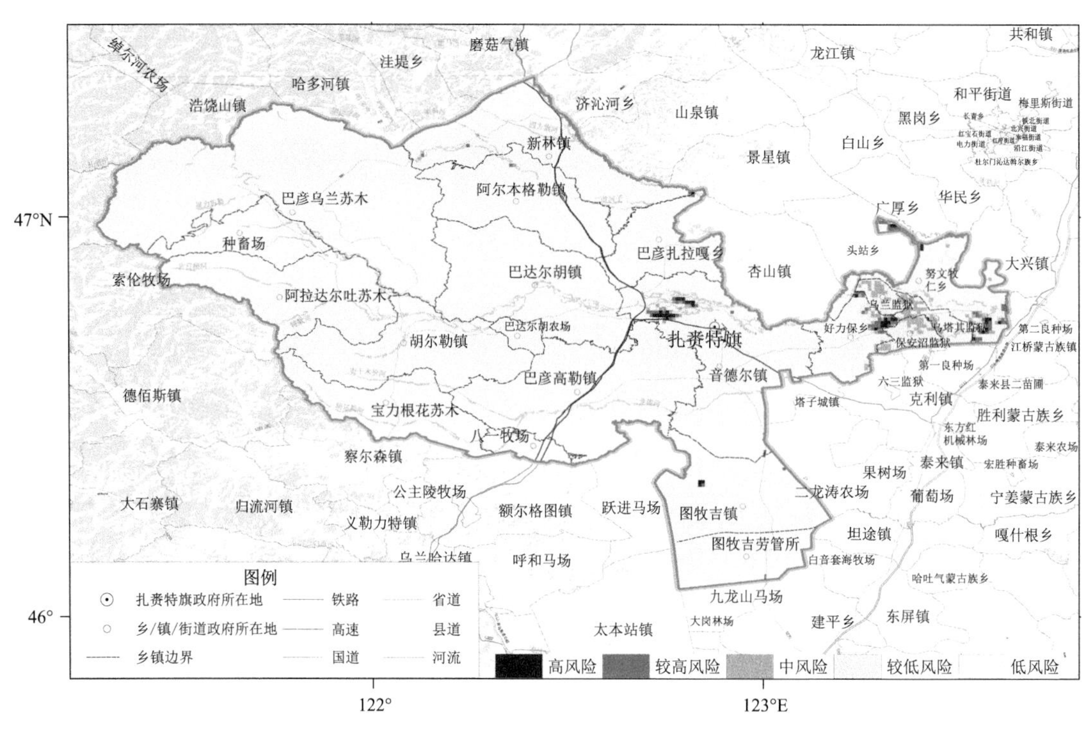

图 7.20 扎赉特旗水稻低温灾害风险分布

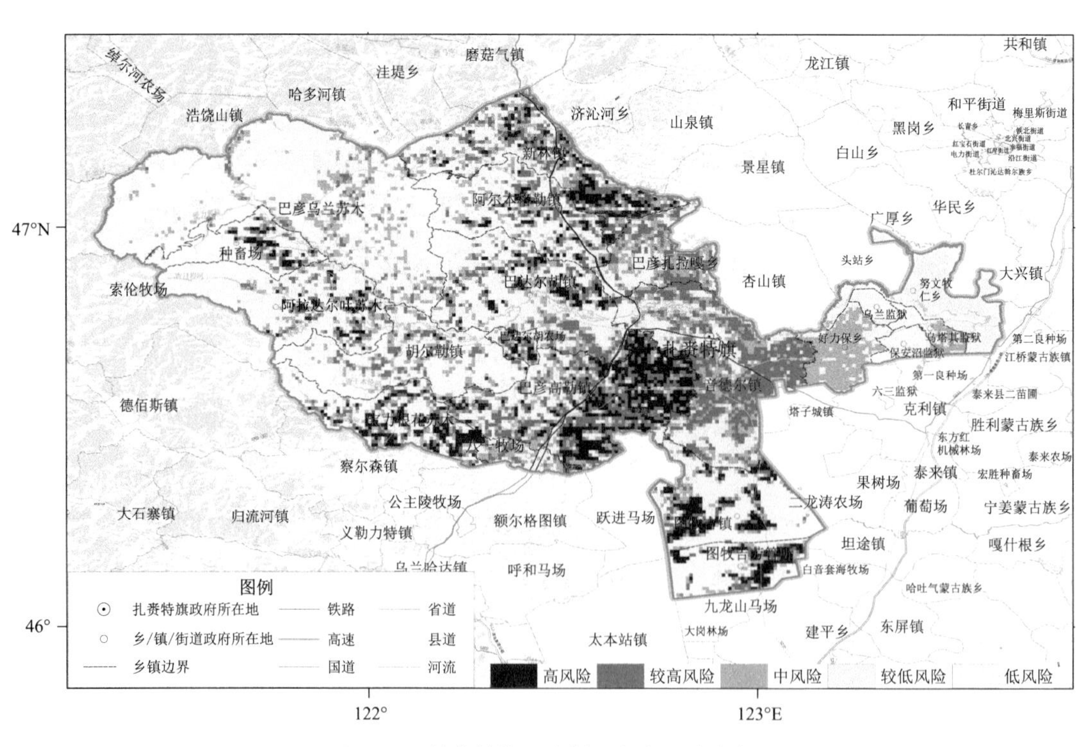

图 7.21 扎赉特旗玉米低温灾害风险分布

表 7.11 扎赉特旗玉米低温灾害风险等级

风险等级	含义	指标
5	低风险	0～0.058
4	较低风险	0.058～0.144
3	中风险	0.144～0.257
2	较高风险	0.257～0.363
1	高风险	0.363～0.565

7.6 小结

扎赉特旗低温灾害类型主要包括冷空气、霜冻和低温冷害。从普查的灾情信息看，扎赉特旗低温灾害主要为霜冻和低温冷害。霜冻主要为早霜冻，发生在 9 月中旬；低温冷害主要出现在 5—6 月。从各类型低温灾害的致灾因子时空分布特征上看，在气候变暖背景下，近 60 年扎赉特旗各类低温灾害的致灾因子均呈减小或降低的趋势，但是由于低温事件的极端性并没有减少，低温极端天气气候事件的强度并没有降低，反而在气候变暖以后仍出现了历史最低的低温事件。空间上，受海拔高度的影响，扎赉特旗低温灾害致灾因子均呈由西向东递减的趋势。低温致灾因子危险性的空间分布也充分印证了这样的趋势。由于人口和 GDP 分布较多的地区风险较大，扎赉特旗低温风险区划的结果主要与当地人口和 GDP 的分布一致。扎赉特旗低温灾害人口和 GDP 风险最大的地区均为音德尔镇，全旗大部地区低温风险较低。扎赉特旗主要农作物为水稻和玉米，全旗大部各类农作物低温风险较低。水稻低温风险区主要分布于东北部的好力保镇和努文木仁乡，玉米低温风险区主要分布于中部和东部地区。

第8章 雷 电

8.1 数据

8.1.1 气象数据

雷暴日数据来源于扎赉特旗气象站1961—2013年逐日雷暴日观测数据。闪电定位数据来源于2014—2020年扎赉特旗境内的地闪定位数据，包括雷击的时间、经纬度、雷电流幅值等参数。

8.1.2 地理信息数据

DEM数字高程数据来源于中国科学院计算机网络信息中心国际科学数据镜像网站SRTM地形数据，分辨率精度为90 m；提取出扎赉特旗海拔高度和地形起伏度数据。

土地利用数据来源于中国科学院资源环境科学数据中心中国1∶10万土地利用现状遥感监测数据库的内蒙古地区1 km栅格数据；提取出扎赉特旗土地利用数据。

土壤电导率数据来源于黑河计划数据管理中心、寒区旱区科学数据中心基于世界土壤数据库(HWSD)的土壤数据集(v1.2)，中国境内数据源为第二次全国土地调查中国科学院南京土壤研究所提供的1∶100万土壤数据集中内蒙古地区土壤数据；提取出扎赉特旗土壤电导率数据。

8.1.3 社会经济数据

人口格网数据来源于国务院普查办下发的扎赉特旗30″×30″人口网格数据；GDP格网数据来源于国务院普查办下发的扎赉特旗30″×30″GDP网格数据。

8.1.4 公共资源数据

以扎赉特旗行政区域为单元调查收集的油库、气库、弹药库、化学品仓库、烟花爆竹、石化等易燃易爆场所数量、雷电易发区内的矿区和旅游景点数量。

8.1.5 雷电灾情数据

雷电灾情数据来源于中国气象局雷电防护办公室编制的《全国雷电灾害汇编》1998—2020年扎赉特旗雷电灾情资料(包含人员伤亡和经济损失等相关参数)、内蒙古自治区气象局灾情直报系统的扎赉特旗1983—2020年的灾情资料、《中国气象灾害大典 内蒙古卷》1951—2000年扎赉特旗的雷电灾情资料。

8.2 技术路线及方法

以扎赉特旗为基本调查单元,采取全面调查和重点调查相结合的方式,利用监测站点数据汇集整理、档案查阅、现场勘查等多种调查技术手段,开展致灾危险性、承灾体暴露度、历史灾害和减灾资源(能力)等雷电灾害风险要素普查。运用统计分析、空间分析、地图绘制等多种方法,开展雷电灾害致灾危险性评估和综合风险区划(图 8.1)。

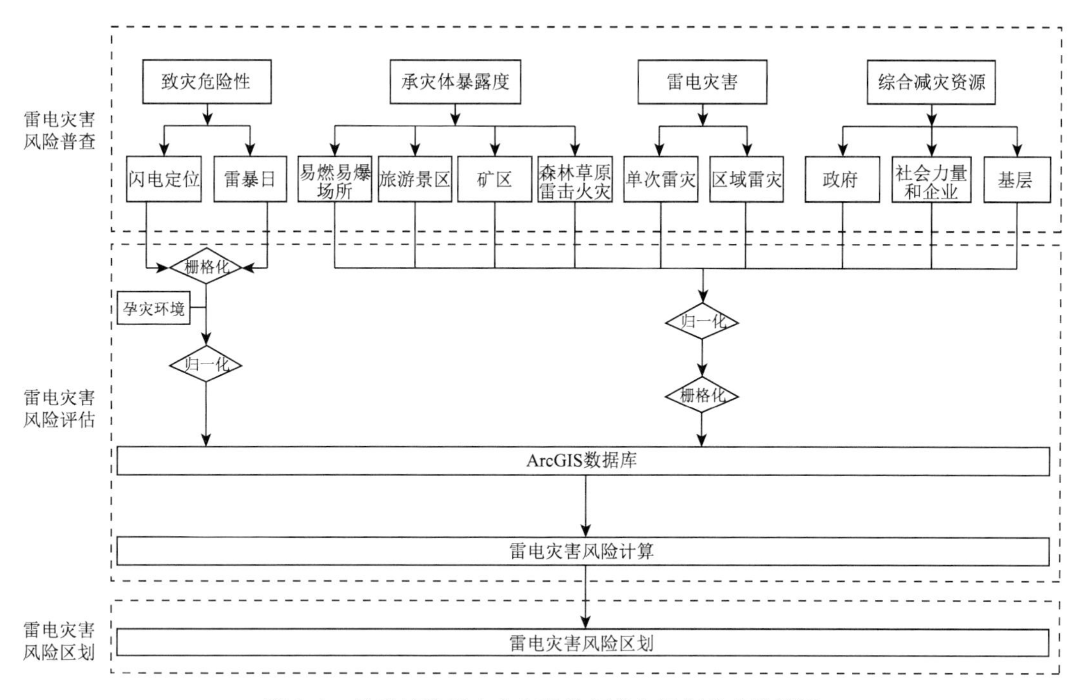

图 8.1 扎赉特旗雷电灾害风险评估与区划技术路线图

8.2.1 致灾过程确定

本次普查在对雷电灾害风险进行分析时,剔除雷电流幅值为 0~2 kA 和 200 kA 以上的雷电定位系统资料,仅考虑 2~200 kA 的雷电流分布情况。

8.2.2 致灾因子危险性评估

致灾危险性指数(RH)主要选取雷击点密度 L_d、地闪强度 L_n、土壤电导率 S_c 和海拔高度 E_h、地形起伏度 T_r 5 个评价指标进行评价。将 5 个评价指标按照各自影响程度,采用加权综合评价法按照下面公式计算得到 RH。

$$\mathrm{RH} = (L_d \times w_d + L_n \times w_n) \times (S_c \times w_s + E_h \times w_e + T_r \times w_t)$$

式中,L_d 为雷击点密度,w_d 为雷击点密度权重;L_n 为地闪强度,w_n 为地闪强度权重;S_c 为土壤电导率,w_s 为土壤电导率权重;E_h 为海拔高度,w_e 为海拔高度权重;T_r 为地形起伏度,w_t 为地形起伏度权重。

(1)雷击点密度

将行政区域范围划为3 km×3 km网格，利用克里金插值法将雷暴日数据插值成3 km×3 km的栅格数据，将插值后的雷暴日栅格数据和地闪密度栅格数据加权综合得到雷击点密度。

(2)地闪强度

选取2014—2020年地闪定位数据资料，剔除雷电流幅值为0～2 kA和200 kA以上的地闪定位资料，按照表8.1确定的5个等级运用百分位数法分别计算出对应的电流强度阈值。对5个不同等级雷电流强度赋予不同的权重值，按照下面公式计算得出地闪强度L_n栅格数据。

$$L_n = \sum_{i=1}^{5} \frac{i}{15} F_i$$

式中，L_n为地闪强度；i为雷电流幅值等级；F_i为i级雷电流幅值等级的地闪频次。

表8.1 雷电流幅值等级

等级	1级	2级	3级	4级	5级
百分位数区间	(0,20%]	(20%,30%]	(30%,40%]	(40%,80%]	(80%,100%)
权重值	1/15	2/15	3/15	4/15	5/15

(3)土壤电导率

土壤电导率指标是对土壤电导率资料运用GIS软件提取重采样形成分辨率为3 km×3 km的土壤电导率栅格数据。

(4)海拔高度

海拔高度采用高程表示，直接从DEM数字高程数据中提取重采样形成分辨率为3 km×3 km的海拔高度栅格数据。

(5)地形起伏度

地形起伏度指标是以海拔高度栅格数据为基础，计算以目标栅格为中心、窗口大小为8×8的正方形范围内高程的标准差，得到地形起伏度的栅格数据。

(6)致灾危险性等级划分

按照层次分析法确定各因子的权重系数。根据致灾危险性指数计算结果，按照自然断点法将危险性指数划分为4级，并绘制致灾危险性等级分布图。

8.2.3 风险评估与区划

雷电灾害风险评估与区划模型由雷电灾害风险指数计算和雷电灾害风险等级划分组成。雷电灾害风险指数由致灾因子危险性、承灾体暴露度和承灾体脆弱性评价因子构成，如图8.2所示。

8.2.3.1 承灾体暴露度指数

承灾体暴露度指数(RE)主要选取人口密度、GDP密度、易燃易爆场所密度、雷电易发区内矿区密度和旅游景点密度5个评价指标进行评价。将5个评价指标按照各自影响程度，采用加权综合评价法按照下面公式计算得到RE。

$$\mathrm{RE} = P_d \times w_p + G_d \times w_g + I_d \times w_i + K_d \times w_k + T_d \times w_j$$

式中，P_d为人口密度，w_p为人口密度权重；G_d为GDP密度，w_g为GDP密度权重；I_d为易燃易

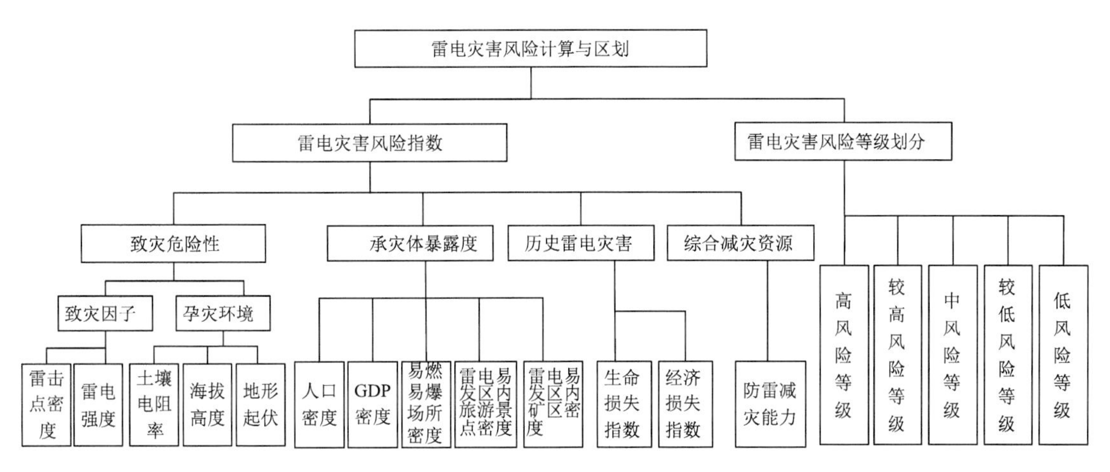

图 8.2 雷电灾害风险评估与区划模型

爆场所密度，w_i为易燃易爆场所密度权重；K_d 为雷电易发区内矿区密度，w_k为雷电易发区内矿区密度权重；T_d 为旅游景点密度，w_j为旅游景点密度权重。

(1)人口密度

以人口除以土地面积，得到人口密度，提取重采样形成 3 km×3 km 的人口密度栅格数据。

(2)GDP 密度

以 GDP 除以土地面积，得到地均 GDP，提取重采样形成 3 km×3 km 的地均 GDP 栅格数据。

(3)易燃易爆场所密度

以辖区内易燃易爆场所的数量除以土地面积，得到易燃易爆场所密度，形成 3 km×3 km 的易燃易爆场所密度栅格数据。

(4)矿区密度

以辖区内矿区的数量除以土地面积，得到矿区密度，形成 3 km×3 km 的矿区密度栅格数据。

(5)旅游景点密度

以辖区内旅游景点的数量除以土地面积，得到旅游景点密度，形成 3 km×3 km 的旅游景点密度栅格数据。

8.2.3.2 承灾体脆弱性指数

承灾体脆弱性指数(RF)主要选取生命损失、经济损失和防护能力 3 个评价指标进行评价。将 3 个评价指标按照各自影响程度，采用加权综合评价法按照下面公式计算得到 RF。

$$RF = C_l \times w_c \times + M_l \times w_m + (1 - P_c) \times w_p$$

式中，C_l 为生命损失，w_c为生命损失权重；M_l 为经济损失，w_m为经济损失权重；P_c 为防护能力，w_p为防护能力权重。

(1)生命损失

统计单位面积上的年平均雷电灾害次数(单位为次/(km^2 · a))与单位面积上的雷击造成人员伤亡数(单位为人/(km^2 · a))，并进行归一化处理。按照下面公式计算生命损失指数，形成 3 km×3 km 的生命损失指数栅格数据。

$$C_l = 0.5 \times F + 0.5 \times C$$

式中，C_l 为生命损失指数；F 为年平均雷电灾害次数的归一化值；C 为年平均雷击造成人员伤亡数的归一化值。

(2)经济损失

统计单位面积上的年平均雷电灾害次数(单位为次/(km^2 · a))与雷击造成直接经济损失(单位为万元/(km^2 · a))，并进行归一化处理。按照下面公式计算经济损失指数，形成 3 km×3 km 的经济损失指数栅格数据。

$$M_l = 0.5 \times F + 0.5 \times M$$

式中，M_l 为经济损失指数；F 为年平均雷电灾害次数的归一化值；M 为年平均雷击造成直接经济损失的归一化值。

(3)防护能力

防护能力 P_c 按照表 8.2 的要求进行赋值。

表 8.2 防护能力指数赋值标准

土地利用类型	建设用地	农用地	未利用地
防护能力指数	1.0	0.6	0.5

当选用政府、企业和基层减灾资源作为因子时，按照下面公式进行计算：

$$P_c = \frac{1}{n}\sum_{i=1}^{n}(J_z \times w_z)$$

式中，J_z 分别为各类减灾资源密度的归一化指数，w_z 为权重，n 为所选因子的个数。

8.2.3.3 雷电灾害综合风险指数

雷电灾害综合风险指数计算按照下面公式进行计算：

$$\text{LDRI} = (\text{RH}^{w_h}) \times (\text{RE}^{w_e} \times \text{RF}^{w_f})$$

式中，LDRI 为雷电灾害综合风险指数；RH 为致灾危险性指数，w_h 为致灾危险性权重；RE 为承灾体暴露度，w_e 承灾体暴露度权重；RF 为承灾体脆弱性，w_f 为承灾体脆弱性权重。RH、RE 和 RF 在风险计算时底数统一乘以 10。指标权重的计算方法按照层次分析法。

(1)雷电灾害 GDP 损失风险

当雷电灾害综合风险指数公式中承灾体暴露度(RE)取 GDP 密度 G_d、承灾体脆弱性(RF)取经济损失指数 M_l，并进行归一化处理后计算得到的风险指数值为雷电灾害 GDP 损失风险。

(2)雷电灾害人口损失风险

当雷电灾害综合风险指数公式中承灾体暴露度(RE)取人口密度 P_d、承灾体脆弱性(RF)取生命损失指数 C_l，并进行归一化处理后计算得到的风险指数值为雷电灾害人口损失风险。

(3)雷电灾害风险等级划分

依据雷电灾害风险指数大小，采用自然断点法将雷电灾害风险划分为 5 级：高风险等级、较高风险等级、中风险等级、较低风险等级、低风险等级。

8.3 致灾因子特征分析

8.3.1 雷暴日

8.3.1.1 年变化

1961—2013 年兴安盟扎赉特旗共有 1630 个雷暴日，年平均出现雷暴日数为 30.8 d。根据《建筑物电子信息系统防雷技术规范》(GB 50343—2012)的划分标准，扎赉特旗属于中雷区。扎赉特旗逐年雷暴日数的变化趋势如图 8.3 所示，1962 年雷暴日数最多，为 43 d，2007 年雷暴日数为 15 d，为最少，二者相差 28d，说明扎赉特旗雷暴日数年际间相差较大。年雷暴日数高于平均值的有 28a，占 52.8%，低于平均值的有 25 年，占 46.2%。近 53a 雷暴日数总体呈波动减少趋势，其气候倾向率为－1.64 d/10a，即每 10 年雷暴日数减少 1.64 d。

20 世纪 60 年代平均雷暴日数为 34.3d，70 年代平均雷暴日数为 30.3 d，80 年代为 34.3 d，90 年代为 31 d，21 世纪初年代为 25.1 d。近 53 年扎赉特旗雷暴日数的平均值为 30.8 d，可见 20 世纪 60 年代、80—90 年代均高于平均值，20 世纪 70 年代及 21 世纪初低于平均值，其中 21 世纪初平均雷暴日数最低。

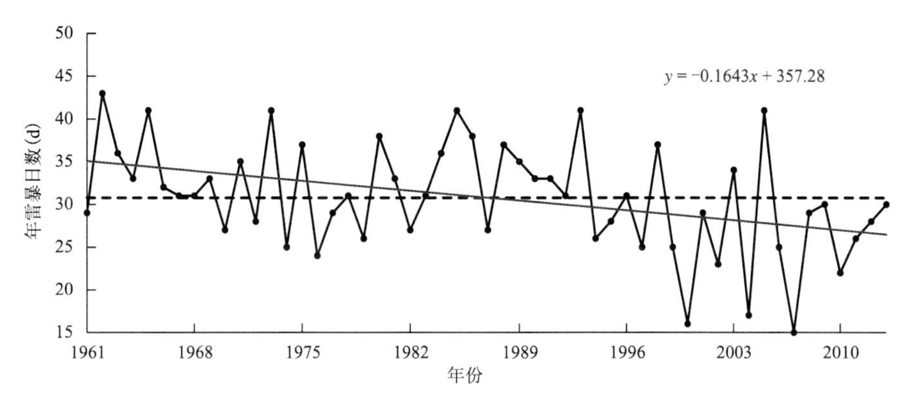

图 8.3 兴安盟扎赉特旗 1961—2013 年雷暴日数年际变化

8.3.1.2 月变化

图 8.4 为兴安盟扎赉特旗 1961—2013 年每年雷暴日数的月变化趋势及平均雷暴日数的月变化。由图可知，3—7 月雷暴日数逐渐增加，7 月后雷暴日数急剧减少，各月平均雷暴日数呈单峰型特征。结合表 8.3 可知，峰值出现在 7 月(10.2 d/月)，占雷暴日总数的 33.0%，其次为 6 月(8.5 d/月)和 8 月(5.3 d/月)，雷暴日数分别占总雷暴日数的 27.6%和 20.5%，接下来依次为 9 月(2.9 d/月)和 5 月(2.2 d/月)，分别占总数的 9.6%和 7.1%，其余月份平均雷暴日数均少于 1 d/月，其中每年 11 月至次年 2 月无雷暴活动发生。可见一年四季中雷暴主要集中在夏季(6—8 月)，春季和秋季有部分雷暴发生，冬季一般无雷暴发生。

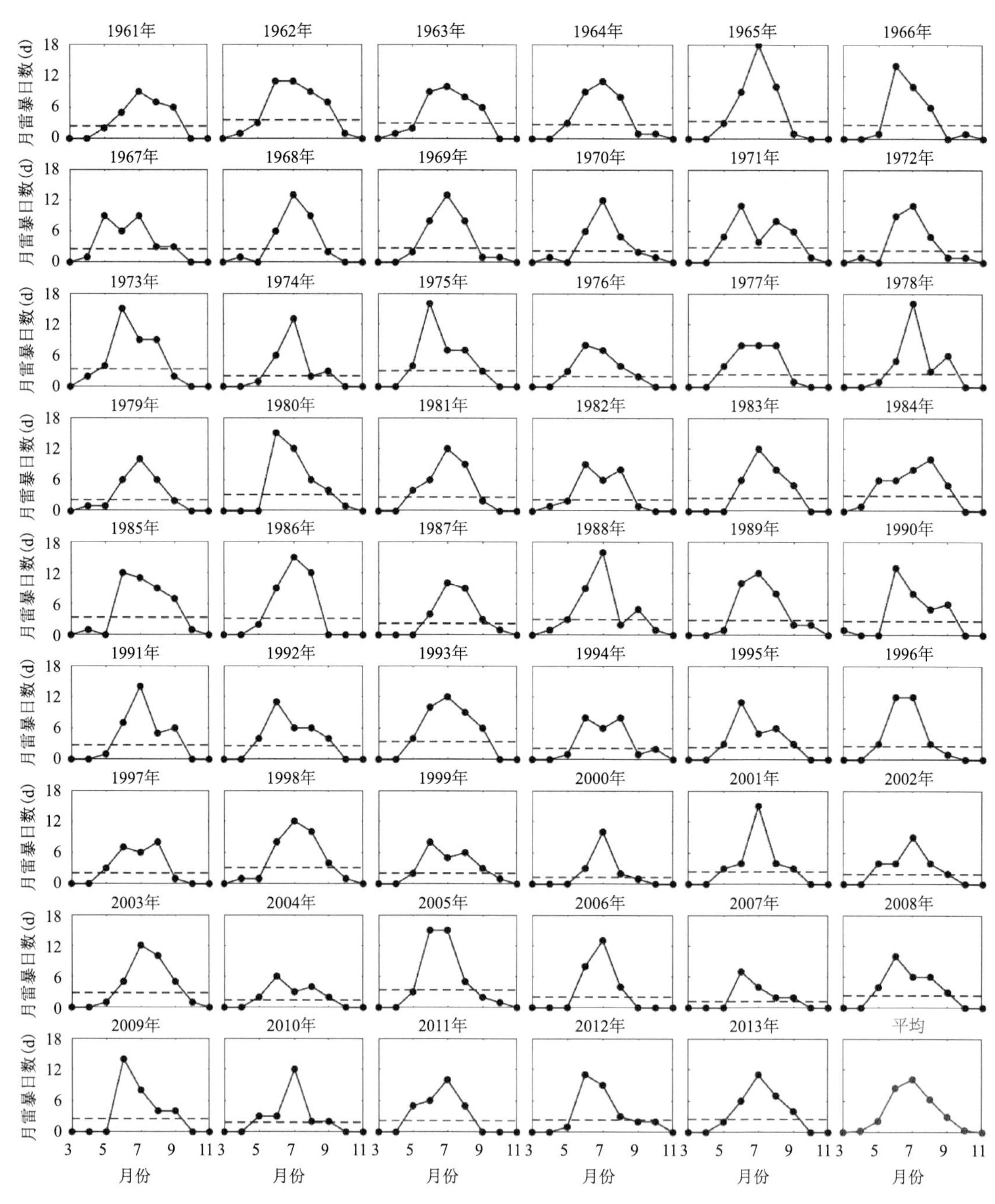

图 8.4 兴安盟扎赉特旗 1961—2013 年每年雷暴日数月际变化(3—11 月)及雷暴日数平均月际变化(右下)

表 8.3 兴安盟扎赉特旗 1961—2013 年各月平均雷暴日数

月份	1	2	3	4	5	6	7	8	9	10	11	12
平均日数(d)	0	0	0.0	0.3	2.2	8.5	10.2	6.3	2.9	0.4	0	0
百分比(%)	0	0	0.0	0.9	7.1	27.6	33.0	20.5	9.6	1.3	0	0

8.3.2　地闪密度

8.3.2.1　地闪频次变化特征

(1)地闪频次年变化特征

由图 8.5 可以看出,扎赉特旗 2019 年观测到的地闪次数最多,为 4425 次,其中正地闪 1296 次,负地闪 3129 次,负地闪占总地闪的比例约为 70.7%;2015 年观测到的地闪次数最少,为 1505 次,其中正地闪 630 次,负地闪 875 次,负地闪占总地闪的比例约为 57.1%。

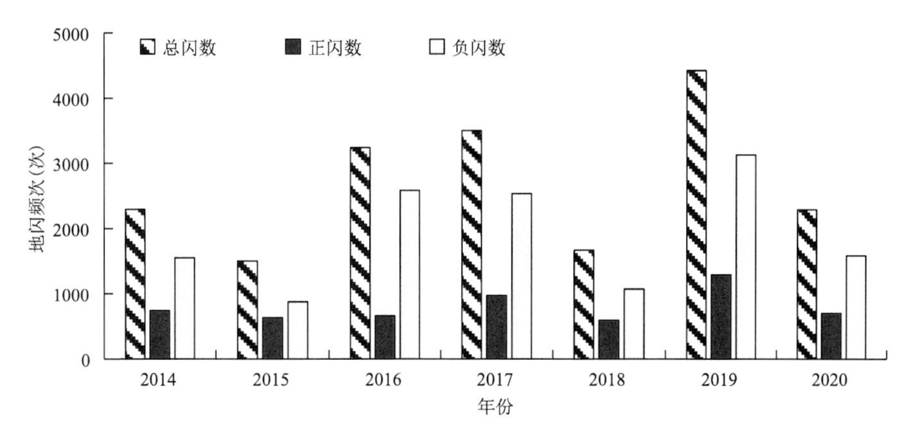

图 8.5　扎赉特旗 2014—2020 年地闪频次年分布

(2)地闪频次月变化特征

由扎赉特旗 2014—2020 年地闪频次月分布图(图 8.6)可以看出,扎赉特旗的地闪活动主要发生在 6—9 月,约占全年地闪总次数的 95.7%,其中 7 月地闪频次最高,约占全年地闪总次数的 48.0%。

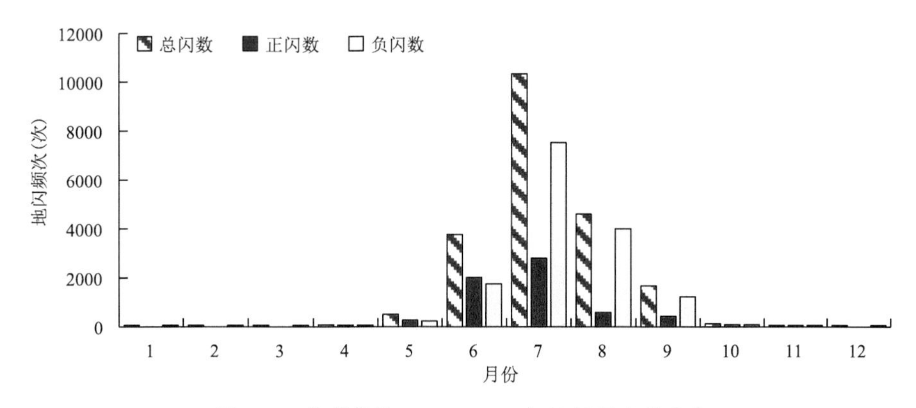

图 8.6　扎赉特旗 2014—2020 年地闪频次月分布

(3)地闪频次日变化特征

由扎赉特旗 2014—2020 年地闪频次日分布图(图 8.7)可以看出,扎赉特旗的闪电活动表现出“双峰双谷”的特征,闪电活动在 03—05 时和 18—20 时这两个时段出现峰值,两个时段的地闪频次分别占全天的 11.0%和 15.2%。

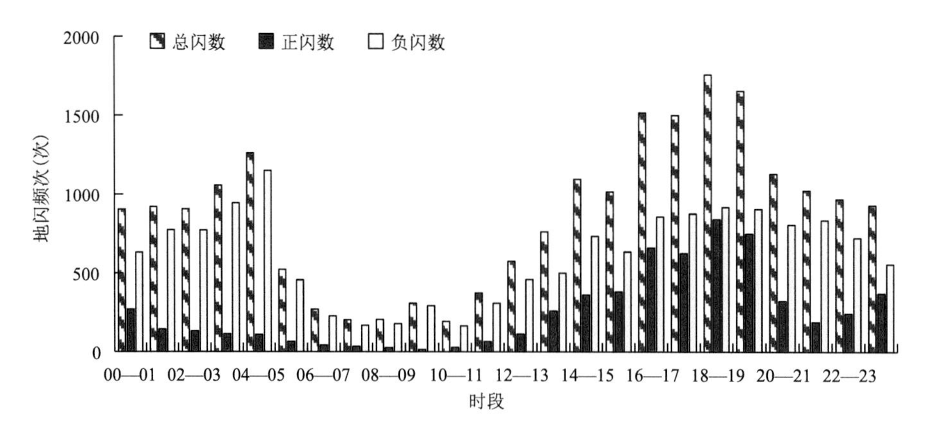

图 8.7 扎赉特旗 2014—2020 年地闪频次日分布

8.3.2.2 地闪密度空间分布特征

由扎赉特旗地闪密度分布图(图 8.8)可以看出,闪电活动主要分布在新林镇的北部、巴达尔胡镇的西部和胡尔勒镇的北部。2014—2020 年扎赉特旗年平均地闪密度最大值为 0.84 次/(km^2 · a),位于巴达尔胡镇的西部。

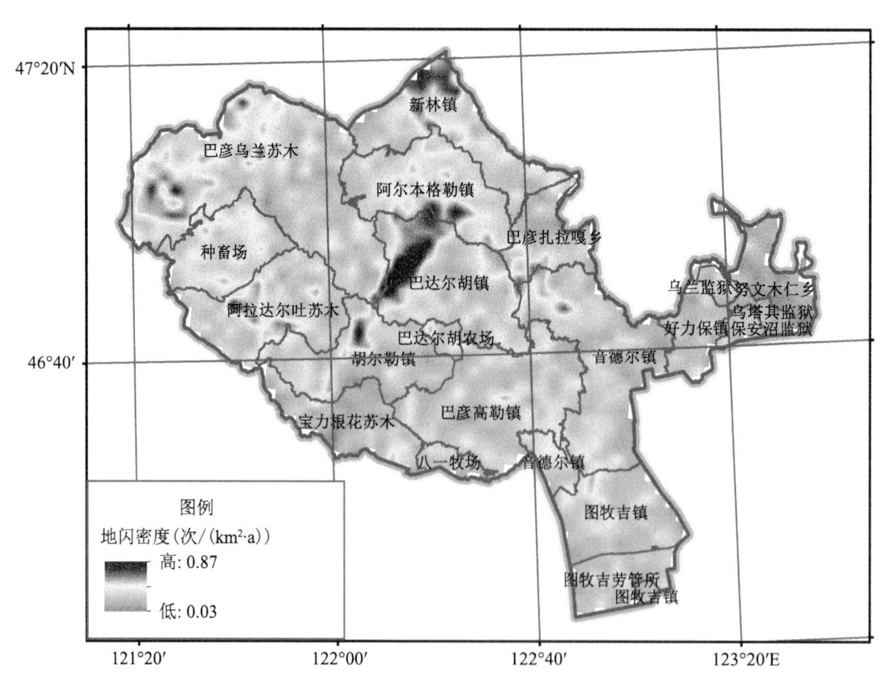

图 8.8 扎赉特旗 2014—2020 年地闪密度空间分布

8.3.3 地闪强度

8.3.3.1 地闪强度幅值变化特征

从扎赉特旗的正负地闪电流强度累计概率分布图中(图 8.9、图 8.10)可以看出,负地闪主要集中在 25～40 kA,该强度范围内发生的地闪占负地闪总数的 43.1%;正地闪主要集中在

35～50 kA,该强度范围内发生的地闪占正地闪总数的 28.1%,不同强度区间的差别并不显著。

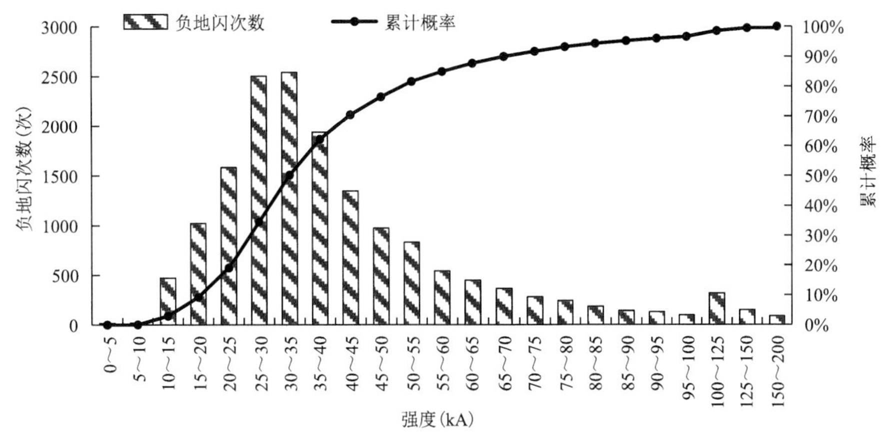

图 8.9 扎赉特旗 2014—2020 年负地闪电流强度次数及累计概率分布

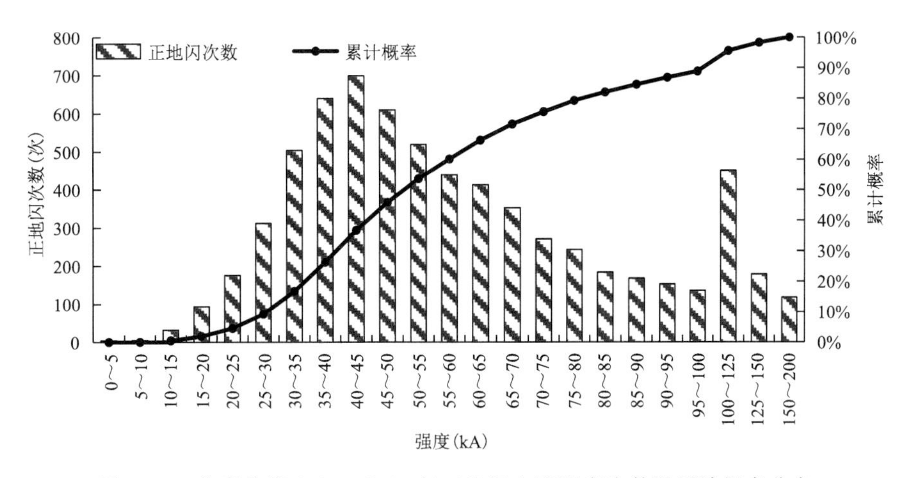

图 8.10 扎赉特旗 2014—2020 年正地闪电流强度次数及累计概率分布

8.3.3.2 地闪强度空间分布特征

从扎赉特旗地闪强度分布图(图 8.11)可以看出,地闪强度高的区域和地闪密度大的区域大致相同。地闪强度高的区域主要集中在新林镇的北部、巴达尔胡镇的西部、胡尔勒镇的北部、巴彦扎拉嘎乡的南部。

8.4 典型过程分析

8.4.1 2016 年 7 月 9 日雷电活动情况

根据内蒙古自治区雷电定位监测数据分析(表 8.4),2016 年 7 月 9 日 00 时—7 月 10 日 00 时扎赉特旗共发生地闪 620 次,其中正地闪 39 次,负地闪 581 次,负地闪所占比例为 93.71%。正地闪强度最大值为 133.70 kA,于 01 时 28 分出现在图牧吉镇;负地闪强度最大

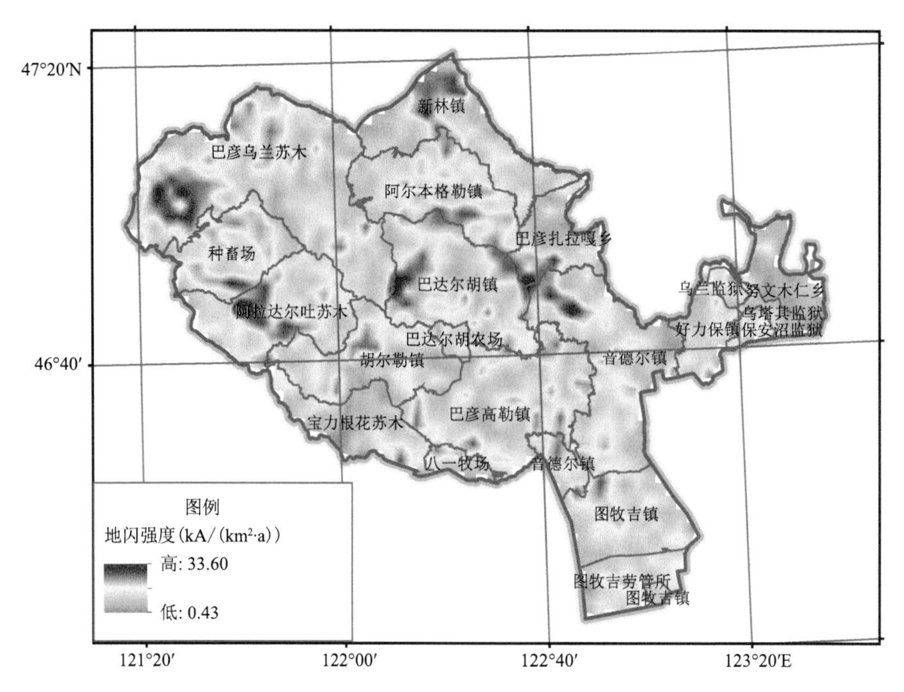

图 8.11　扎赉特旗 2014—2020 年地闪强度空间分布

值为 140.6 kA，于 00 时 24 分出现在图牧吉镇。

表 8.4　扎赉特旗 2016 年 7 月 9 日雷电监测数据

地名	总闪数	正闪数	负闪数	正闪强度平均值(kA)	负闪强度平均值(kA)	正闪强度最大值(kA)	负闪强度最大值(kA)
扎赉特旗	620	39	581	48.93	40.26	133.7	140.6

2016 年 7 月 9 日扎赉特旗地闪主要发生在胡尔勒镇与巴达尔胡农场交界处、巴彦高勒镇中部和东部、音德尔镇西部，以及巴达尔胡镇与巴彦扎拉嘎乡、音德尔镇交界处，其他地区也有零星雷电发生(图 8.12)。全旗大部分为负地闪，正地闪集中发生在图牧吉镇附近。

8.4.2　2017 年 8 月 14 日雷电活动情况

根据内蒙古自治区雷电定位监测数据分析(表 8.5)，2017 年 8 月 14 日 00 时—8 月 15 日 00 时扎赉特旗共发生地闪 551 次，其中正地闪 59 次，负地闪 492 次，负地闪所占比例为 88.29%。正地闪强度最大值为 190.40 kA，于 4 时 20 分出现在巴彦乌兰苏木；负地闪强度最大值为－166.30 kA，于 1 时 07 分出现在巴彦乌兰苏木。

表 8.5　扎赉特旗 2017 年 8 月 14 日雷电监测数据

总闪数	正闪数	负闪数	正闪强度平均值(kA)	负闪强度平均值(kA)	正闪强度最大值(kA)	负闪强度最大值(kA)
551	59	492	51.14	44.53	190.4	166.3

2017 年 8 月 14 日扎赉特旗地闪主要发生在巴彦乌兰苏木中西部、阿拉达尔吐苏木东部、

图 8.12 扎赉特旗 2016 年 7 月 9 日地闪分布

胡尔勒镇与巴达尔胡农场交界处、巴彦高勒镇中部和音德尔镇中西部，其他地区也有零星雷电发生(图 8.13)。

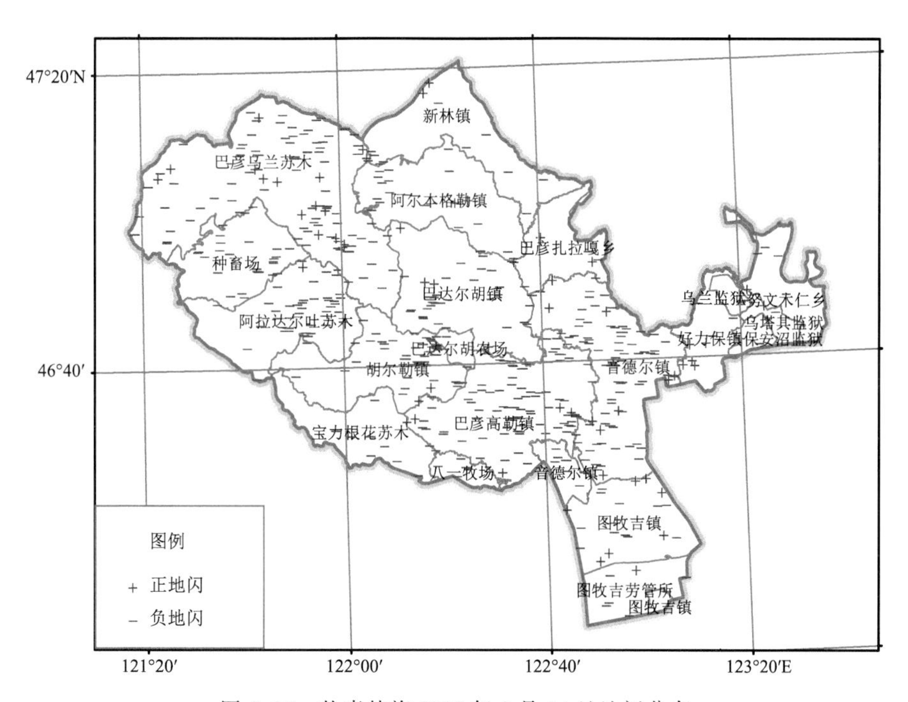

图 8.13 扎赉特旗 2017 年 8 月 14 日地闪分布

8.5 致灾危险性评估

8.5.1 孕灾环境特征分析

8.5.1.1 土壤电导率

由扎赉特旗土壤电导率分布图(图 8.14)可以看出,土壤电导率高值区主要分布在扎赉特旗西南部以及北部局部地区,即种畜场、阿拉达尔吐苏木、胡尔勒镇、宝力根花苏木、新林镇北部以及阿尔本格勒镇中部。经统计得出,扎赉特旗土壤电导率在 0.7~1 mS/cm 的范围占总面积的 2.07%。

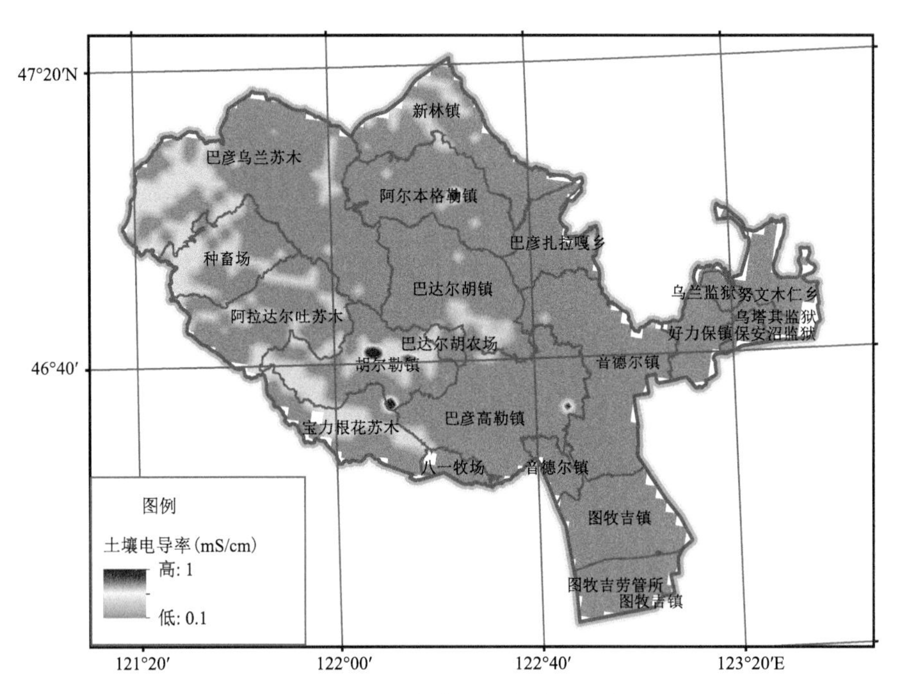

图 8.14 扎赉特旗土壤电导率分布

8.5.1.2 海拔高度

由扎赉特旗海拔高度分布图(图 1.1)可以看出,扎赉特旗的海拔高度梯度较大,从西到东递减,地势西高东低。海拔最高的区域位于扎赉特旗西部,即种畜场、阿拉达尔吐苏木西部以及巴彦乌兰苏木西北部和东部一带的低山区域,该区域海拔高度在 700 m 以上,最高处高于 1000 m,据统计分析,这部分的土地面积占总面积的 18.21%。

8.5.1.3 地形起伏

由扎赉特旗地形起伏分布图(图 8.15)可以看出,地形起伏的分布与该地区海拔高度的分布较为相似,呈现西部地区地形起伏大,东部地形起伏小的趋势。地形起伏最大的区域位于扎赉特旗西部低山地带,即种畜场、阿拉达尔吐苏木西北部和南部,以及巴彦乌兰苏木西北部、东北部及其周边地区,结合海拔高度可知,该区域为山地且地势高度差较大。经统计,地形起伏在50 m以上的土地面积占总面积的26.92%;扎赉特旗中部和西部主要是丘陵和平原地区,地形起伏较小,这部分土地占总面积的41.85%。

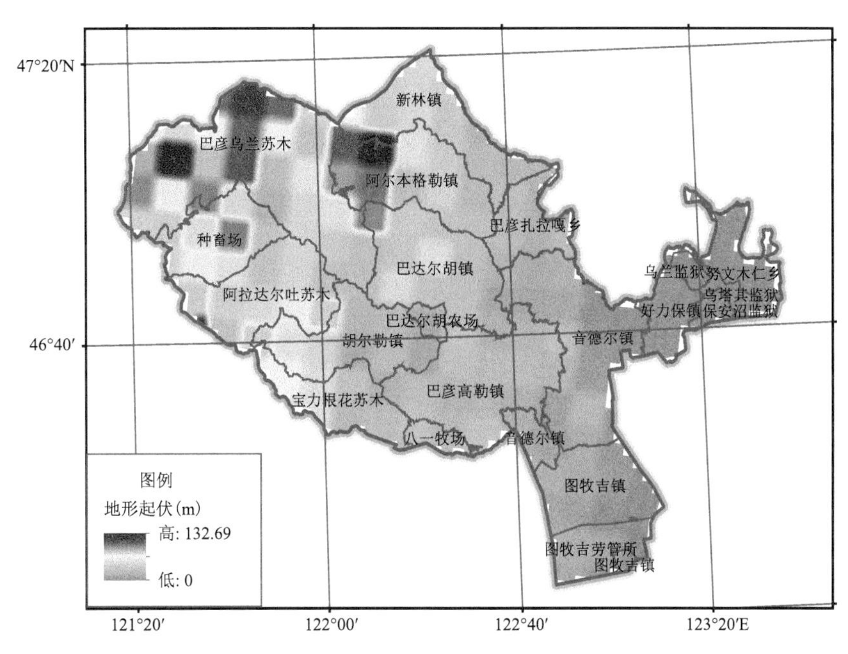

图 8.15 扎赉特旗地形起伏分布

雷电灾害孕灾环境敏感性主要考虑海拔高度和地形起伏以及土壤电导率。将地形影响指数、海拔高度和土壤电导率经归一化处理后,代入孕灾环境敏感性指数计算模型中,得到扎赉特旗的雷电灾害孕灾环境敏感性指数的空间分布结果,将其分为5级(高敏感区、次高敏感区、中敏感区、次低敏感区和低敏感区),并基于GIS软件绘制出扎赉特旗的雷电灾害孕灾环境敏感性区划图。

由图8.16可以看出,扎赉特旗雷电孕灾环境敏感性高的地区主要位于扎赉特旗的西北部,这是由于扎赉特旗地势西北高、东南低,由西北至东南依次构成低山、丘陵、平原三类地貌的缘故。

8.5.2 致灾危险性评估

雷电灾害致灾危险性是雷击点密度、地闪强度、土壤电导率、海拔高度和地形起伏度5个指标综合作用的结果。考虑到各指标对致灾危险性所起作用不同,采用层次分析法对5个指标赋予不同的权重,再根据雷电灾害致灾危险性指数模型进行计算,将扎赉特旗致灾危险性指数按照自然断点法分为4个等级(低危险区、较低危险区、较高危险区、高危险区),并绘制雷电灾害致灾危险性评价图(表8.6,图8.17)。

表 8.6 扎赉特旗雷电灾害致灾危险性等级

危险性等级	含义	指标
4	低危险性	0.505~0.590
3	较低危险性	0.590~0.641
2	较高危险性	0.641~0.701
1	高危险性	0.701~0.878

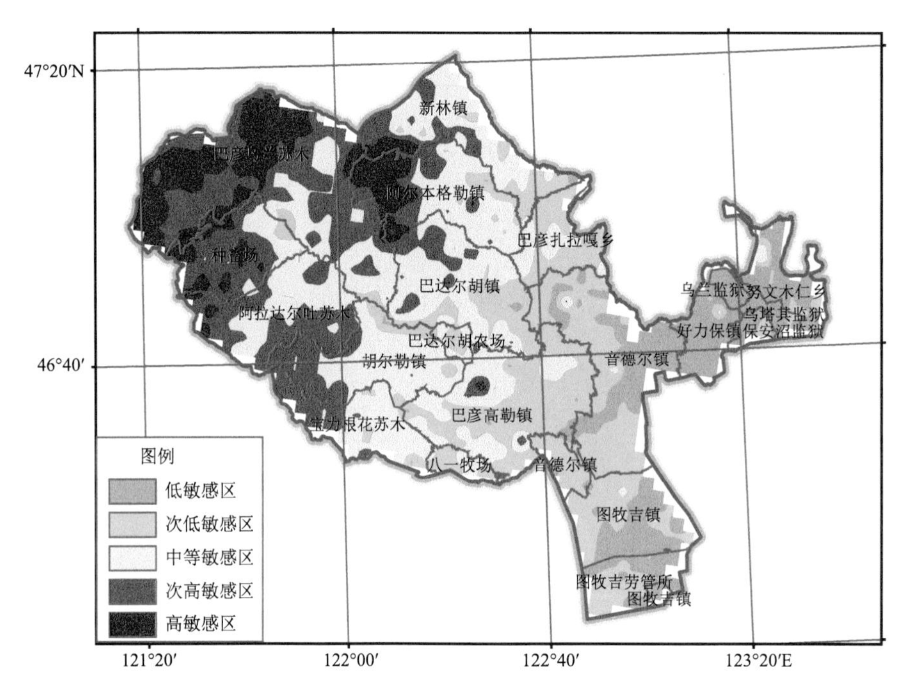

图 8.16 扎赉特旗孕灾环境敏感性分布

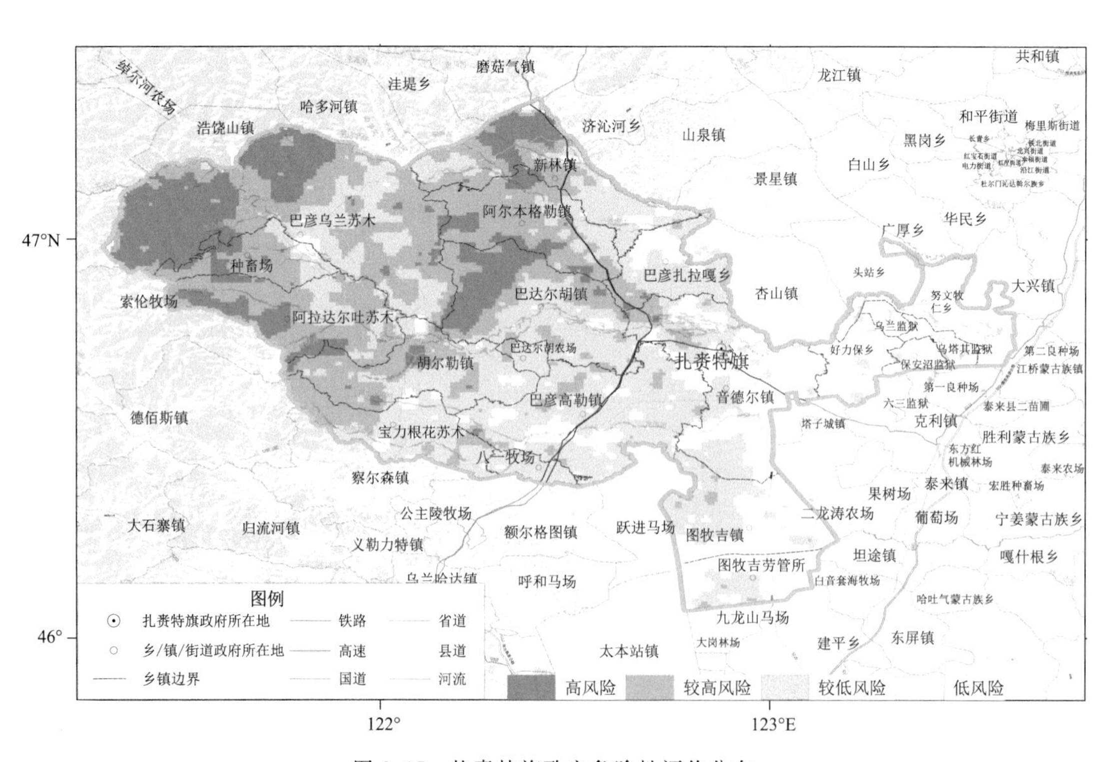

图 8.17 扎赉特旗致灾危险性评价分布

从扎赉特旗致灾危险性评价分布图可以看出，雷电灾害高危险区和较高危险区主要分布在巴彦乌兰苏木的西部和北部、新林镇的北部、种畜场的西部、阿拉达尔吐苏木的西部和南部、巴达尔胡镇的西北部、胡尔勒镇的北部。

8.6 灾害风险评估与区划

8.6.1 承灾体暴露度评估

8.6.1.1 人口密度

从扎赉特旗人口密度的分布图(图 1.2)中可以发现,扎赉特旗总体上来说地广人稀,人口主要分布在扎赉特旗的中部和东北部地势较为平坦的区域。其中,人口密度最高的区域是音德尔镇中部。

8.6.1.2 GDP 密度

从扎赉特旗 GDP 密度的分布图(图 1.3)中可以看出,扎赉特旗 GDP 的高值区主要分布在其中部以及东北部地区。其中,扎赉特旗东北部的高值区域分布较为聚集,音德尔镇中部的 GDP 值最高。

8.6.1.3 易燃易爆场所密度

扎赉特旗的易燃易爆场所密度最大的地方位于音德尔镇中部,密度为 4～5 个/km^2。此外,在除种畜场和巴达尔胡镇以外的其他乡(镇、苏木)也零星分布着易燃易爆场所,密度均为 1 个/km^2(图 8.18)。

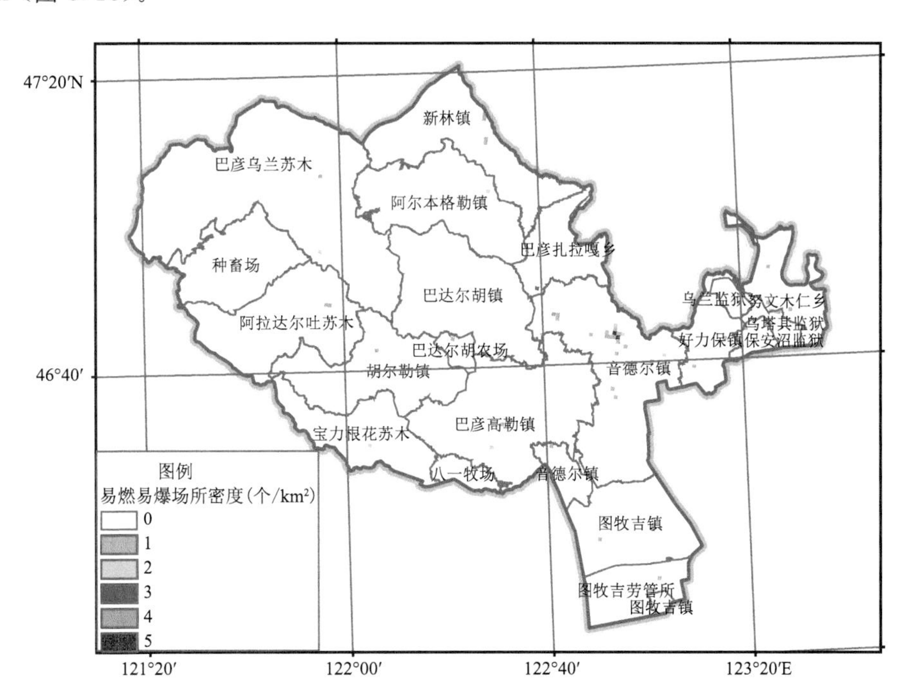

图 8.18 扎赉特旗易燃易爆场所密度分布

8.6.1.4 雷电易发区内旅游景点密度和矿区密度

扎赉特旗雷电易发区内旅游景点在新林镇、阿拉达尔吐苏木、胡尔勒镇、巴达尔胡镇、音德尔镇等多个乡(镇、苏木)均有分布,大部分密度较低。其中,分布最为集中的区域是音德尔镇的中部地区,密度最大达 16 个/km²(图 8.19)。

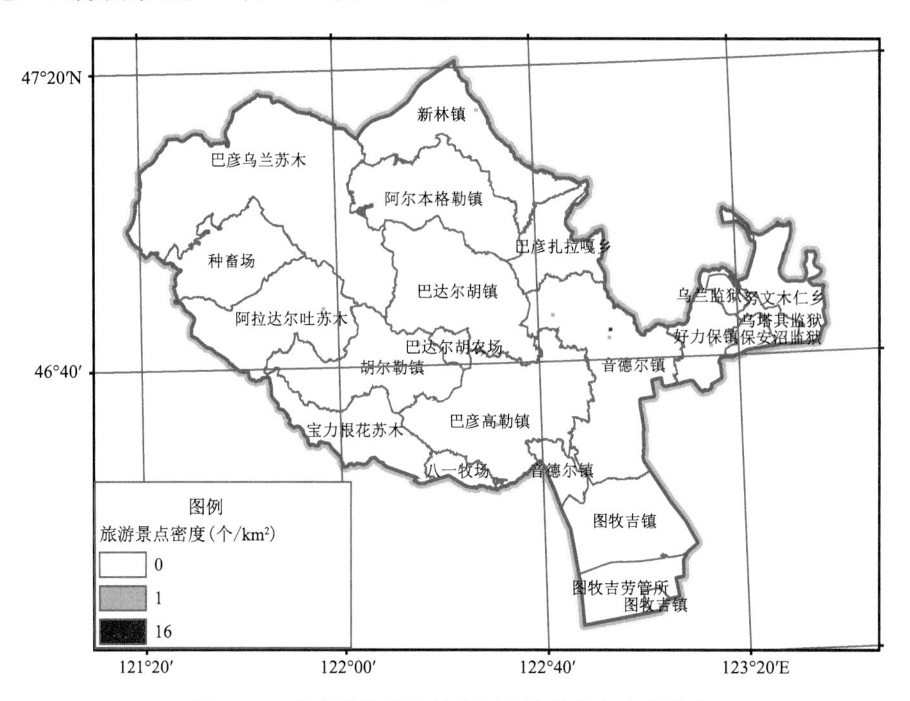

图 8.19 扎赉特旗雷电易发区内旅游景点密度分布

8.6.1.5 承灾体暴露度评估

雷电灾害承灾体暴露度是人口密度、GDP 密度、易燃易爆场所密度,以及雷电易发区内矿区、旅游景点密度 5 个指标综合作用的结果。考虑到各指标对承灾体暴露度所起作用不同,采用层次分析法对 5 个指标赋予不同的权重,根据承灾体暴露度计算公式进行计算,采用自然断点法将扎赉特旗承灾体暴露度分为 5 个等级(低暴露度、较低暴露度、一般暴露度、高暴露度、极高暴露度),并绘制扎赉特旗承灾体暴露度图。

由图 8.20 可以看出,扎赉特旗大部分地区属于低暴露度地区,高暴露度地区主要位于扎赉特旗中部以及东北部区域,主要分布在新林镇东北部、巴彦高勒镇中东部、音德尔镇等地,其中音德尔镇的大部分地区为极高暴露度区域。

8.6.2 承灾体脆弱性评估

8.6.2.1 雷电灾害特征

据不完全统计,扎赉特旗 2003 年发生的雷电灾害最多(6 次),2000 年次多(5 次),2005、2010、2011 年各发生雷电灾害 1 次,其他年份没有雷电灾害发生。发生雷击人员伤亡 1 起,雷击发生地点在无任何雷电防护设施的建筑物内。

由图 8.21 可以看出,扎赉特旗的雷电灾害主要发生在宝力根花苏木、巴彦高勒镇、音德尔镇,其中音德尔镇中部雷电灾害相对较多,平均每年每平方千米范围内发生雷电灾害 2～4 次。

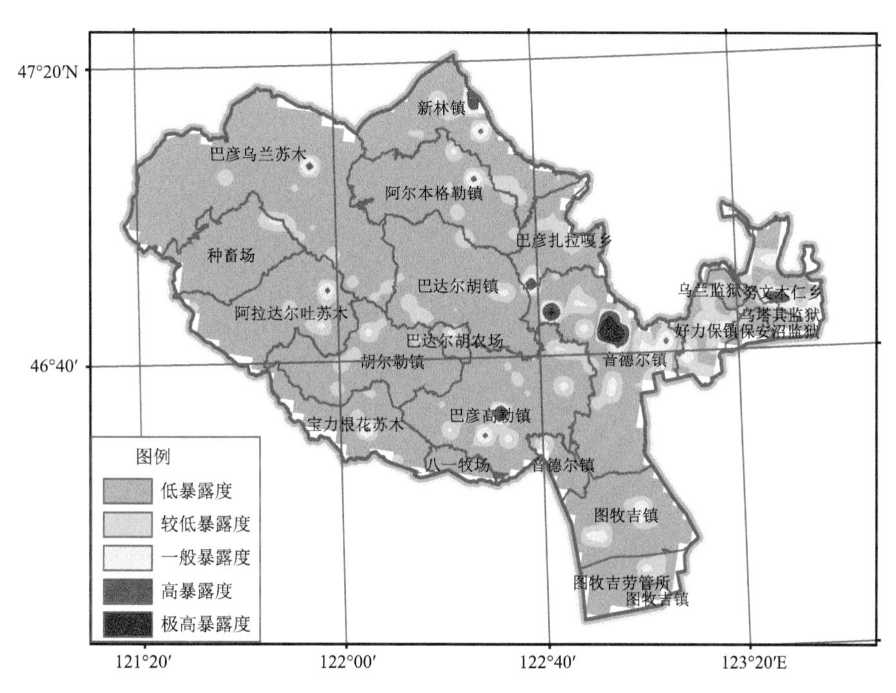

图 8.20 扎赉特旗承灾体暴露度分布

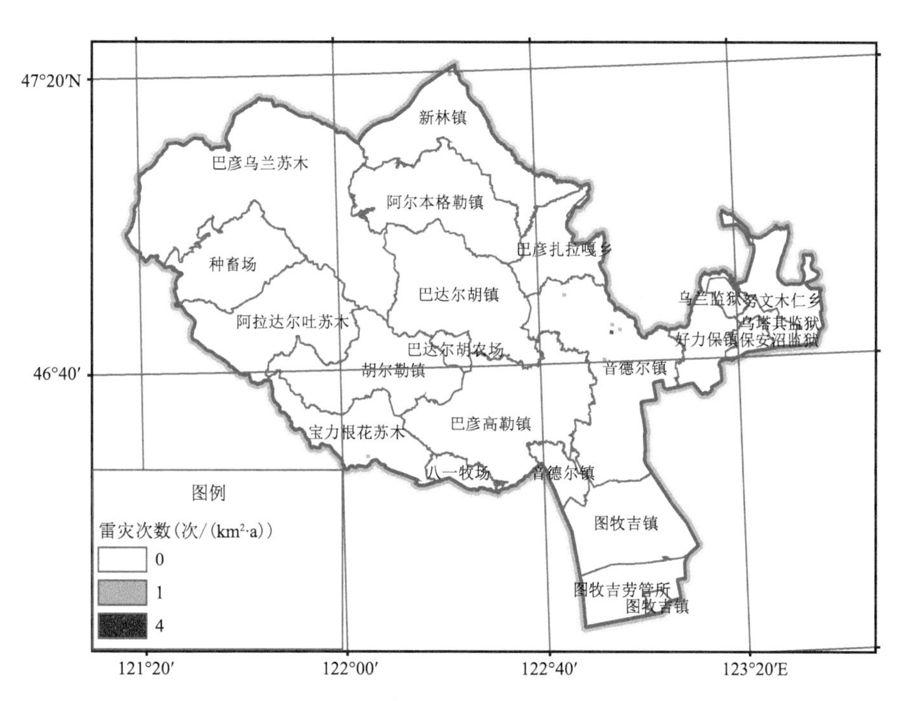

图 8.21 扎赉特旗雷电灾害次数分布

8.6.2.2 生命损失和经济损失

雷电灾害的发生会带来人员的伤亡以及经济损失。据统计，雷电灾害导致扎赉特旗新林镇北部出现人员伤亡，平均每年每平方千米范围内有1人伤亡。此外，雷灾还造成音德尔镇、巴彦高勒镇等地平均每年最高 0.85 万元的经济损失(图 8.22,图 8.23)。

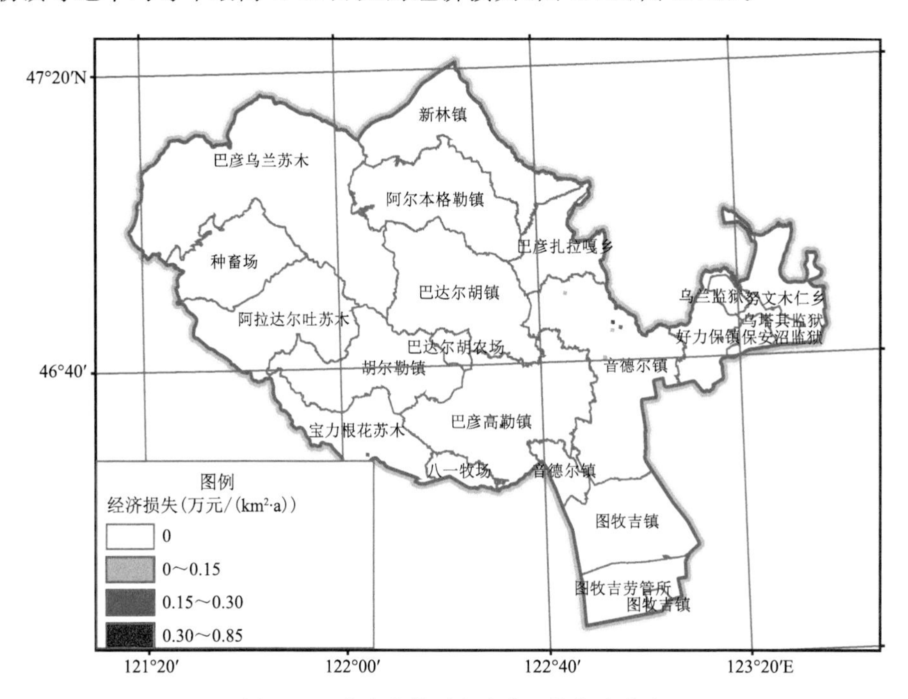

图 8.22 扎赉特旗雷电灾害经济损失分布

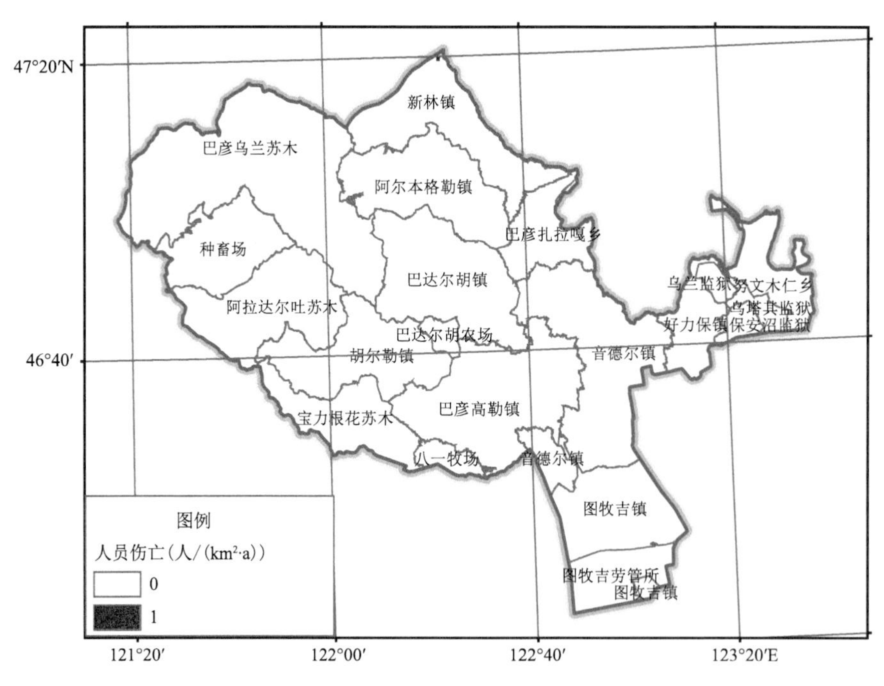

图 8.23 扎赉特旗雷电灾害人员伤亡分布

8.6.2.3 雷电防护能力

从扎赉特旗雷电防护能力指数图(图 8.24)中可以看出,雷电防护能力较弱的区域主要位于扎赉特旗的东南部和东北部地区，主要土地利用类型为荒草地、盐碱地等未利用地。雷电防护能力较强的区域主要分布在扎赉特旗的大部分地区，地形为平坦的平原和丘陵，主要是一些建筑用地。

图 8.24 扎赉特旗雷电防护能力指数分布

8.6.2.4 承灾体脆弱性评估

雷电灾害承灾体脆弱性是生命损失指数、经济损失指数和防护能力指数 3 个指标综合作用的结果。考虑到各指标对承灾体脆弱性所起作用不同，采用层次分析法对 3 个指标赋予不同的权重，根据承灾体脆弱性计算公式进行计算，使用自然断点法将承灾体脆弱性分为 5 个等级(低脆弱性、较低脆弱性、一般脆弱性、高脆弱性、极高脆弱性)，绘制扎赉特旗承灾体脆弱性图(图 8.25)。

由图 8.25 可知，扎赉特旗大部分区域属于较低脆弱性和一般脆弱性地区，高脆弱性和极高脆弱性地区位于扎赉特旗的北部和东南部地区，即新林镇北部和音德尔镇中部。

8.6.3 雷电灾害风险区划

8.6.3.1 雷电灾害 GDP 损失风险

雷电灾害 GDP 损失指数是分别将年平均雷电灾害次数和年平均雷击造成的直接经济损失进行归一化处理，并代入相关公式计算得到的。使用自然断点法将雷电灾害 GDP 损失指数分为 5 个等级(低风险区、较低风险区、中风险区、较高风险区、高风险区)，并绘制雷电灾害 GDP 损失风险图(表 8.7，图 8.26)。

由图 8.26 可以看出，扎赉特旗雷电灾害 GDP 损失的高风险区主要位于其中西部地区以及东北部分地区，说明这些地方由雷灾造成经济损失的风险较高，应多加防范。

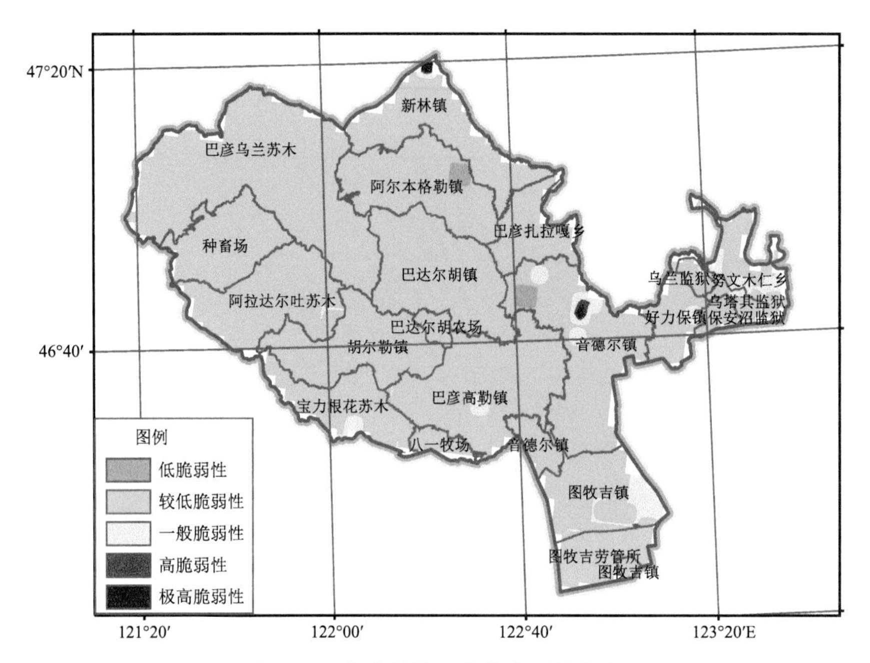

图 8.25　扎赉特旗承灾体脆弱性分布

表 8.7　扎赉特旗雷电灾害 GDP 风险等级

风险等级	含义	指标
5	低风险	4.025～4.330
4	较低风险	4.330～4.496
3	中风险	4.496～4.690
2	较高风险	4.690～5.004
1	高风险	5.004～6.381

8.6.3.2　雷电灾害人口伤亡风险

雷电灾害生命损失指数是分别将年平均雷电灾害次数和年平均雷击造成的人员伤亡数进行归一化处理，并带入相关公式计算得到的。依据生命损失指数大小，采用自然断点法将雷电灾害生命损失指数分为 5 个等级(低风险区、较低风险区、中风险区、较高风险区、高风险区)，并绘制雷电灾害人口伤亡风险图(表 8.8，图 8.27)。

由图 8.27 可以看出，扎赉特旗雷电灾害人口伤亡风险区的分布与 GDP 损失风险区的分布情况相似，即高风险区主要位于扎赉特旗的中西部以及东北部分地区，应着重为这些地方的居民普及雷电防护知识，保护生命财产安全。

表 8.8　扎赉特旗雷电灾害人口风险等级

风险等级	含义	指标
5	低风险	4.018～4.313
4	较低风险	4.313～4.477
3	中风险	4.477～4.650
2	较高风险	4.650～4.901
1	高风险	4.901～6.225

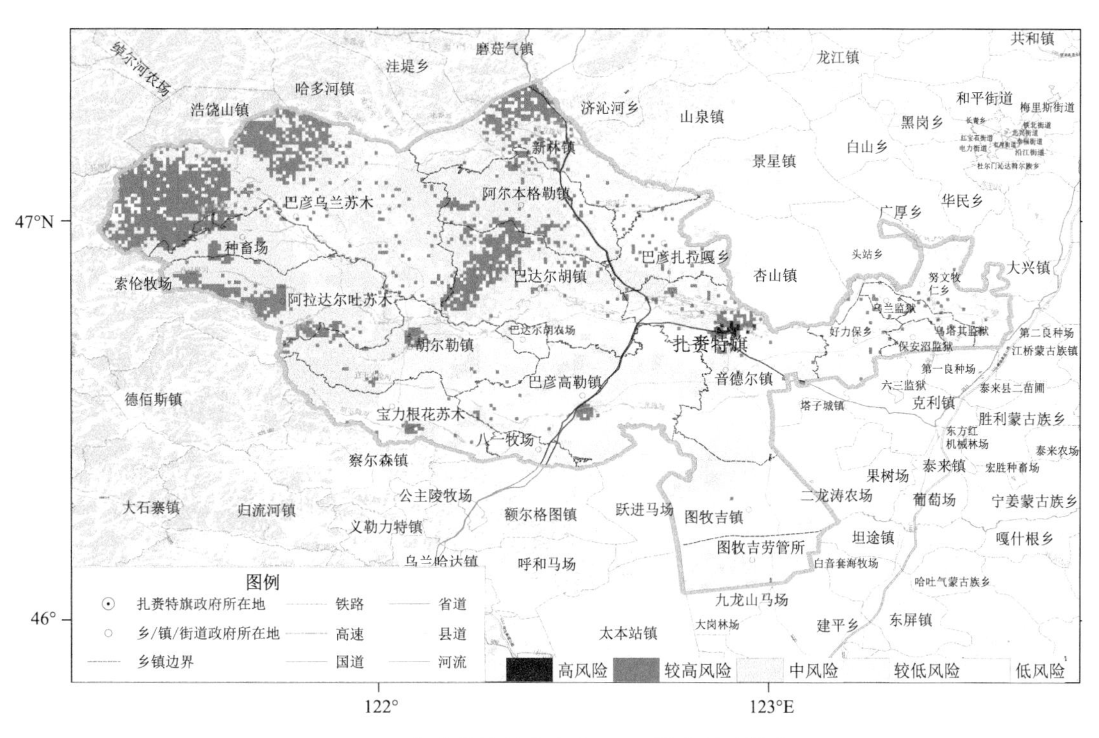

图 8.26 扎赉特旗雷电灾害 GDP 损失风险分布

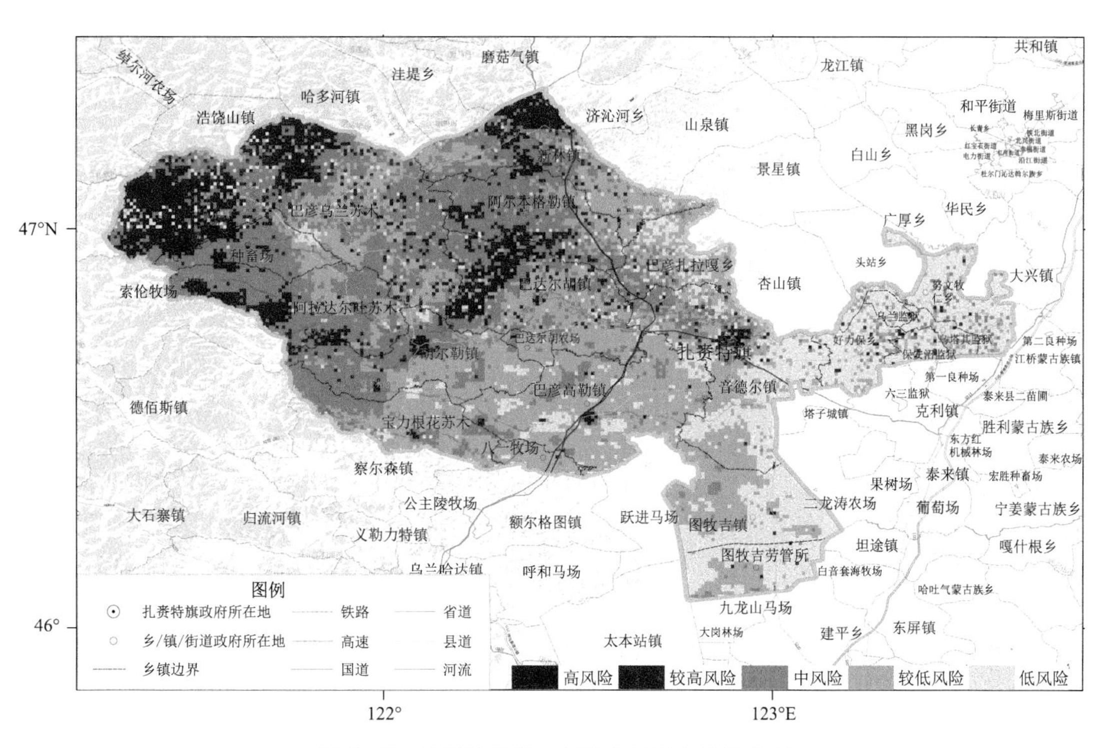

图 8.27 扎赉特旗雷电灾害人口伤亡风险分布

8.7 小结

扎赉特旗1961—2013年平均雷暴日数为30.8 d，近53年雷暴日数总体呈波动减少趋势；2014—2020年闪电活动主要发生在6—9月，在03—05时和18—20时这两个时段出现峰值；年平均地闪密度最大值为0.84次/(km^2·a)，位于巴达尔胡镇的西部。扎赉特旗雷电灾害人口伤亡和GDP损失风险区划空间分布特征基本一致，高风险区主要分布在西北部、北部和中部，应着重为当地居民普及雷电防护知识，保护生命财产安全。

第9章 雪 灾

9.1 数据

9.1.1 气象数据

内蒙古气象信息中心提供的内蒙古区域内119个国家级气象站与雪灾相关的基础气象数据日数据。

收集数据时长为1961—2020年，评估时采用数据时长为1978—2020年。

数据包含的要素有积雪深度、雪压、日最高气温、日最低气温、日平均气温、最小能见度、最大风速、天气现象。

9.1.2 地理信息数据

全国自然灾害综合风险普查办公室下发的行政区划界线。

9.1.3 社会经济数据

社会经济数据来源于国务院普查办共享的扎赉特旗的人口、GDP标准格网数据(.tif)，空间分辨率为30″×30″。人口单位为人，GDP单位为万元。

9.1.4 遥感数据

(1)欧空局积雪概率数据(Land Cover CCI PRODUCT-snow condition)，2000—2012年平均每7 d的积雪概率，空间分辨率为1 km。

(2)中国雪深长时间序列集。年中国雪深长时间序列数据集提供1978年10月24日到2020年12月31日逐日的中国范围的积雪厚度分布数据。每个压缩文件中包含一年逐日的雪深文件，空间分辨率为25 km。用于反演该雪深数据集的原始数据来自美国国家雪冰数据中心(NSIDC)处理的SMMR SMMR[1](1978—1987年)，SSM/I[2](1987—2007年)和SSMI/S[3](2008—2014年)逐日被动微波亮温数据。

(3) 中国1980—2020年雪水当量25 km逐日产品。针对中国积雪分布区，基于混合像元雪水当量反演算法，利用星载被动微波遥感亮温数据制备了1980—2020年空间分辨率为25 km的逐日雪水当量/雪深数据集。该数据集以HDF5文件格式存储，每个HDF5文件包含5个数据要素，其中包括雪深(cm)、雪水当量(mm)、经纬度、质量标识符等。

9.2 技术路线及方法

内蒙古雪灾风险评估与区划技术路线和方法见图 9.1。

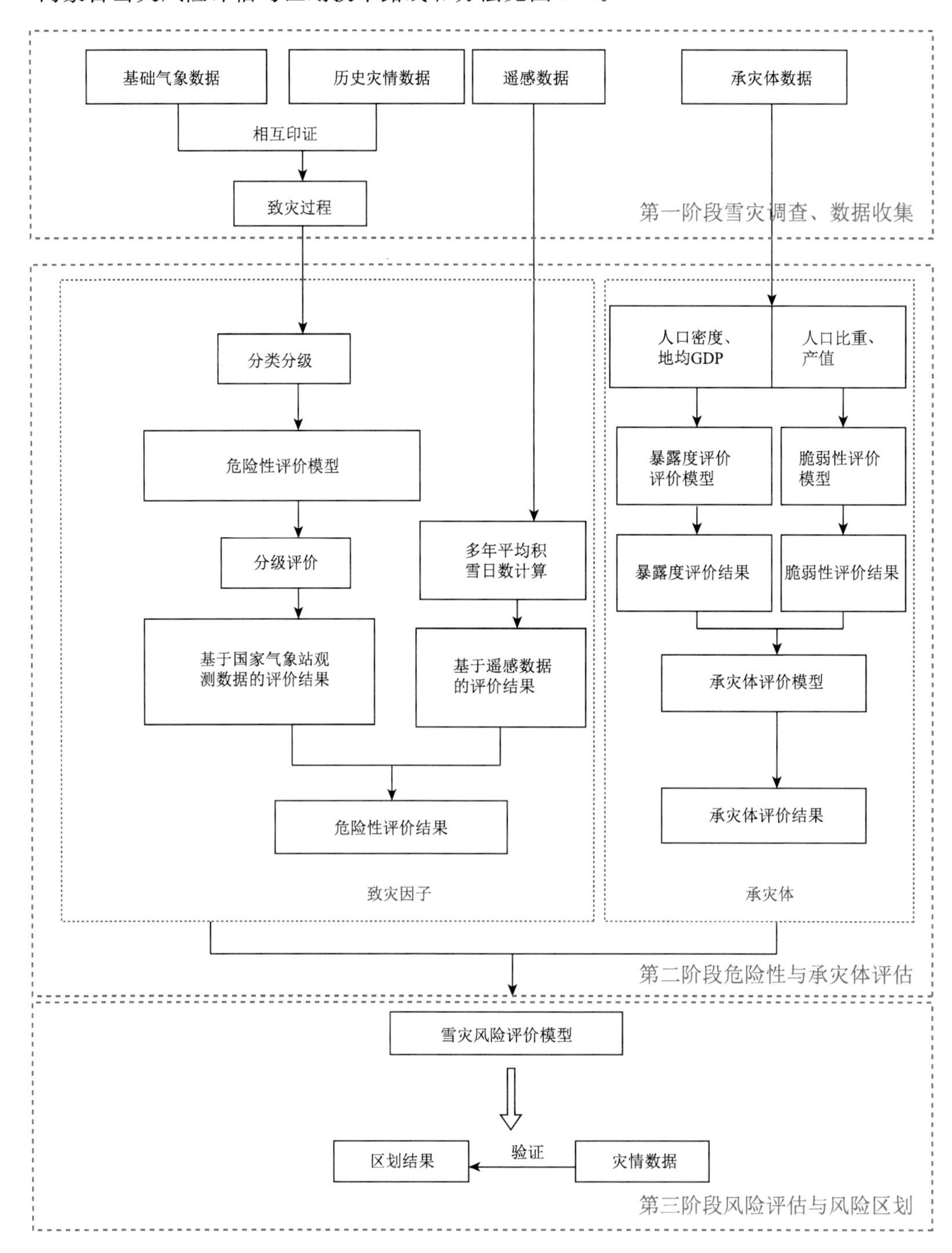

图 9.1 内蒙古雪灾风险评估与区划技术路线图

9.2.1 致灾过程确定

据内蒙古雪灾历史灾情，内蒙古雪灾主要分三种，一是对牧区生产影响较大的雪灾，即白灾，冬季牧区如果降雪量过大、积雪过厚，且积雪时间较长，牧草会被大雪掩埋，加之低温影响，牲畜食草困难，可能会冻饿而死。二是对设施农业、道路交通、电力设施影响较大的雪灾，即发生强降雪并形成积雪时，可能致使蔬菜大棚、房屋等被压垮；或导致电力线路挂雪、倒杆，直至电力中断；或导致公路、铁路等交通阻断。三是地面形成积雪，方向难辨，加之降雪时能见度极差，造成人员或牲畜走失，或者造成交通事故。

综上所述，根据内蒙古雪灾致灾过程对承灾体的影响可将其分为3类：当"连续积雪日数≥7 d"时确定为对牧区生产可能产生较大影响的致灾过程(类型1，白灾)；当"3 d≤连续积雪日数<7 d"且"累计降雪量≥10 mm"时确定为对设施农业、电力、交通可能产生较大影响的致灾过程(类型2)；当"1≤连续积雪日数<3 d"且"能见度<1000 m"，确定为对交通可能影响较大、可能造成人员和牲畜走失或者造成交通事故的致灾过程(类型3)(表9.1)。

表9.1 内蒙古雪灾致灾过程分类及阈值确定

	连续积雪日数(d)	过程最大累计降雪量(mm)	过程最小能见度(m)
类型1	≥7		
类型2	3～7	≥10	
类型3	1～3		<1000

根据表9.1中的阈值，结合相关气象数据，筛选内蒙古雪灾致灾过程，统计内蒙古雪灾致灾过程信息，包括开始结束时间、累计降雪量、最大积雪深度、积雪日数、降雪日数、最低气温、最大风速等。所筛选的致灾过程将下发到盟(市)、旗(县、区)气象部门，由盟(市)、旗(县、区)气象部门结合所调查的历史灾情进行审核、补充、完善，形成最终的内蒙古雪灾致灾过程数据集。过程中，结合中国雪深长时间序列集和中国1980—2020年雪水当量25 km逐日产品对筛选的雪灾致灾过程进行审核。

9.2.2 致灾因子危险性评估

9.2.2.1 基于国家级气象站观测数据的雪灾危险性指数

致灾因子危险性指致灾因子的危险程度。本次评估从强度和频率两方面来考虑这种危险程度，所建立的致灾因子危险性评估模型如下：

$$D = \sum_{i=1}^{n} F_i \times Q_i$$

式中，D代表雪灾致灾因子危险性指数；对雪灾致灾过程进行分级，假设分为n级，则第i级致灾过程强度值为Q_i，其出现频率为F_i，Q_i的计算公式为

$$Q_i = i / \sum_{i=1}^{n} n$$

内蒙古雪灾致灾过程分为3种类型，每种类型致灾过程强度分级如表9.2～9.4所示。

表 9.2 类型 1 雪灾致灾过程强度等级划分

积雪日数(d)	≤30	30～60	60～90	90～120	>120
等级	5 级	4 级	3 级	2 级	1 级
致灾过程强度值	1/15	2/15	3/15	4/15	5/15

表 9.3 类型 2 雪灾致灾过程强度等级划分

降雪量(mm)	10～15	15～20	20～25	>25
等级	4 级	3 级	2 级	1 级
致灾过程强度值	1/10	2/10	3/10	4/10

表 9.4 类型 3 雪灾致灾过程强度等级划分

降雪量(mm)	≤3	3～5	5～10
等级	3 级	2 级	1 级
致灾过程强度值	3/6	2/6	1/6

3 种类型的危险性评估指数和综合性评估指数分别如下：

$$D_1 = F_{11} \times Q_{11} + F_{12} \times Q_{12} + F_{13} \times Q_{13} + F_{14} \times Q_{14} + F_{15} \times Q_{15}$$

$$D_2 = F_{21} \times Q_{21} + F_{22} \times Q_{22} + F_{23} \times Q_{23} + F_{24} \times Q_{24}$$

$$D_3 = F_{31} \times Q_{31} + F_{32} \times Q_{32} + F_{33} \times Q_{33}$$

$$D_s = W_1 \times D_1 + W_2 \times D_2 + W_3 \times D_3$$

式中，D_s 代表基于国家级气象站观测数据的雪灾致灾因子危险性指数，D_1 、D_2 、D_3 分别为类型 1、类型 2、类型 3 的危险性指数，W_1 、W_2 、W_3 为 3 种类型致灾过程出现频率。$F_{11} \sim F_{33}$ 为不同类型致灾过程各等级出现频率；$Q_{11} \sim Q_{33}$ 为不同类型致灾过程各等级强度值，从 5 级至 1 级逐渐增大。

9.2.2.2 结合遥感数据的雪灾危险性指数

盟(市)、旗(县、区)观测站点相对较少，大部分旗(县、区)只有 1 个国家级气象站，如果只依靠国家级气象站观测数据开展雪灾致灾因子危险性评估，即使评估结果可靠，也无法进行本区域危险性区划，因此需结合与积雪有关的遥感数据建立评估模型。以往研究显示，积雪的初日越早、终日越迟的地方，即积雪期越长的地方，发生雪灾的概率越高，因此在雪灾危险性评价模型中加入积雪概率这一指标。将以气象站点为基础计算出的雪灾危险性指数与积雪概率进行归一化加权，以熵值法确定各自权重，形成综合的致灾因子危险性指数，公式如下：

$$D_c = W_s \times D_s + W_r \times D_r$$

式中，D_c 为结合遥感数据的雪灾致灾危险性指数，D_s 为基于国家级气象站观测数据的雪灾危险性指数，D_r 为基于遥感数据的雪灾危险性指数，W_s 、W_r 分别为 D_s 、D_r 的权重。采用欧空局积雪概率数据(栅格数据，空间分辨率为 1 km)，计算得到内蒙古年平均积雪日数的空间分布，将其进行归一化，得到基于遥感数据的雪灾致灾因子危险性指数。

9.2.2.3 归一化方法

为使不同类型的数据具有可比性，在代入模型计算以前均采用归一化的方法对数据进行处理。

归一化计算采用如下公式：

$$D_{ij} = 0.5 + 0.5 \times \frac{A_{ij} - \min_i}{\max_i - \min_i}$$

式中，D_{ij} 是 j 区第 i 个指标的规范化值，A_{ij} 是 j 区第 i 个指标值，$\min_i$ 和 $\max_i$ 分别是第 i 个指标值中的最小值和最大值。

9.2.2.4 信息熵值赋权重

各指标因子完成归一化处理后，根据信息熵值赋权法确定各指标对应的权重系数，各因子权重总和应为 1。信息熵表示系统的有序程度，在多指标综合评价中，熵权法可以客观地反映各评价指标的权重。一个系统的有序程度越高，则熵值越大，权重越小；反之，一个系统的无序程度越高，则熵值越小，权重越大。即对于一个评价指标，指标值之间的差距越大，则该指标在综合评价中所起的作用越大；如果某项指标的指标值全部相等，则该指标在综合评价中不起作用。

设评价体系是由 m 个指标 n 个对象构成的系统，首先计算第 i 项指标下第 j 个对象的指标值 r_{ij} 所占指标比重 P_{ij}：

$$P_{ij} = \frac{r_{ij}}{\sum_{j=1}^{n} r_{ij}} \quad (i = 1,2,\cdots,m;j = 1,2,\cdots,n)$$

由熵权法计算第 i 个指标的熵值 S_i：

$$S_i = -\frac{1}{\ln n}\sum_{j=1}^{n} P_{ij}\ln P_{ij} \quad (i = 1,2,\cdots,m;j = 1,2,\cdots,n)$$

计算第 i 个指标的熵权，确定该指标的客观权重 w_i：

$$w_i = \frac{1 - S_i}{\sum_{i=1}^{m}(1 - S_i)} \quad (i = 1,2,\cdots,m)$$

根据危险性指标值分布特征，综合考虑地形地貌、区域气候特征、流域等，使用自然断点法或标准差等方法将危险性分为 4 个等级（表 9.5）。

表 9.5 雪灾致灾危险性等级划分标准*

等级	指标
1	$\geq$ave$+\sigma$
2	[ave+0.5σ,ave+σ)
3	[ave−0.5σ,ave+0.5σ)
4	$<$ave−0.5σ

注：ave 和 σ 分别为所有统计单元内危险性为非 0 值集合的平均值和标准差。

9.2.3 风险评估与区划

9.2.3.1 雪灾承灾体评估

承灾体主要包括人口、国民经济、农业（小麦、玉米、水稻），统计区域为全国时，上述承灾体可考虑全部开展评估，统计区域为省级及以下时，人口和国民经济为必做项，其他为选做项。评估内容包括承灾体暴露度和脆弱性，有关内容可视国务院普查办提供的信息作调整(表 9.6)。

表 9.6 承灾体暴露度和脆弱性因子

承灾体	暴露度因子	脆弱性因子	脆弱性因子权重
人口	人口密度	0～14 岁及 65 岁以上人口数比重	人口受灾率
国民经济	地均 GDP	第一产业产值比重	直接经济损失率

统计脆弱性因子指标时，在雪灾灾情等资料较为完善，且可获取的前提下可考虑脆弱性因子权重；如灾情数据无法获取，则建议只考虑承灾体暴露度。

针对不同承灾体，不同地级市分别拥有一个脆弱性因子权重，以地级市为单元统计受灾率：

人口受灾率＝年受灾人数/行政区人口数

最终，针对不同承灾体，统计单元内的承灾体指标(B)计算公式为

$$B=E\times(V\times W)$$

式中，E 为暴露度，V 为脆弱性，W 为脆弱性权重。

9.2.3.2 雪灾风险评估与区划

根据统计单元内致灾因子危险性指标(H)、承灾体指标(B)，统计针对各承灾体的危险性指标(R)。雪灾风险评估模型如下：

$$R=H\times B$$

针对不同承灾体，根据风险指标值分布特征，使用自然断点法、标准差等方法将雪灾风险分为高、较高、中、较低、低 5 个等级，如表 9.7 所示。可根据区域实际数据分布特征，对分级标准进行适当调整。

表 9.7 雪灾风险等级划分标准*

等级	含义	指标
1	高风险	$\geq ave+\sigma$
2	较高风险	$[ave+0.5\sigma, ave+\sigma)$
3	中风险	$[ave-0.5\sigma, ave+0.5\sigma)$
4	较低风险	$[ave-\sigma, ave-0.5\sigma)$
5	低风险	$< ave-\sigma$

注：ave 和 σ 分别为所有统计单元内风险值为非 0 值集合的平均值和标准差。

9.3 致灾因子特征分析

扎赉特旗常年平均降雪日数为 15.3 d，最多为 36 d(2010 年)，标准差为 4.1 d，极差达 33 d；平均降雪量为 21.8 mm，最多为 60.1 mm(1977 年)，标准差为 13.1 mm，极差达 55.8 mm；平均积雪日数为 63 d，最多为 123 d(2010 年)，标准差为 24.1 d，极差达 112 d；平均年最大积雪深度为 6.6 cm，最深为 26 cm(2013 年)，标准差为 4.9 cm，极差达 24 cm。由此可见，冬半年降雪情况有着非常显著的年际变化，这导致每年雪灾是否出现、出现时段、持续长度、影响范围

和强度都存在显著的差异。

扎赉特旗降雪日数、降雪量、积雪日数、最大积雪深度都表现出一定的增多/增深的气候变化趋势(图 9.2—图 9.5)，其中积雪日数和最大积雪深度的增多/增深趋势较为明显，幅度分别为 5.3 d/10a(α=0.001)和 1.2 cm/10a(α=0.001)，表明近年来雪灾的致灾危险性有加强的可能。

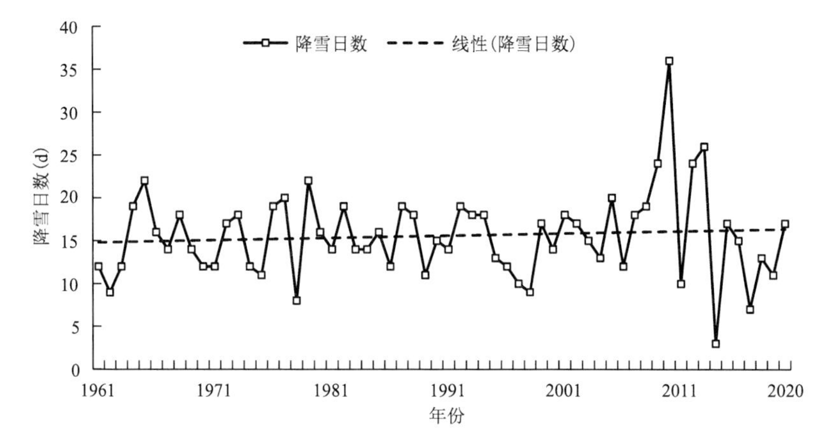

图 9.2 1961—2020 年扎赉特旗降雪日数

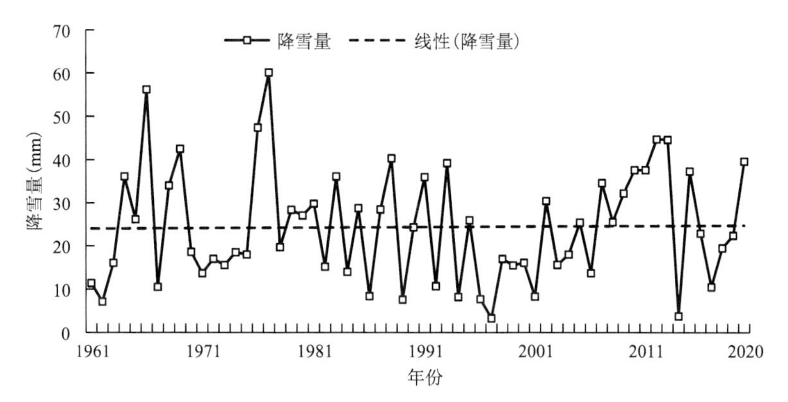

图 9.3 1961—2020 年扎赉特旗降雪量

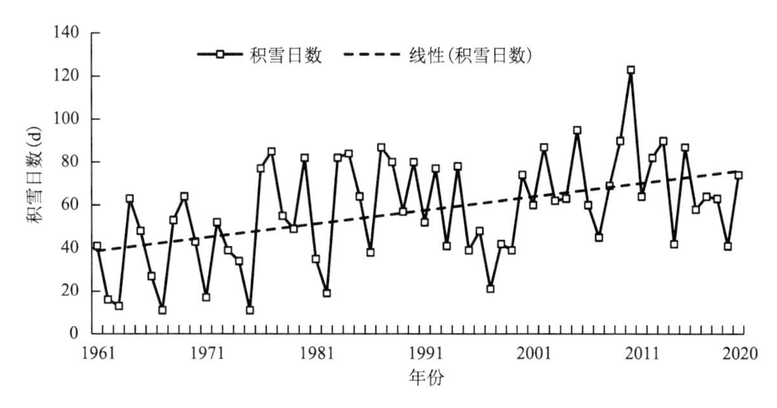

图 9.4 1961—2020 年扎赉特旗积雪日数

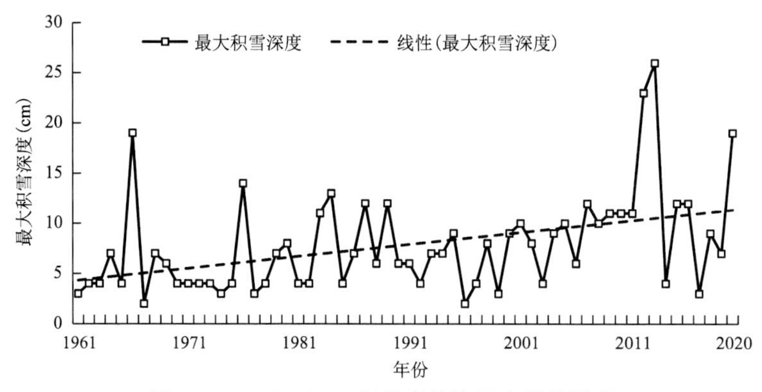

图 9.5 1961—2020 年扎赉特旗最大积雪深度

9.4 典型过程分析

(1)1977 年白灾

1977 年 10 月 28 日降大雪，平均约 1 m 深。扎赉特旗牧业比较集中的巴彦乌兰草原、杨树沟草原、图门草原约有 350 万亩草场被大雪覆盖，有近 10 万头牲畜受白灾。

从筛选出的致灾过程来看，积雪自 1977 年 10 月 29 日起，至 1978 年 2 月 23 日结束，积雪日数为 118 d，降雪日数为 17 d，期间累计降雪量 56.9 mm，最大日降雪量 27.5 mm，最大积雪深度 11 cm(气象站位置)，日最低温度的最低值达－32.4 ℃，日最大风速的最大值为 13.7 m/s，最小能见度为 4000 m。

(2)1983 年白灾

因灾死亡大牲畜 20000 头，倒塌房屋 2545 间，损坏房屋 3145 间。

从筛选出的致灾过程来看，积雪自 1983 年 11 月 10 日起，至 1984 年 2 月 22 日结束，积雪日数为 105 d，降雪日数为 18 d，期间累计降雪量 14 mm，最大日降雪量 9.2 mm，最大积雪深度 17 cm(气象站位置)，日最低温度的最低值达－32.7 ℃，日最大风速的最大值为 9.2 m/s，最小能见度为 500 m。

9.5 致灾危险性评估

根据确定的致灾阈值，以内蒙古气象信息中心提供的气象数据为基础，对试点旗(县)1961—2020 年雪灾致灾过程进行了筛选。结果显示，扎赉特旗总致灾过程 17 次，共收集到 13 条灾情，其中 4 条无降雪和积雪气象资料与之对应，其余全部包括在筛选出的致灾过程中(表 9.8)。

表 9.8 扎赉特旗致灾过程筛选结果

	总次数	类型 1 (白灾)次数	类型 2 (对交通和设施农业影响较大)次数	类型 3 (仅对交通影响较大)
扎赉特旗	17	12	2	3

以普查数据为基础，结合人口、GDP、道路信息，按照技术路线中的模型和方法对 3 个试点

旗(县)开展了雪灾风险评估。

按照中国气象局《全国气象灾害风险评估技术规范》的分级方法进行统计,全区雪灾危险性分级标准见表9.9、表9.10。

表9.9 全区雪灾致灾危险性等级划分标准

危险性等级	含义	指标
4	低危险性	≤0.55
3	较低危险性	0.55~0.60
2	较高危险性	0.60~0.75
1	高危险性	>0.75

表9.10 试点旗雪灾危险性评估结果

	西乌珠穆沁旗	巴林右旗	扎赉特旗
评估值	0.76	0.57	0.65
危险性	高	较低	较高

按照表9.9的全区标准对扎赉特旗雪灾危险性进行划分。表9.9显示,扎赉特旗与内蒙古其他地区对比,大部分属于较高风险区,平均危险性指数为0.65,超过了较高阈值0.60。

图9.6显示,扎赉特旗雪灾危险具有从南至北升高的趋势,北部的新林镇、巴彦扎拉嘎乡、巴达尔胡镇、好力保乡、努文木仁乡高于其他苏木(乡、镇)。

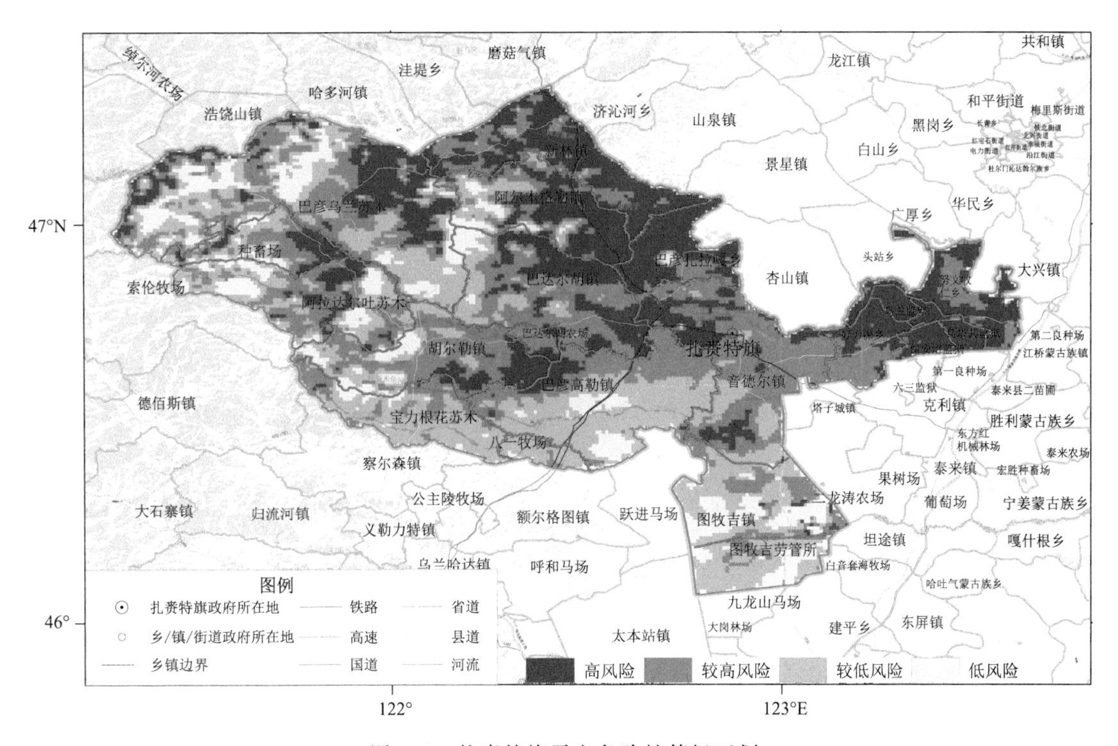

图9.6 扎赉特旗雪灾危险性等级区划

9.6 灾害风险评估与区划

以普查数据为基础，结合人口、GDP 信息，按照技术路线中的模型和方法对 3 个旗（县）开展了雪灾风险评估。开展风险评估时，除进行危险性评估外，还需要进行暴露度和脆弱性评估，需具备人口密度、地均 GDP、0～14 岁及 65 岁以上人口数比重、第一产业产值比重等数据，目前仅收集了“中国公里网格人口和 GDP 分布数据集”，故仅进行了暴露度评估，未进行脆弱性评估。

9.6.1 人口风险评估与区划

根据扎赉特旗人口风险评估结果，结合中国气象局《全国气象灾害风险评估技术规范》的分级方法进行统计，雪灾人口风险分级标准如表 9.11。

表 9.11 扎赉特旗雪灾人口风险等级

风险等级	含义	指标
5	低风险	≤0.334
4	较低风险	0.334～0.369
3	中风险	0.369～0.398
2	较高风险	0.398～0.516
1	高风险	>0.516

根据表 9.11 中的分级标准，对扎赉特旗雪灾人口风险等级评估结果进行区划，区划结果如图 9.7 所示。

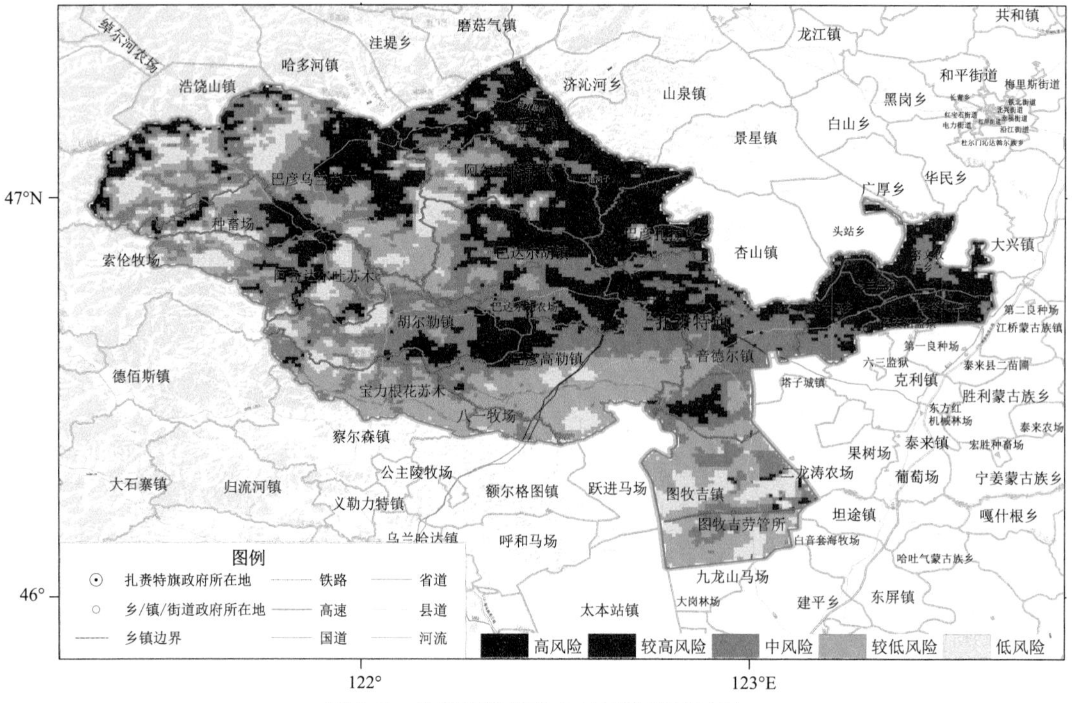

图 9.7 扎赉特旗雪灾人口风险等级区划

雪灾人口风险区划结果显示，扎赉特旗雪灾风险分布趋势与危险性分布趋势基本一致，旗内新林镇、巴彦扎拉嘎乡、巴达尔胡镇、好力保乡、努文木仁乡风险高于其他区域。

9.6.2 GDP风险评估与区划

根据扎赉特旗GDP风险评估结果，结合中国气象局《全国气象灾害风险评估技术规范》的分级方法进行统计，雪灾GDP风险分级标准如表9.12。

表9.12 扎赉特旗雪灾GDP风险等级

风险等级	含义	指标
5	低风险	≤0.352
4	较低风险	0.352～0.392
3	中风险	0.392～0.442
2	较高风险	0.442～0.535
1	高风险	>0.535

根据表9.12中的分级标准，对扎赉特旗雪灾GDP风险评估结果进行区划，区划结果如图9.8所示。

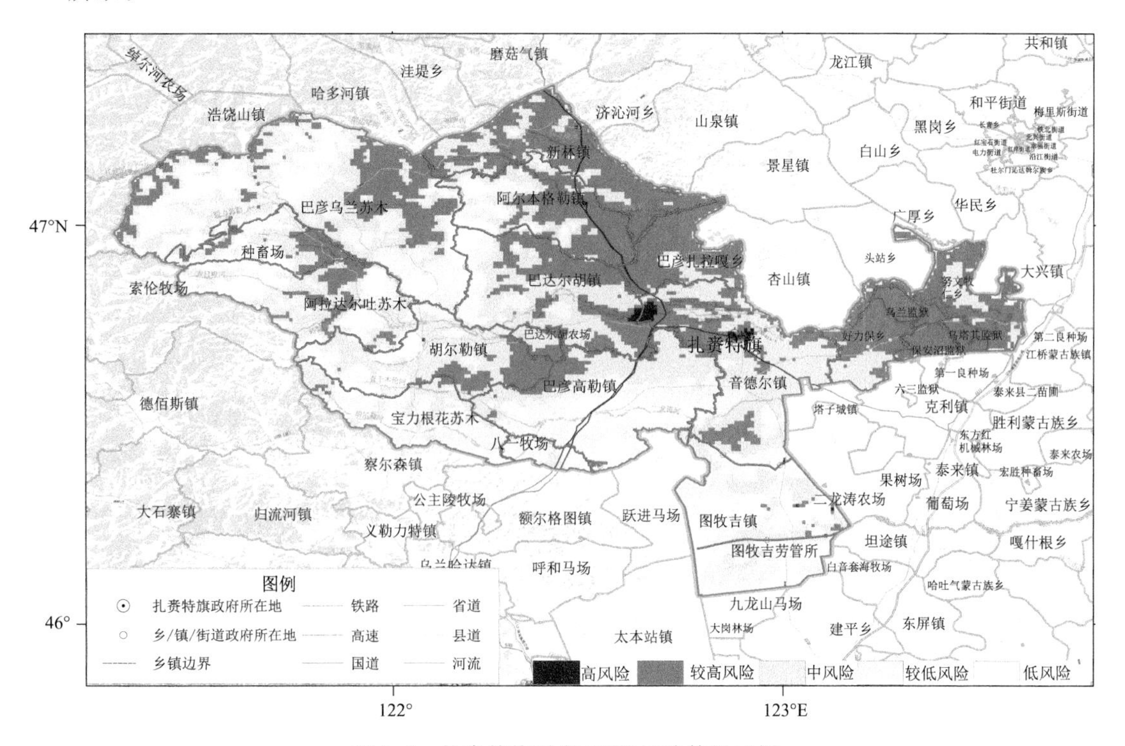

图9.8 扎赉特旗雪灾GDP风险等级区划

雪灾GDP风险区划结果显示，扎赉特旗雪灾GDP风险分布趋势与危险性分布趋势基本一致，旗内新林镇、巴彦扎拉嘎乡、巴达尔胡镇、好力保镇、努文木仁乡风险高于其他区域。

9.7 小结

从扎赉特旗雪灾历史灾情和所筛选的雪灾致灾来看，雪灾类型以白灾为主，主要影响牧区社会经济生产。从雪灾危险性评估和区划的结果来看，扎赉特旗与内蒙古其他地区对比，大部分属于较高危险区，平均危险性指数为0.65，超过了“较高”等级的阈值0.60。从雪灾人口、GDP、草地风险区划结果来看，扎赉特旗雪灾高风险区（旗内相对）主要分布在新林镇、巴彦扎拉嘎乡、巴达尔胡镇、好力保镇、努文木仁乡等区域。